器物知识

一种科学仪器哲学

［美］戴维斯·贝尔德——著

安维复　崔璐——译

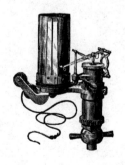

广西师范大学出版社
·桂林·

2014年度国家社科基金重大项目

"西方科学思想多语种经典文献编目与研究"（14ZDB019）的阶段性成果

题 词

众所周知，物理学史在很大程度上就是仪器及其合理使用的历史。科学史上曾经出现的各种大胆推测和理论能否成立，通常都取决于精确的测量。而且有实例表明，很多新仪器的设计恰恰是为了满足验证理论的需求。几乎没有证据显示现代人的智力优于古代人，但是现代人所使用的工具却大大地优于古代人……尽管现代科学家会接受并欢迎新仪器，但是很少有人能够体认仪器装置。有些科学家可能会对仪器及其设计产生偏见，认为它们不过是一些精巧的设计，从事纯粹理论研究的科学家显然不屑于使用科学仪器。因此，卢瑟福勋爵曾如此评价记录型电势器之父卡伦德："他似乎对设计一种新仪器更感兴趣，而不是发现一条科学的基本原理。"

幸运的是，仍然有大批热情的仪器制造者不在乎这些嘲笑，献身于新仪器的设计，而他们的作品将被我们检验。他们所提供的各种手段使得"科学的勇士们"能够继续研究自然界。

拉尔夫·穆勒《美国设备、仪器和仪器装置》

RALPH MULLER，"American Apparatus, Instruments, and

Instrumentation"（1940）

目　录

自　序…………………………………………………………　1

第一章　仪器认识论……………………………………………　1

第二章　模型：表征性器物……………………………………　21

第三章　操作性知识……………………………………………　42

第四章　包容性知识……………………………………………　69

第五章　仪器装置的革命………………………………………　90

第六章　器物知识………………………………………………　116

第七章　器物的物性……………………………………………　149

第八章　在技术与科学之间……………………………………　174

第九章　凭借科学仪器得到的客观性…………………………　192

第十章　发明作为礼物…………………………………………　216

主要参考文献……………………………………………………　247

图示与表格索引…………………………………………………　279

译后记……………………………………………………………　283

自 序

　　我为本书选择的题词来自拉尔夫·穆勒，他认为"物理学史在很大程度上就是仪器及其合理使用的历史"。但是并未为人所知。这令人感到遗憾，因为常常作为科学核心的仪器也已经成为日常生活的核心了。我们依赖仪器：在商业航班上检查乘客是否携带武器，在医院诊断、治疗疾病，在小卖部结账时扫描条形码，甚至在我们靠近出口时打开自动门。没有自动 DNA 测序仪，科学家无法描绘出人类的基因组图谱；开发新的功能强大的显微镜保证了纳米量级的技术和科学发展。应该众所周知的是，科学史和日益增长的现代文化史的确是一部关于仪器及其智能化（有时并非那么智能）使用的历史。这需要我们加以留意。

　　仪器之所以没有引起学者和其他对现代技术科学文化感兴趣的人的注意，部分原因在于语言，或者说语言的匮乏。在科学仪器开发和使用的语境中，数学、科学和普通的语言既不是唯一的交流工具，很多情况下也不是主要的交流工具。仪器是精巧的人工制品，凭借视觉和触觉进行思考和交流是研发和使用仪器的核心。这是一个重大问题，也是那些写科技文章的人忽视仪器的主要原因。作者有足够的理由将语言当作交流的主要工具。语言交流之外的其他模式要么没有被承认，要么没有被很好地理解。19 世纪的力学家安东尼·F. C. 华莱士（Anthony F. C.

Wallace）对此进行了生动的讨论：

> 然而，与语言上的思考相比，凭借视觉和触觉的思考有其固有
> 的劣势。那些用语言思考的人，在思考可以用语言有效思考的主题
> 时，能够想出一个句子，并把这句话说给别人听。但是如果一个人
> 看到一台机械装置，想和其他人交流这一视觉感受，就存在直觉上
> 的问题。谈话（和写作）仅仅只能为视觉影像提供一种歪曲的、不
> 完整的表达。我们必须制造一个器物或者是一个模型，或者至少是
> 描绘一幅图纸，以确保其他人的理解尽可能地接近事物本身的视觉
> 感受。
>
> 西方技术信息交流时出现的这一问题，已经使得那些用精神
> 图景思考的人被日益孤立……实际上，已经成为惯例的做法是假定
> 思想本身仅仅是一种内部语言，而几乎完全忽视那些脱离语言所
> 产生的认知过程，仿佛这些过程是落后的，其知识方面不值得被
> 关注。[1]

仪器是机械装置的一种，华莱士在此所说的情况也适用于仪器。在
仪器的开发和使用中凭借视觉和触觉的思考，使得我们对于仪器的观念
沦为"落后的，其知识方面不值得被关注"的领域。

不论是提升仪器装置在知识基础中的地位，还是进一步理解仪器的
研发和使用，都需要我们改变对待仪器的观念。这些观念必须适应这一
事实，即仪器使用的基本范围是与语言不同的。迈克·马奥尼（Mike
Mahoney）在他的受人欢迎的"新媒体"互联网出版物中，描述了设计
技术史课程时所遇到的这一问题：

> 作为一名科学史家，我已经习惯于从原始资料，也就是科学家

---

[1]　Wallace 1978, pp.238-239.

的研究著作中进行教学。因此，在制定教学大纲时，我到处寻找文艺复兴以来科技手段的源头。但困难重重，更确切地说，我从未找到这些源头。当我顿悟到我是在错误的地点寻找错误的事物时，我便停止了寻找。我需要为学生准备的不是一座图书馆，而应该是一座博物馆。他们不需要阅读浩瀚的书籍，而需要研究重要的事物。或者换一种说法，我们一直在寻找的伟大思想并不存在于书籍之中，而是存在于事物之中。理解了这些观点，意味着掌握一种新的"阅读"方法。①

这里必须注意文字上的象征性用法。我们"阅读"书籍，而对于仪器而言，或者对于广义的技术对象而言，更合适的说法可能是"检测"（examine）。但是我们希望能找到一个比"检测"可能蕴含的内容更丰富的词，它具有与"阅读"相同的解释和概念深度。在阅读、解释、写作文本时，我们要求大量的解构技巧，从逻辑分析到诠释学，解构都可以帮助我们理解文本并提高我们的文字控制力。我们需要同样有力的技巧去理解和提升仪器装置及其在文化领域中的地位。

有两种场合可能会使用到这种技巧，以提高我们的理解能力。一种是文本场合，在这里我们用文本来记录我们在理解这个世界和我们在其中的位置时所做的文字尝试；另一种是物质场合，在这里仪器及其技术得以建立、使用并逐渐深入到我们的生活中。因为缺乏有力的技巧去理解和提升仪器装置和技术及其在文化领域中的地位，我们正陷入 C. P. 斯诺（C. P. Snow）在其著作《两种文化及其他》（*The Two Cultures: and a Second Look*）一书中提及的难以控制而又非常危险的境地。② 在文本场合，因为缺乏理解和重视仪器使用的技术，文本分析只能自由发挥；而在仪器和技术（物质）场合，人文主义者将被边缘化，他们遵循海德格

---

① Mahoney 1999.
② Snow 1963.

尔批判主义的路线，对现代科学和技术的伦理问题、社会形而上学问题吹毛求疵。但是所有这些对"仪器文化"的合理关注已经而且将会是持续无效的。由于缺乏在器物境况中对仪器和技术的真正理解，对语言文本的批评依然是器物境况的任务。

　　本书的目的即是为理解科学和技术的物质性产物贡献技术手段，其路径是阐明仪器装置的唯物主义认识论。我主张寻找一种以物质为中心的知识理解，对应于以语言为中心的知识理解。仪器与理论同等重要，都承载着知识。仪器不是智力低级层次上的；在理解世界方面，仪器与最伟大的理论贡献处于同一个层次。本书的前六章将会详细展开这一观点。概念上的技术是作为唯物主义认识论的一部分发展起来的，最后四章将运用这种概念上的技术来检验几个重要事件，这些事件涉及科学技术的历史和发展及其在当代文化中的应用。我希望这种检验能让我们对理解器物知识有更多的收获。我无法提供一个更好的词来代替"阅读"仪器，但是我希望我能够提供一些新的、真正唯物主义者的维度去理解仪器装置，更广泛地说是理解技术的科学，或者科学的技术。

　　《器物知识》是经过长期研究的产物。这意味着两件事：第一，我要列一份长长的名单来感谢曾经以不同方式协助我写作的人。第二，书中的很多材料曾经在一些期刊文章和其他专著的章节中出现过，不过很多情况下这些材料在书中已经有了本质上的改动和重排。此序后面的部分主要讨论了构成《器物知识》各个章节内容的来源。但是首先我还是想感谢那些在写作过程中帮助过我的朋友们，遗憾的是，我也许遗忘了一些人，对此我深表歉意。

　　《器物知识》一书中包含了三篇合作完成的文章内容。其中两篇是我与学生托马斯·浮士德（Thomas Faust）合写的《科学仪器、科学进程和回旋加速器》（"Scientific Instruments, Scientific Progress and the Cyclotron"）[1]，以及我与同事阿尔弗雷德·诺曼（Alfred Nordmann）合

---

[1] *British Journal for the Philosophy of Science* 41: 147-175.

写的《恰当表达的事实》（"Facts-Well-Put"）①。第三章就利用了这两篇文章的内容，在此我必须感谢和信任我的合作者，每个人对我的思考发展都有不同方式的重要影响。几乎在我写作《器物知识》一书的全部时间内，阿尔弗雷德都是我的同事。我要特别感谢他在成书的各个阶段为我做的阅读和评论工作。第十章则使用了我和马克·科恩（Mark Cohen）合写的文章《为何交易？》（"Why Trade？"）②中的内容。马克在用于脑研究的核磁共振影像（magnetic resonance imaging，简称MRI）仪器装置的研发和应用方面具有专业特长。第十章关于使用MRI仪器的故事部分来源于马克的专业知识。

在我写作《器物知识》的十几年间（只有一年除外），我差不多都是在南卡罗来纳州立大学的哲学系任教，这个职位使我获益良多。在此，我可以列举出很多需要感谢的同事，他们为我的著作贡献了时间和知识。R. I. G. 休斯（R. I. G. Hughes）和乔治·胡夫（George Khushf）是科学哲学不同领域的专家，他们对我的帮助尤其明显。但是在一些特殊的问题上我还获得了一些非科学哲学领域的专家同事的帮助，特别是安妮·伯泽伊登霍特（Anne Bezuidenhout）、马丁·丹（Martin Donougho）、杰里·哈克特（Jerry Hackett）、克里斯托弗·普雷斯顿（Christopher Preston）、克莉丝·托莱弗森（Chris Tollefsen）和杰里·沃利斯（Jerry Wallulis）。当然，我在南卡罗来纳州立大学的所有同事都曾经给予我支持和帮助。

最近几年，我一直活跃于研究哲学和技术的社会学以及化学哲学社会学国际领域。我已经在这些学会的会议上介绍过本书所提及的工作，并收到许多卓有洞察力和批判力的评论，从中获益良多。我感谢所有人的深入理解，但是有几位我要特别提出来：迈克尔·艾克罗伊德（Michael Akeroyd）、娜丽尼·布善（Nalini Bhushan）、拉里·布希亚雷

---

① *British Journal for the Philosophy of Science* 45: 37-77.
② *Perspective on Science* 7: 231-254.

利（Larry Bucciarelli）、乔·厄尔利（Joe Early）、彼得·克罗斯（Peter Kroes）、安东尼·梅耶尔（Anthonie Meijers）、保罗·尼达姆（Paul Needham）、乔·皮特（Joe Pitt）和埃里克·西拉（Eric Scerri）。特别是乔·皮特慷慨地奉献了他的时间、思想和支持。他阅读了我完整书稿的早期版本，并且提出了很多有用的建议，对此我深表感谢。

家父沃尔特·S.贝尔德（Walter S. Baird）在1936年创办了贝尔德联合公司，本书的一些章节（第四、五、七、九、十章）在显著位置或背景层面跟踪了这家仪器制造公司的一些历史片断。我也大量地引用了家父留下的言行录（日记、书信等）。当然，我也由衷地感谢我的父亲，但是我在这儿更要感谢他对一个有趣梦想的追求，六十年后我极其高兴地从他留下的言行录中窥视到了这一梦想的微小部分。我也受益于一些在贝尔德联合公司工作的人。约翰·斯特纳（John Sterner）和家父共同创立了公司，我有幸就公司的早期历史采访过他两次。杰森·桑德森（Jason Saunderson）是第四章列出的直读式光谱仪的设计者。他是在陶氏化学公司（the Dow Chemical Company）任职时进行这项工作的，但是他随后来到贝尔德联合公司工作并且研发了第七章提到的"光谱仪"。我也采访了他并和他保持了愉快的通信联系。我所知的1945年左右的光谱仪工艺，很多都是他教给我的。此外，还有许多其他贝尔德联合公司的雇员都曾帮助过我，在此一并表示感谢。

我有幸在麻省理工学院的迪布纳学院工作了一年，研究科学技术史。正是南卡罗来纳州立大学支持教师用于学术休假的这一年，让我能够将所有早期工作的零散成果整合成条理分明的一个整体——《器物知识》，对此我非常感谢南卡罗来纳州立大学。在迪布纳学院从事研究非常愉快，我感谢那里所有的教职工，他们让我度过了难忘而富有创造性的一年。在此我想要列出对我的计划有特别帮助的五位同事：巴巴克·阿什拉菲（Babak Ashrafi）、肯·卡内瓦（Ken Caneva）、伊夫斯·金格拉斯（Yves Gingras）、尤塔·席科拉（Jutta Schickore）和克劳斯·斯托贝尔曼（Klaus Staubermann）。由衷地感谢他们。

汉斯·瑞德（Hans Radder）于 2000 年 6 月曾组织过一场关于实验哲学的会议，他和参加会议的我的一些同事包括亨德里克·范·丹·贝尔特（Henk van den Belt）、迈克尔·海德尔伯格（Michael Heidelberger）、汉斯-约格·赖因贝格尔（Hans-Jorg Rheinberger）、玛格丽特·莫里森（Margaret Morrison）、玛丽·摩根（Mary Morgan）在会议上发表的评论对我的帮助很大，尤其是亨德里克·范·丹·贝尔特，他对我的文章进行了评论。

同样幸运的是我被邀请在另一场会议中发言，会议是由里奥·斯莱特（Leo Slater）、卡斯滕·莱因哈特（Carsten Reinhardt）和彼得·莫里斯（Peter Morris）共同组织的。非常感谢他们给我这个机会介绍我的工作，更加感谢他们提供了会见特里·希恩（Terry Shinn）的环境，他的兴趣、工作和我的非常接近，他最近编辑的丛书《仪器装置：在科学、国家和工业之间》(Instrumentation：Between Science，State and Industry)[1] 弥补了我自己工作中的不足。

还有一些未列入以上详细名单的人，对于他们的帮助我也非常感谢。即便是最粗心的读者也会承认我对伊恩·哈金（Ian Hacking）的亏欠。我也在与彼得·加里森（Peter Galison）和安迪·皮克林（Andy Pickering）的讨论中学到很多。在我写作这本书的前几章时，迈克尔·希弗（Michael Schiffer）对我的助益极大，他提供了很多有价值的反馈和支持。我还要特别感谢安·约翰逊（Ann Johnson）有用又有趣的讨论，她还将我介绍给了上文提及的安东尼·F.C.华莱士和迈克·马奥尼。

在本书出版过程的各个阶段我也学到了很多。我很欣赏几位匿名的初稿读者对这部手稿发人深省的批评。我不认识这些读者，但仍然感谢你们。美国加州大学出版社的埃里克·斯穆顿（Eric Smoodin）以及后来的凯特·托尔（Kate Toll）、多尔·布朗（Dore Brown）作为我的编

---

[1] Shinn and Joerges 2001.

辑，都给予我各方面的帮助。特别感谢埃里克始终如一的鼓励。我还要感谢我的文字编辑彼得·德雷尔（Peter Dreyer），他认真细致地改正了书稿中的很多错误，澄清了很多困惑。

最后，我要感谢我的家人：我的妻子迪安娜（Deanna）、我的大继女希拉里（Hilary），还有我的儿子伊恩（Ian）。伊恩或多或少是伴着本书长大的。承蒙他们的宽容，使我能够投入到这项计划中，对此我深表感谢。然而我必须特别提及我的妻子迪安娜，她鼓励我、激励我、支持我、教导我，为我完成这本书扫除了障碍。在其他方面，她向我提及了语言作为交流媒介的局限。她的绘图胜过文字。如果我会画画，我会用图画表示我的感谢，因为文字已经不足以表达。谨以此书献给他们。

这里将详细列明本书各章节已出版的来源处：第一章部分来源于我1995年的文章《物质媒介中的意义》（"Meaning in a Material Medium"）[1]。

第三章部分来源于我1994年与阿尔弗雷德·诺曼合写的文章《恰当表达的事实》；部分来源于我1990年与托马斯·浮士德合写的文章《科学仪器、科学进程和回旋加速器》。《恰当表达的事实》也收录在《发现的科技和科技的发现：1991年度哲学和科技的社会学会议记录》[2]。

第四章部分来源于我2000年的文章《包容性知识：直读式光谱仪》（"Encapsulating Knowledge: The Direct Reading Spectrometer"）[3]。这篇文章的极简版收录于《工艺：哲学和科技的社会学》[4]电子杂志上。

第五章是我1993年的文章《分析化学与"大"科学的仪器装置革命》（"Analytical Chemistry and the 'Big' Scientific Instrumentation Revolution"）[5]的修订版。

---

[1]　参见 D.Hull, M.Forbes, and R.Burian, eds., *PSA 1994*（2）: 441-451。

[2]　J.Pitt and E.Lugo, eds., *The Technology of Discovery and the Discovery of Technology: Proceeding of the 1991 Annual Conference of the Society for Philosophy and Technology*, pp.413-456.

[3]　*Foundations of Chemistry* 2: 5-46.

[4]　*Techné: Electronic Journal of the Society for Philosophy and Technology* 3: 1-9（http://borg.lib.vt.edu/ejournals/SPT/spt.html）.

[5]　*Annals of Science* 50: 267-290.

第六章部分来源于我 2000 年的文章《包容性知识：直读式光谱仪》；部分来源于我 1995 年的文章《物质媒介中的意义》。

第七章是我的文章《器物的物性：物质性和设计，光谱化学仪器装置的教训》（"The Thing-y-ness of Things：Materiality and Design, Lessons from Spectrochemical Instrumentation"）① 的修订版。

第八章是我 1989 年的文章《科学与技术交点处的仪器：指示器示意图》（"Instruments on the Cusp of Science and Technology：The Indicator Diagram"）② 的修订版。

第九章部分来源于我的文章《分析仪器装置和仪器的客观性》（"Analytical Instrumentation and Instrumental Objectivity"）③。

第十章部分来源于我 1999 年与马克·科恩合写的文章《为何交易？》；部分来源于我 1997 年的文章《科学仪器的制作、认识论和礼物与商品经济之间的矛盾》（"Scientific Instrument Making, Epistemology and the Conflict between Gift and Commodity Economies"）④。

---

① 参见 P. A. Kroes and A.W. M. Meijers, eds., *The Empirical Turn in the Philosophy of Technology*, vol.20 of Research in Philosophy and Technology, ser. ed. C.Mitcham, pp.99-117（Amsterdam：JAI-Elsevier, 2001）。

② *Knowledge and Society：Studies in the Sociology of Science Past and Present* 8：107-122.

③ 参见 N.Bhushan and S.Rosenfeld, eds., *Of Minds and Molecules：New Philosophical Perspectives on Chemistry*, pp.90-113（New York：Oxford University Press, 2000）。

④ *Techné：Electronic Journal of the Society for Philosophy and Technology* 2：1-16（http：// borg.lib.vt.edu/ejournals/SPT/spt.html）. The *Techné* article also appeared in *Ludus Vitalis*, supp. 2（1997）：1-16.

第一章
仪器认识论

如果你关于火的认识仅仅停留在字面的确定性上，
最好试着被火炙烤一次。
不要满足于他人言说中的确定性，
除非你被火炙烤过了，否则我们不知道真正的火。
如果你希望拥有火的真正的确定性，请坐在火堆上。

——札剌勒丁·鲁米《曙光：一本心灵指引的日记》
JALAL AL-DIN RUMI，*Daylight：A Daybook of Spiritual Guidance*

知识一直被理解为与心灵相关的东西。认识即思考，特别是思考一些可以用语言表述的思想。非语言的产物（从图表到密度计）被排除在外，仅仅被当作是"仪器的"；它们是实用主义者的拐杖，以理论建构和解释的形式帮助思考。我在本书极力主张一种不同的观点，寻求知识的唯物主义概念。科学技术的物质产物和理论一起建构了知识。我会将重点放在回旋加速器和光谱仪之类的科学仪器上，但是我也会论及重组DNA酶、"神奇"药物和机器人，以及其他构成我们知识的科学技术的物质产物。这些物质产物构建科学知识的方式与理论不同，不是简单地"有宜于"（instrumental to）理论。下面的例子将有助于确定我的意思。

一、迈克尔·法拉第的第一台电动机

1821年9月3日、4日，时年30岁的迈克尔·法拉第（Michael Faraday）进行了一系列的实验，最终演示了所谓的"电磁旋转"现象。法拉第演示了如何将电场和磁场元素进行适当组合，产生旋转运动。他发明了第一台电磁发动机。

法拉第的工作产生了几种"产品"：他发表了几篇文章描述他的发现[1]；他给很多科学家同事去信[2]；他制作或曾经制作了几个仪器复制品，这些仪器不需要实验知识或者使用者的灵活性，就能够演示显著的旋转现象，他将这些复制品寄给了他的科学家同事。[3]

将永磁铁垂直地固定于水银池的中心，将一根导线的一端稍稍浸入水银池中，悬于磁铁上方的方式使其能够围绕磁铁自由旋转。导线的悬挂使其可以和电池的一极形成接触。电池的另一极与磁铁接触，将电流导入水银池中，再流入导线的另一端，形成电流回路。（图1.1）

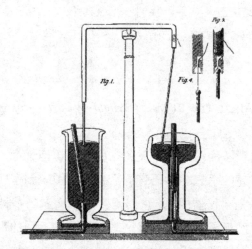

图1.1　迈克尔·法拉第的电动机（1821年）[4]

---

[1] Faraday 1821b, 1821a, 1822c, 1822d.
[2] Faraday 1971, pp.122-139.
[3] Faraday 1822b; 1822a; 1971, pp.128-129.
[4] 来自 Faraday 1844。

这台仪器可以演示如下的显著现象：当电流经由磁铁和水银池流过导线时，导线将会围绕磁铁旋转。法拉第的这台仪器所演示的观察现象并不需要科学解释。虽然对于这一现象的解释有相当多的分歧，但是没有人对仪器的作用提出异议：将电场和磁场因素进行恰当组合的结果，就是这台仪器曾经演示出（而且现在也能演示出）的旋转运动。

二、科学装置的认识论

我们应该如何理解法拉第的装置？有人可能会说，它证明了如下主张："通电导线将会围绕置于水银池中的磁铁旋转，如图 1.1 所示。"有人可能会说，就像法拉第也确实说过的那样，将这台装置所演示的现象理解为对电流磁效应的明确表述，这一效应是汉斯·克里斯蒂安·奥斯特（Hans Christian Oersted）在 1820 年发现的。[①] 人们也可以推测（而且有人就是这么做的）这台装置说明所有的力是可以相互转化的。[②] 这种理论上的迁移就是关于这台装置的全部重要内容吗？为什么法拉第认为有必要将这台电动机的成品邮寄给他的同事？

马上就从这台装置迁移到它对于各种理论问题的重要性上，会错过装置的直接意义。法拉第制作这台装置时，关于它的工作原理存在很多分歧意见。现在，仍然有很多人不知道其运转的物理机理。但是无论何时都无人否认它能够运转**这一事实**。法拉第制作它时，这一现象令人震惊，并被证明对于未来科学技术的发展非常重要。不管为这台装置或者更一般的是为"电磁运动"的本质提供何种解释，都必须承认法拉第装置产生的运动。我们无须借助一堆理论（或者事实上任何"真实"的理论）才能从法拉第装置的结构和演示中学到知识。或者换种说法，我们可以通过与世界片段互动来学习，即使我们没有足够的语言解释这些片段如何运作。

这一点在我们面对实际装置时更加有说服力。不幸的是，我无法在这本书里制作一台法拉第电动机；读者凭想象力就足够了。但重要的是

---

① Faraday 1844, p.129.

② Williams 1964, p.157.

法拉第没有依赖读者的想象力，他制作了几台他创造新现象的"袖珍版"仪器，并将它们寄给他的同事们。根据自己的经验，他知道解释对实验发现的描述是多么困难。他也知道即使是设计类似他的电动机的这类简单仪器，并使其可靠地运转也是非常困难的。法拉第送给他同事的物质产品包容了他的许多操作技巧即他的"手工艺知识"，这样一来，没有这些必要技巧的人仍然可以亲自体验这一新现象。法拉第既没有依赖于同事的技巧，也没有依赖于同事对自己装置口头描述的理解能力。他可以依赖的是装置自身将其呈现的现象表达出来的能力。

三、仪器认识论

由此得出的结论是设备本身就包含了一些重要的认识论，这些是用纯语言无法全面描述的。科学技术的认识论产物必须包含这些内容，而不仅仅是语言文字和数学方程式，尤其是必须包括类似于法拉第电动机这类的科学仪器。

或多或少成为标准的一种观念是将知识看作是一种信念的亚种，而将科学仪器理解为知识的载体是与这种观念相矛盾的。[①] 不论科学仪器可能是什么，它们都不会是一种信念。有一种不同的认识论进程是以"科学知识增长"的标题为特征的，也没有容纳科学仪器；这样的研究不可避免地只聚焦于**理论**的改变。[②] 虽然我研究了一些可以用类似理论的术语来理解的科学仪器（例如本书第二章所讲的模型），但是一般来说，仪器不能用这样的术语来理解。甚至最近有一些实验哲学的研究焦点是在科学文献的物质方面，要么采用了标准的基于命题的认识论，要么没有涉及认识论。[③] 而本书的目的就是为了纠正这种不足，并提出科学仪器的认识论。

---

① Bonjour 1985；Goldman 1986；Audi 1998.
② Lakatos 1970；Lakatos and Musgrave 1970；Popper 1972；Laudan 1977.
③ 最近的关于实验哲学的文章包括：Anderson and Silverman 1995；Baird and Faust 1990；Baird and Nordmann 1994；Buchwald 1994；Franklin 1986, 1990；Galison 1997；Gooding 1990；Hacking 1983；Hankins and Silverman 1995；Ihde 1991；Pickering 1995；Price 1980, 1984；Radder 1988；Shapin and Schaffer 1985；van Helden and Hankins 1994；Wise 1995。这些文章侧重于科学的文字材料方面。

　　本书的计划在产生之初就引起了很多问题。对很多人而言，概念上的困难似乎马上就会驳斥将科学仪器作为一种科学知识的可能性。我们坚定地相信知识、真理和辩护的概念之间的联系。很难在科学仪器方面找到诸如真理和辩护这样的概念，即使投入到这些联系中的研究也是在寻找替代物。关于科学知识增长的研究不需要真理："每一种理论生来都是被驳斥的。"相反，我们用这些术语来表述"科学知识的增长"：逼真性①、进步的科学研究纲领②以及研究传统中问题增长和解决效率的关系③。我在第六章将会使用仪器代替真理和辩护。

　　比这些哲学问题更深层的是科学仪器的概念本身引起的困难。科学仪器在最基本的层面上就不是一个单一的概念，它们有很多不同的种类。更糟的是，就认识论而言，这些不同仪器的工作机理也不同。科学模型明显地具有表征性功能，例如沃森（Watson）、克里克（Crick）提出的DNA"球棍"模型。而法拉第电动机之类的科学装置却没有这一功能，它们只演示现象。温度计之类的测量仪器在很多情况下两种功能兼而有之，既演示现象，也产生表征。因此，为了深入地研究真理和辩护的哲学问题，我考虑了三种类型的科学仪器：模型（见本书第二章）、产生现象的科学设备（见本书第三章）和测量仪器（见本书第四章）。我不认为这种划分是哲学上穷尽了仪器或者仪器功能的分类，阐述也不够充分。我只是认为每种类型都有显著的认识论差异，要区别对待。

　　这些分类都有其历史根源。事实上，科学仪器类别本身就有它自己的历史。④将仪器自觉地视为科学知识的一种形式也有历史根源。因此在第五章我将讨论20世纪中叶一件重大的认识论事件：科学共同体承认科学仪器在技术和科学认识论事业中的中心地位。所以我将仪器理解为科学知识的论述应当被放入历史背景中来理解。当我引用散落在历史中的案例时，我的目的既非提供科学仪器史，也不是为这种分类的永恒意

---

① Popper 1972.
② Lakatos 1970.
③ Laudan 1974.
④ Warner 1994.

义进行辩护。然而，**现在**为了理解技术和科学，我们需要构建一种能够容纳仪器的认识论。

四、文本偏见

仪器认识论面临的是我称之为"文本偏见"（text bias）的悠久历史，这至少可以追溯到柏拉图时代，通常认为是他将知识定义为合理的真实信念。为了构建合适的认识论，我们必须从物质世界"转换"到理念的"柏拉图世界"。这可能反映了柏拉图对物质世界的无常和他所认为的形式领域永恒不变的完美的关注。如果知识是永恒的，它就无法存在于易腐朽的物质领域。

在我看来，这纯粹就是一种偏见。德瑞克·德索拉·普莱斯（Derek de Solla Price）写道："不幸的是如此多的科学史家和几乎所有的科学哲学家都是天生的理论家，而非实际操作的科学家（bench scientists）。"[①]这恰好也是我的反应。哲学家和历史学家是用语言而非器物表达自己的。因此那些实际上垄断了话语权的人在说明（用语言！）何为科学知识时，使用他们熟悉的一类知识即言语来描述，也就不足为奇了。

尽管这可能是偏见，但却有力而牢固地被确立下来了。逻辑实证主义着迷于"科学语言"[②]。但是文本偏见并没有随逻辑实证主义的消失而消失。以图 1.2 为例，它摘自于布鲁诺·拉图尔（Bruno Latour）和斯蒂夫·伍尔格（Steve Woolgar）影响深远的后实证主义著作《实验室生活》[③]（1979 年）。这是实验室的功能布局图，包括动物、化学品、电邮、电话、能量的输入和物品的输出。拉图尔和伍尔格所展示的科学图景完全是文字性的。借助于"有铭牌的装置"（即科学仪器），"自然"为科学家提供了文字产物；科学家利用这些产物，再加上其他文字资源（电邮、电话、预印本等），创造出他们自己的文字产物。在拉图尔和伍尔格的研究中，就他们的解读而言，科学家碰巧正在研究的、被称为促甲状腺释

---

① Price 1982, p.75.
② Suppe 1977.
③ Latour and Woolgar 1979.

放因子（TRF）的物质产物，仅仅是成为有利于仪器研究的，"作为长期研究计划的一部分，只是所使用的众多工具中的一种"[1]。

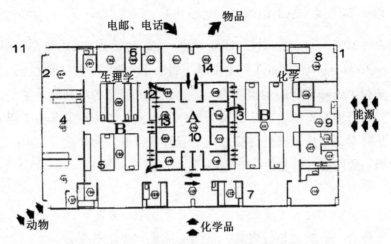

图 1.2　实验室的设计图（1979 年）[2]
资料来源：塞奇出版社（Sage Publications）授权重印

这张实验室的功能布局图只是一幅缩略图，长久以来，科学家在实验室分享的是物质材料，而不是文字。威廉·汤普森（William Thompson）将线圈送给了他的同事们，作为他测量电阻仪器的一部分。亨利·罗兰（Henry Rowland）的声望就在于他刻画并送给同事的光栅。化学家则分享化学试剂。生物学家共享具有生理行为的化学物质（例如酶）和准备实验的动物。如果很难共享设备的话，可以共享具有相关专长的科学家；这就是 E. O. 劳伦斯（E. O. Lawrence）的回旋加速器超越加州大学伯克利分校的模式。实验室不只是简单地产出文字。

拉图尔和伍尔格的《实验室生活》一书以及这些作者随后的研究中有很多值得学习的东西。拉图尔和伍尔格非常重要，因为他们确实关注到了实验室生活的物质环境。但是，由于长期持续的文本偏见传统，他们排他性地用文字术语错误地描述了科学技术的终极目标。尽管他们用

---

① Latour and Woolgar 1979, p.148.

② 来自 Latour and Woolgar 1979。

修辞学来介绍"后现代主义"，但也是非常古老的。学者们也是语言大师们，又一次把科学简化为他们最为熟悉的方式——语言。

五、语义学转换（semantic ascent）

在大卫·古丁（David Gooding）的《实验与意义的形成》（*Experiment and the Making of Meaning*）一书中有一部分值得我们注意，他关注到迈克尔·法拉第电磁旋转的实验产物，即我开始时提到的电动机。鉴于这一点，我们可能会推测古丁认为这一现象的生成（如法拉第电动机所展示的）是科学认识论关键的**终极**之一，但是他并不认为如此。在他的著作中的第一段话极富启发性：

> 正如伊恩·哈金所言，语言对于哲学很重要，这是必然的。实践特别是语言之外的实践，则无关紧要，这却不是必然的。哲学家还没有解决的一个问题是任何观察**语言**的理论中心，因此也是任何科学理论的中心，即观察者是如何从世界本身**转换**到关于世界的对话、思想和论证的。①

根据古丁的说法，科学家所做的就是从世界本身"转换"到关于世界的话语，从仪器"转换"到语言，从物质领域"转换"到文字领域，语义学转换在实验科学中是关键的一步。语言是关于器物的。

同拉图尔和伍尔格一样，我没有提及古丁对"语义学转换"的使用，并以此批评他的思想。因为语言是如何与新的世界片段联系起来的，这个问题非常重要，而古丁对此很感兴趣，认为值得探讨。但是从语义学转换的象征性角度来思考这个问题，暗含了终极价值的等级观念。它将我们的注意力从科学技术的理论方面转向器物方面，而理论与器物都是同等重要的。

古丁探讨法拉第的文字和物质产物的方式是很有启发性的。法拉第

---

① Gooding 1990, p.3. 粗体为补充强调。

完成了两项伟业：他建造了一台可靠的装置，并且描述了它的运转情况。古丁写道："文字性记述将现象置于和理论的客观联系中，正如技术的物质体现将现象置于和人类经验的客观联系中一样。"[①] 法拉第的描述即他的文字"转换"，"将现象置于和理论的客观联系中"。类似地，他的物质工作即他的装置，"将现象置于和人类经验的客观联系中"。

但是"人类经验"是个错误的概念。法拉第的描述可以和理论对话。这么做，他们可以借助逻辑的力量，对知识做出贡献。关于法拉第的物质工作是如何对知识做出贡献的，我们需要一种类似的详细阐述。"人类经验"回避了这种责任。关于物质工作和什么有"客观联系"，我们可以而且应该表达得更多、更详细。回避这种做法是一种语义学转换的病态症状。

法拉第装置还有许多值得"说道"的地方。这些仪器客观上"表达"了由电磁效应产生旋转运动的可能性，以仪器作为给定物质的开端，这一可能性可以通过物质操作来实现。在法拉第制作这套装置六个月之后，彼得·巴洛（Peter Barlow）制作了一台变形的装置，使用的是星形机轮（图1.3）。

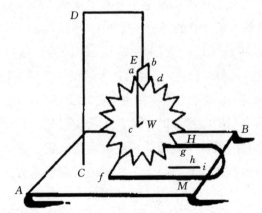

图1.3 彼得·巴洛的星形电动机（1821年）[②]

资料来源：剑桥大学出版社授权重印

---

① Gooding 1990, p.177.

② 来自 Faraday 1971。

电流从"电极"一端流入到星形机轮的悬架（*abcd*），通过星形机轮流入水银池（*fg*），然后到达电极另一端。水银池被一个马蹄形的强磁铁（*HM*）所笼罩，正如巴洛在给法拉第的一封信中写道："机轮开始旋转，速度惊人，因此现象非常明显。"①

另外一个步骤指出了如何不用水银而产生这样的旋转运动，然后我们可能会得到一些有用的东西。这里有个很重要的故事，这个故事主要不是关于我们语言和公式的演化，而是关于物质的操作。这个故事包括很多角色，完整的讲述在这里没有多大用处。②故事包括了威廉·斯特金（William Sturgeon）在内的很多人发明的电磁铁，以及早期美国物理学家约瑟夫·亨利（Joseph Henry）对其所做的改进。从电磁铁到电动机是另一个步骤，由几个人独立完成。③

另一个宣称发明了电动机的人是佛蒙特州的一个铁匠托马斯·达文波特（Thomas Davenport）。他的故事颇具启发性。④1834年，达文波特被亨利教授构造强力电磁铁的消息所吸引，这块电磁铁可以举起铁匠常用的铁砧。达文波特从家乡佛蒙特州出发，长途跋涉到达纽约特洛伊的伦斯勒，去看电磁铁的演示。他对电磁铁可能做到的事感到震惊并为之着迷。一年后，达文波特成功制造了一台电动机，能够以每分钟三十圈的转速驱动直径为七英寸 * 的机轮（图1.4）。

电动机的运转是通过改变四块电磁铁的极性，保持与机轮运动同步，使机轮能一直向前运动。（类似的技术被用来使回旋加速器运转，见本书第三章。）尽管达文波特并不知道电磁理论，但是这一切都实现了。当他第一次看到亨利的电磁铁时，他从未听说过对电磁学有任何主要贡献的人。但是他对电磁铁所演示的现象确实很欣赏，而且他能够用由装置本身所呈现的知识制造其他装置。达文波特对研发有实际用处的装置

---

① Faraday 1971, p.133, letter dated March 14, 1822.

② 参见 King 1963；Gee 1991。

③ King 1963, pp.260-271.

④ 参见 Davenport 1929；Schiffer 1994。

* 1英寸约合2.54厘米。——译者注

很感兴趣，他也成功地用他的电动机驱动了一台印刷机。[①] 但是达文波特的电动机也进一步表述了电磁现象的知识。

图 1.4 托马斯·达文波特的电动机（1837 年申请专利）[②]
资料来源：佛蒙特州历史社团（the Vermont Historical Society）授权重印

"语义学转换"使我们无法关注那些不直接与理论对话的科学技术的历史片段。然而，正如本书中讨论的几个实例所清晰表明的那样：物质领域中的巧妙设计是科学技术发展的核心。这里更基本的一点是物质领域提供了工作空间。确切地说，在这一领域内频繁进行的研究（即便不是经常性的）依赖于可用的理论。但是理论也经常被证明是错误的。这并不会使研究停滞不前。相反，研究可以独立于理论，或者与有争议的和 / 或有错误的理论一同前进。很多随后被证明是有价值的、新的科学仪器上的技术发展就是在错误理论的基础上得到的。甚至理论上的进步经常是跟随在仪器进步之后的。

六、多元认识论

我在此提出的认识论图景的一个主要结论，就是没有一个简单统一

---

① Schiffer 1994, p.64.
② 来自 Davenport 1929。

的知识描述可以服务于科学和技术。在推进认识论的物质描述即器物知识（thing knowledge）时，我也没有消极地认为知识的命题和／或物质的描述是错误的。然而就其自身而言，理论术语并没有为技术和科学认识论提供充分的框架体系。我们需要的更多，其中的一个关键部分是说明科学技术的物质层面是如何完成认识论工作的。器物和理论都能构成我们关于世界的知识，但是我不认为对这两者存在统一的认识论处理方式。即使在我的物质认识论中，不同种类的仪器也是以根本不同的方式构成知识的。

我在第二章中讨论的模型，其认识论方面的工作方式与理论非常类似。它们提供表征，这么做就可以从评价理论表征优缺点的角度对它们进行评价：解释和预测的有力性、简洁性、精确性等。

如法拉第电动机这类产生现象的仪器则不同，它们以一种不同的、非表征性的方式构成知识。这类仪器在认识论方面的工作方式，利用的是作为有效行动的实用主义知识概念。然而根本的区别在于有了仪器，这种行动就脱离了人类的力量，而构建到成为人工制品的可靠行为中。我把这种知识称为"操作性知识"（working knowledge）。当我们以某种特定的方式制造一台仪器，而它又能够成功而可靠地完成某件事时，我们就说这台仪器正常工作。这就是**操作性知识**，这种知识不同于由模型构成的知识（模型知识）。操作性知识是第三章的主题。①

第四章的主题是测量仪器代表的第三种器物知识，是知识表征和有效行动两种观念的整合。测量预设了表征，因为测量某物就是将其定位于可能的测量结果的有序空间内。这种有序空间的表征或模型必须成为测量仪器的一部分。这可以像温度计上的刻度一样简单。同时，测量仪器必须能够完成一些事情，而且要可靠地完成。它必须能够正常工作。面对相同的测量对象时，仪器必须产生相同的结果，或者在给定的误差分析范围内，可以被理解为相同的结果。也就是说，仪器必须呈现出构

---

① 我发明了一个新词，"操作性"，来描述有规律且可靠运作的仪器或机器。由此又产生了短语"拥有操作性的知识"，拥有关于操作某物知识的人即拥有操作某物的足够知识。我的这一新词引起了对知识和有效操作之间关系的关注。

成第三章所讨论的"操作性知识"意义上的一种现象。[①] 测量仪器整合了我在第二章和第三章将详细论述的两种认识论模式，即模型知识和操作性知识。我将这种整合描述为"包容性知识"（encapsulated knowledge），即有效行动和精确表征在同一物质仪器中共同作用，提供测量手段。

七、主观与客观

路易斯·布希亚雷利（Louis Bucciarelli）在他1994年出版的《设计工程师》（*Designing Engineers*）一书中以下面这个问题作为开头：你知道电话机是如何工作的吗？这个问题是在他参加的一次关于技术素养的会议上被提出来的。与会的一名发言者惊恐地发现只有20%不到的美国人知道电话机的工作原理。但是，布希亚雷利注意到这个问题是有歧义的。有些人（尽管可能少于20%）也许对声波如何振动隔膜、在磁场中来回推动线圈产生电流略知一二。但是电话通信方式远非如此简单的物理过程。布希亚雷利很想知道这个大会的发言者是否知道自己的电话是如何工作的：

> 他是否知道为了达成长途电话的最优线路所进行的探索？他是否知道被用于抑制回音和噪声的运算程序的复杂性？他知道信号是如何被传送到轨道卫星再被检索回来的吗？他是否知道美国电话电报公司、微波通信公司和本地电话公司是如何同时使用相同的电话网？他是否知道需要多少操作人员来维持系统工作，或者当维修人员爬上电话杆时他们到底在做什么？他是否知道企业融资、资本投资策略或者监管在这个昂贵而复杂的通信系统中的作用？[②]

布希亚雷利总结道：事实上，"**有人知道电话机是怎么工作的吗？**"

这里布希亚雷利与那位会议发言者一样，在主观意义上使用了"知道"（know）一词。在这个意义上，他提出了一个有说服力的案例，没有

---

① 关于这点可见 Hacking 1983, ch. 14。

② Bucciarelli 1994, p.3.

人知道自己的电话是如何工作的。首先，电话系统过于庞大，无法被单个的"主观知识分子"所理解。其次，开发构成电话系统软硬件的人可能转而关心其他问题，也忽略了他们开发这些软硬件的方式和原因。因此他们的"主观知识"也可能会丢失。第三，有很多交互部分的复杂系统，并不总是以我们可以详细预测的方式运行。尽管程序员创造了它们，但并不总是能预测它们，在这个意义上他们也不能"主观地知道"他们的复杂的计算机程序将会如何运行。当然，从事所谓的主观认识论是充分并恰当的。这是试图理解知识的主观信念的那个方面。但是如果我们想理解技术和科学知识，这是一个错误的入手点。这是基于以下几个原因，布希亚雷利电话的例子清楚说明了第一个原因。如果没有人（主观地）知道电话系统是如何工作的，那么所有科学和技术知识的情况就会从根本上变得更糟。技术和科学的认识论世界对于个体的理解而言过于庞大了。人们改变了研究焦点，而忽略了认识论。专家的知识系统超越了它们的创造者。

第二个重要的原因是，为何不应该在个人信念的层面上寻求技术科学的认识。科学技术知识的一个重要的定义特征就是非私有化。从科学家的角度来看，他们可以进行一些研究来为某一主张提供有力证据。但是，在这一主张收到相关科学共同体的审查并被接受之前，它都不是科学知识。知识需要经过同行的审核，在这个意义上科学技术知识是公共的。在理论知识方面，当知识要求获准进入科学技术知识的公共领域时，书籍或期刊文章（或预印本等）的发表是很重要的环节。除了这些科学技术知识的文字领域之外，还有物质领域。当法拉第把他的电动机复制品送给同事时，他正在为同行审查提供便利。

例如，我们可能感兴趣的是当法拉第分发他的电动机复制品时，他在主观上知道什么。这对于理解电磁学的历史很重要。我们可以找到法拉第查阅论文的证据，查阅法拉第自己的笔记。这样我们可以对他的主观理论知识进行评估。但是，我们也可以发现法拉第触觉和视觉技能的证据，这些技能包含在引起他最终制造成电动机的现象中。[1] 因此，我

---

① 参见 Gooding 1990。

们对法拉第的具体技巧（embodied skills）、专业知识（know-how）和默会知识（tacit knowledge）进行了评估。综上所述，我们逐渐理解了法拉第的主观知识，这一知识用于他的论文写作和电动机制造两方面。

一旦脱离他的掌控并接受同行审查，法拉第的论文**和**电动机就进入了客观知识的公共领域。充分的科学技术的认识论必须包括这种公共的客观知识。这就是科学家、工程师及其他人主观参与的认识论产物。这些产物包括理论和类似的占据专业期刊一定版面的书面产物，但是也包括我在模型知识、操作性知识和包容性知识标题下考虑的人工制品。简而言之就是器物知识。

八、论证与框架

我明确表达为器物知识的物质的多元认识论，取决于几个相互关联、相互支撑的论证。四种类型的论证贯穿于各个章节：类比论证、认知自主论证、史学论证，以及最后，我所谓的表述论证。每种类型论证的具体实例在细节上都有所不同，因为它们服务于不同的认识论概念。所有的论证都是我所呈现的器物知识这一整体图景的组成部分，理清这些线索并解释它们如何作为一个整体来适应本书的结构，这是很有用的。

我通过类比论证展示了科学的物质产物承载着知识的一系列论点。在第二章中，我展示了在认识论的几个重要方面，类似于理论对科学技术的贡献，物质模型是如何起作用的。物质模型可以提供解释和预测，可以被经验证据证实或证伪。通过诉诸理论的语义学叙述的一个版本，我发展了这些观点，在这个版本中理论被识别为所谓模型的一类抽象结构。我认为第二章的重点物质模型满足了理论的语义学观点中对抽象模型的所有要求。

在第三章中，我从处理"操作性知识"的类比角度提出不同的论点。我在本章中关于法拉第电动机的讨论已经预示了这个论点。当一个人能够持续成功地完成骑车这一任务时，我们就说他知道如何骑车。诸如法拉第电动机所呈现出来的现象具有这些持续性、成功性的特征，通常被称为专业知识或技能知识。我们可以说法拉第的电动机"知道如何旋转"，但是这将电动机过于拟人化了。我更愿意认为是电动机承载了一种以物质为媒介的知识，我称之为"操作性知识"。这个类比更深入。我们经常无法用语言表达我们如何骑自行车之类的知识；这是默会知识。在法拉第电动机这类仪器中，我们从两个观点出发发现了类似的情况。从拟人化的观点看，电动机没有用语言明确表述任何内容。但是从制造者（这里指法拉第）的观点看，也很难明确表述现象是如何产生的。然而，和骑车一样，很明显仪器呈现了它在工作的现象。即使缺乏对其语言的表述，这种行动在一般意义上都是有效的。知识存在于仪器被控制的常规行为中。仪器承载了这种默会的"操作性知识"。

　　贯穿本书的大量不同的论点开启了所谓科学仪器的认知自主性。达文波特从对亨利电磁铁的审视中学到了一些东西，然后他把所学到的东西转变为另一种可能在商业中有用的装置。做这件事时他对理论一无所知，无法用语言表达他从亨利电磁铁中所学到的东西，或者他用这些东西做了什么。在第二章中，我提出了这一论点的不同说法。此处我们来看看詹姆斯·沃森（James Watson）对 DNA 碱基对纸板模型的物理操作能力，是如何引导他发现了碱基对的结合。从理论或者命题材料的考量和操作出发，沃森使用了一个独特的"认知通道"。这一论点的不同说法在第三、四、七、八章都以其他形式出现了。简而言之，关键在于仪器的制造不同于言说，但是我们从制造的器物中学习，从制造的行为中学习。认识内容无法穷尽理论，同样的原因，认识内容也不应该穷尽于理论。可能这就是第六章题词的核心意思，这一题词来自理查德·费曼（Richard Feynman）的格言"我不能理解我所不能创造的"。费曼通过创造某物的努力，主观上认识了这—事物，此后这一事物才可能以被其他人主观重现的方式，承载有这种知识的客观内容，如同亨利的电磁铁对达文波特所具有的意义一样。

　　本书中有很多内容是历史性的，我对历史的引用为仪器的认识论地位提供了第三种类型的论点。首先一个论点就是，如果我们仅仅局限于对理论的历史进行审查，将会错过科学技术史中大量具有认识论意义的内容。在萨迪·卡诺（Sadi Carnot）和埃米尔·克拉珀龙（Émile Clapeyron）研究热力学的二十年之前，热力学中的卡诺循环就被蒸汽机的指示器描绘出来了（详见本书第五章）。本书其他部分的例子都是旨在说明仪器装置的研发是何等重要，以及如何部分地（有时几乎是完全地）独立于理论而进行。① 第五章中，我讨论了 20 世纪中叶分析化学史中的具体变化。当时，科学家们开始认识到仪器的研发是我们了解世界过程中的一个核心组成部分。这一时期，拉尔夫·穆勒写下了作为本书开篇题词的这句话："物理学史在很大程度上就是仪器及其合理使用的历史。"②

最后，关于仪器认识论地位的基本论点是我对于仪器是如何完成认识论工作的明确表述。这一关系促成了本书的框架。

在后面的三章内容中，我阐述了仪器承载知识的三种不同方式：表征的物质模式；有效行动的物质模式；整合了表征和行动、作为包容性知识的物质模式。第五章考察了科学自我意识到来的历史证据，这种意识即仪器承载了科学知识。和第一章导论一起，这四章说明在认识论上仪器应该被理解为与理论是同等重要的。

第六章提出的一个知识的哲学理论，可以完成这个任务。我在这里扩展和修正了卡尔·波普尔（Karl Popper）关于客观知识的叙述，将仪器调整作为客观知识的新波普尔"三个世界"的组成元素。这是这些章节中最为理论的部分，作为第六章理论直接的解毒剂，第七章我关注的是器物知识具体的物质方面。最后三章考察了器物知识使我们对科学技术的理解发生转变的三个不同方面。

总的来说，各章节的重点是清晰表述一幅图景：科学仪器与科学理论在认识论上具有同等价值，是何以可能和如何可能的。虽然不同论点的目的都是为了说服读者接受这一结论，但这是必须达成共识的全面图景。除了为什么将仪器理解为知识的载体之外，我还要展示它们是如何

---

① 这里我延续了加里森的论证（1997 年）。

② Müller 1940, p.571.

做到这一点及其产生的后果。

九、从科学转向技术

虽然器物知识被公认为是重要的，但是我在这里提倡的器物认识论的关系在科学技术哲学中尚未找到合适的位置。认为工程师和实业家只是简单地获取科学家提供的知识，再将其进行物质上的实例化，这种想法经受不住即使是最草率的历史研究的推敲。詹姆斯·瓦特（James Watt）在蒸汽机方法方面的工作（特别是指示器图表）对热力学的发展做出了开创性的贡献（见本书第八章）。然而如果没有对认识论更广泛的理解，即仪器本身表达了世界的知识，倘若局限在"应用科学"的概念、将工程和工业视为认识论拥护者的转变，这种器物知识都是很难发展起来的。

"工艺知识"（craft knowledge）、"手工艺知识"（fingertip knowledge）、"默会知识"（tacit knowledge）和"专业知识"（know-how）都是很有用的概念，它们提醒我们除了言说之外还有更多的知识需要了解。但是它们往往会使知识变得难以形容。仪器是一种公开的存在，可以进行更为明确的研究。我的意图不是贬低"工艺知识"和其他知识的重要性。相反地，我相信将仪器作为知识来分析，提供了对这个困难而又重要的认识论领域的深入理解。

承认仪器是知识，最直接的后果就是改变了科学与技术之间的对立。相比早期科学哲学的实证主义和后实证主义，最近的科学研究界已经认识到科学和技术之间的关系是更加多变的。然而，人们转向理论科学去检验**知识**。过去被忽视的工匠和工程师的贡献，现在被理解为对科学知识的增长提供了重要的、在很多情况下是必不可少的贡献。但是科学理论在不断发展。达文波特的故事只是一个补充。

我在这里提供的图景则是不同的。我认为器物和理论的发展是同等重要的。很多情况下，它们相互作用，有时伴随对两者都有益的结果。但是在很多情况下，它们也会独立发展，有时也会产生有益的结果。工业中所做的工作就是将物质世界的各部分加以整合，这和"理论科学家"所做的工作一样构成了知识。有些是基础研究（可能的例子如约翰·哈里森［John Harrison］的航海天文钟［seaworthy chronometer］）；有些则不是那么基础（可能的例子如苹果公司 iMac 电脑的半透明外壳）。在这个意义上，物质贡献与理论贡献并无不同，涵盖的范围涉及从爱因斯坦的广义相对论到心理疗法的一些概念，如暴露在"妈妈和我是一个人"①这句话中的潜意识会改善行为的想法。然而，从事理论工作和从事器物工作之间存在着重要的区别。器物不像观念那么有条理。在这一点上柏拉图的确是正确的。器物是非永恒的、不纯粹的、不完美的。第七章将涉及器物和观念之间的差异，以及这些差异产生的认识论后果。某种程度上，我认为很多仪器隐藏了制造它们的物质属性。理想的测量仪器提供了可信赖并对其采取行动的世界的信息。仪器为我们完成了语义学转换，提供了在观念交换中有用的输出。仪器使得世界的物质性变得显而易见，而且它也确实使器物知识的物质性变得显而易见。在信息时代，我们喜欢假装我们能够完全生活在我们的头脑中，或者更确切地说是生活在数据中。

承认仪器是知识的载体，提供了有价值的概念空间，在其中可以卓有成效地解决棘手的问题。最后两章将涉及这样两个问题。

第九章关注的是机器的客观性，将广泛用于能力测试（如美国学术能力测试［the Scholastic Aptitude Test］，简称 SAT）中的机器评分和化学分析的仪器装置并列。这里的论题是一个深奥的问题，即什么样的评估或测量设备值得我们信任以及为什么值得信任。了解知识是如何被包容在我们的仪器之中的，可以洞察机器客观性的吸引力。通过测量仪器中的包容性知识，这些方法降低了人类反思在判断中的重要性。它们提供了一种"按键的客观性"，我们信任设备而不是人的判断。有多少人会用电子计算器检查自己的算术运算？

这彻底改变了我们的世界。将我们的信念建立在机器的"客观性"而非人类的分析与判断之上，有着深远的影响。当医生用一系列电子监视器接生婴儿时，当学生评价（"顾客满意度调查仪器"）被用来评估教

---

① "Mommy and I Are One," *Science News* 129, no.10（March 8, 1986）: 156.

师的教学时，当工厂用分析仪器装置提供的"数据"来炼铁时，这些都是完全不同的体验。

第十章分析了一个不同的方面，20世纪中叶器物知识的出现彻底改变了我们的世界。器物知识提出了一个从根本上威胁到了我们"智力共享"的概念和文化问题，即知识的价值是什么以及应该如何交换。从20世纪中叶开始，用观念表达的知识是在与商品根本不同的条件下进行交换的。知识的学术产物主要是通过被认可而获得价值，而不是用现金支付。人类只是认可那些公众论坛中提供的知识，例如在图书馆中可获得的专业期刊。当知识产物的成本相对较低时，这是可行的。然而制造仪器往往花费颇高，因此它们常被当作商品来对待。这始于20世纪中叶出现的器物知识，现在我们见证了所有知识转变为商品的过程。对于知识的重要贡献给予认可是件好事，但是以专利费和津贴的形式给予的财政奖励已经占据了核心地位。

第二章
模型：表征性器物

约翰斯顿先生向上流社会描述了汤皮恩先生根据哥白尼体系制造的，用来解释太阳、月亮和地球运转的奇怪仪器。

——斯波尔丁绅士社团的备忘录，引自西尔维奥·贝迪尼《起源追寻》

Minutes of the Spalding Gentleman's Society, quoted by Silvio Bedini,
"In Pursuit of Provenance"

一、修补匠的理论

我们可以从思考被称为太阳系仪（orreries）的"奇怪机器"开始。（这台仪器的命名是为了纪念查尔斯·波义耳［Charles Boyle］，他是奥雷里［Orrery］的第四位伯爵和约翰·罗利［John Rowley］的赞助人，1713 年约翰为他制造了一台太阳系仪，尽管这台设备实际上是几年前由一个名叫乔治·格雷厄姆［George Graham］的钟表匠学徒发明的。）本质上，它们是在 18 世纪占据主导地位的太阳系模型，也是制造工匠技能的神奇展示。在太阳系仪中，尽管仍然是表征性的，知识却是一种物质的形式，这就是本章关注的一类器物知识。

然而 18 世纪的感性认识并不接受太阳系仪作为"恰当的科学知

识"。知识被假定为是命题性的，而太阳系仪中呈现的器物知识却不是命题性的。想想德比郡的约瑟夫·赖特（Joseph Wright）所作的非凡画作《太阳系仪》(约 1764 年)(图 2.1)。

图 2.1　德比郡的约瑟夫·赖特创作的《太阳系仪》(约 1764 年)
资料来源：德比郡博物馆和艺术画廊（Derby Museums and Art Gallery）授权复制

一群人站在演示天体运转的仪器周围。太阳照亮了所有天体，但在太阳系仪的中心看不到太阳。一个自然哲学家（图 2.1 上方中央处）正在讲授关于这台仪器的科学课程，但是他的视线却离开了仪器，转向左上方那个人正在书写的东西。第三个成年男子也把注意力从仪器转向了那个人正在书写的东西。当这三个成年男人注意文字时，其他人（一个妇女和几个年轻人）都被太阳系仪迷住了。在这里我们看到了好奇、魅力、愉悦、灵感、敬畏和崇敬。忘记哲学家的话语；在更原始的或者更基本的层面上，太阳系仪传达了我们的想象力。我们生活在一颗小行星上，而这颗行星不过是围绕太阳运行的行星之一，它们的复杂运转可以用机械方法"捕捉"到。这台设备本身就是一个神奇的展示，展示了我们表现上帝手工艺品细节的能力，同时它也使我们了解了这件手工艺品的一部分，以及我们在其中所处的位置。

牛顿相信上帝在太阳系的运转中发挥了积极作用。他认为上帝提供了必要的推动力维持行星的运转轨迹，偶尔也要进行干预将行星推回正确的轨道。莱布尼茨不同意这一看法。宇宙不会损失能量；钟表会永远运转，它不需要上帝这一角色的日夜监督："如果不这样想的话，上帝就变成了一个修补匠，有损于他的绝对完美。"①

简而言之，我们的努力是关于仪器认识论的。一方面，很明显物质模型可以传达想象力；它们携带了大量基本的科学信息。正如我下面将记述的，它们甚至传递细节，允许解释和预测。但它们又是仪器制造者的产物，仪器制造者虽然可能胜于修补匠，但是他们仍然被使用的媒介即器物的瑕疵玷污。就像牛顿的宇宙，物质模型需要一个日常的监督者。它们需要来自外部的能量以维持它们的正常轨迹。采用莱布尼茨的观点，数学方程就没有这种需要。它们存在于不变的、自我满足的思想世界中。

二、何为模型

太阳系仪是一个模型。但是何谓模型？当我想到模型时，我想到的第一类事物就是小时候努力建造的轮船和飞机的塑料模型。但是这个术语涵盖了非常广泛的其他含义，范畴从作为典范的模型（如"吉尔是个模范公民"）到艺术家们的模特。逻辑上的"模型理论"就是在极其抽象的层面研究"对象"的结构及对象之间的"关系"。这些对象可能是具体的物理对象（如我办公室里的椅子），或者更为常见的是抽象对象（如自然数）。在生物学中，特定的活的有机体也被称为"模型"，如特别培育的老鼠。

即使在科学和技术的研究中，"模型"这一术语也有各种各样的含义，其中很多（可能是绝大多数）本质上不是物质性的而是概念性的。②机械模型和数学模型之间的差异是 19 世纪物理学史的核心。显然，数学模型本质上是概念性的，是由一系列数学方程规定的。19 世纪的机械模型通常不是实际的物理客体，而是根据力学定律想象出来的互相作用的对象集合。另一方面，必须指出的是 19 世纪英国科学家确实设计出一些神奇的物质机械设备，以表征电磁现象。③

---

① King and Millburn 1978, p.168.
② Hesse 1963.
③ Wise 1979; Buchwald 1985; Schaffer 1994; Buchwald 1998.

　　根据"理论的语义学观点"，理论是模型的集合。如何指定这种集合是一个有争议的问题。① 接下来 20 世纪的发展是逻辑学，集合可以由一系列理论假设来规定。但是我们也要考虑其他进路。例如，南希·卡特莱特（Nancy Cartwright）认为"现象学模型"是由它们表征实验现象的能力规定的。②

　　纳尔逊·古德曼（Nelson Goodman）在其著作《艺术的语言》（*Languages of Art*）中，确定了"模型"的两种常见的用法。③ 第一种情况中，模型是它所要塑造的东西的一个实例，例如房屋模型是开发者能够提供的示例。第二种情况中，模型本身不是实例，而是对它所要展示的东西下定义并代表这类东西："一个特定型号的汽车属于一个特定的类别……模型就是满足描述的特定情况。"④ 古德曼主张要限制这类术语的使用：

> "模型"很可能……被保留在以下情况中，此时符号既不是实例也不是言语的或者数学的描述：船模、微型推土机、校园的建筑模型、汽车的木头或黏土模型。船、推土机、校园或者汽车都不是样品，也不是用日常语言或者数学语言描述的。与样品不同的是，这些模型有外延性；与描述不同的是，它们是非语言性的。⑤

　　毫无疑问，模型这个词之所以有这么多种变化的用法，有很多重要的原因。找到这些貌似不同的用法中的关联，可以提供对模型工作方式重要的深入理解。基于这个原因，我不愿意让古德曼规定这个词的正确用法。另一方面，古德曼提供了一个很好的出发点，在很大程度上我将遵循他的用法。我关注的物质模型满足古德曼对这一术语的严格用法。它们不是语言性的，而是物质性的，（通常）也不是实例。

---

① van Fraassen 1980；Giere 1988；Morrison 1998.
② Cartwright 1938, ch. 6.
③ Goodman 1968, pp.171-173.
④ Ibid., p.172.
⑤ Ibid.

本章提供了关于这类物质模型的认识论讨论。我审视了具有历史意义和科学意义的三种模型类型，包括 18 世纪早期的太阳系仪、18 世纪晚期出现的约翰·斯米顿（John Smeaton）水车模型和 20 世纪中叶沃森和克里克的 DNA 模型。我将展示这些模型是如何同理论一样，完成大量认识论工作的，并对如何完成这些工作进行分析。

在我对模型的认识论叙述中还存在一个历史维度。对此我没有详细展开，但是我选取的一些具体实例暗示了这一点。尽管模型完成了抽象理论的工作，在某些情况下甚至优于现有的理论本身，但是在 18 世纪，人们在认识论上还不愿将它们与理论等同起来。从理论家的观点来看，它们是修补匠的理论。然而到了 20 世纪中叶，化学制品的物质模型（"球棍"模型）在认识论上已经被公认为一种非常好的形式。莱纳斯·鲍林（Linus Pauling）在这一模式中发现了蛋白质的 α 螺旋结构，沃森和克里克沿着相同的路径，发现了 DNA 结构。

模型是检验物质认识论的一个很好的开端，因为它们在认识论上的操作方式与理论非常类似。两者都通过表征各自的对象完成认识论工作。但是这仅仅是物质认识论的一种，第三章将呈现另一种根本不同的类型。

三、太阳系仪

18 世纪早期，仪器制造者投入了大量的精力来制造太阳系的物理模型。这些模型演示了地球围绕太阳、月亮围绕地球的运转。它们演示了地球和月亮围绕轴线的自转运动，以及自转轴线相对于绕日轨道平面的倾斜。此后的模型结合了其他行星及卫星的运转。为了更有说服力地表征新的"机械哲学观"采用的宇宙图景，人们进行了许多修改。在这里，我无法对这些仪器错综复杂的历史做出完全公正的评价，我只会谈及其中的一些亮点，更多的细节可以从其他一些更好的著作中获得。①

关于约翰·罗利的太阳系仪（图 2.2），理查德·斯蒂尔爵士（Sir Richard Steele）写了一篇文章，1713 年 10 月 27—29 日发表在他的报纸

---

① 　Millburn 1976；King and Millburn 1978；Millburn and King 1988；Bedini 1994；Taub 1998.

《英国人》(*The Englishman*)上：

> 因此，我现在坐下来评判并随之极为尊敬起那位杰出的、心灵手巧的设计者约翰·罗利先生；最近，他因为自己发明的一台仪器出名了，这台仪器说明了、我也许会说是用实验演示了天文学系统，就其与太阳、月亮、地球的运动关系而言，它的能力是微不足道的。[①]

图 2.2　约翰·罗利的太阳系仪（约 1713 年）

资料来源：伦敦科学博物馆（the Science Museum）授权复制

但是罗利的设备不是第一台这类设备。1704—1709 年间的某个时期，伦敦仪器制造者托马斯·汤皮恩（Thomas Tompion）的学徒乔治·格雷厄姆，已经制造出了两个日-地-月体系模型，展示了同样的运动。[②]

很明显，这些仪器具有表征功能，尽管它们所表征的东西可能比它们最初出现时更精妙。神圣的天体不是按比例创造出来的，固定天体位置的金属棒也不表征任何"实体"。在一种奇怪的意义上（我们在本章后面讲述的 DNA 模型时会再次看到），模型中实际存在的东西并不表征任何"实体"。各种模型天体的相对运动却表征了它们所代表的天体轨道。

人们用经典的理论方式来描述太阳系仪。斯蒂尔观察到罗利的太阳系仪"……说明了、**我也许会说是用实验演示**了天文学系统"；斯波尔丁绅士社团的秘书注意到的格雷厄姆的太阳系仪样机是"用来**解释**太阳、月

---

① 引自 King and Millburn 1978, p.54。
② 参见 King and Millburn 1978, pp.152-153；Bedini 1994。

亮和地球**运转**的奇怪仪器"。解释和实验演示都是理论迁移。太阳系仪在计算中也是有用的。1744 年，另一个天才的仪器制造者詹姆斯·弗格森（James Ferguson）制造了一台改进过的太阳系仪，演示了月亮绕太阳的复杂运动（而不是它绕地球的简单轨道）。在他的设备中，地球固定在远离太阳的旋臂上，而太阳静止不动。一系列滑轮组使月亮在其绕地球轨道上运转，就像地球绕太阳运动一样。在地球和月亮的位置上都放置了铅笔（图 2.3 中突出的两个小点）。当设备运转起来后，地球和月亮的轨道会被绘制在仪器下方的一张纸上。[1]

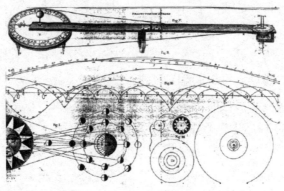

图 2.3　詹姆斯·弗格森的日月轨道仪（1809 年）[2]

弗格森用另一台太阳系仪确定了耶稣受难的年份，当年逾越节的满月是在星期五落下的：

> 为了确定这一年份，我使用了太阳系仪……从公认的耶稣出生后的第 21 年开始；从那时起逐年观测到第 40 年，我惊奇地发现在这过去的整个 20 年间，只有一年逾越节的满月是在星期五落下的；那是耶稣时代的第 33 年；不包括他出生的那一年。[3]

然而重要的是，弗格森并没有仅仅停留在太阳系仪的结果中。他还

---

[1]　Millburn and King 1988, pp.33-37.

[2]　来自 Ferguson 1809, pl.7。

[3]　Millburn and King 1988, p.75.

用直接计算来支持这一结果：

> 但也许不用说明的是，我相信机器的机械运行结果，我利用天文历表计算了从耶稣出生之后的 20 年间，所有出现满月的逾越节的平均时间，发现了一个值得注意的结果，在那段时间唯一出现满月的星期五逾越节就是上文提及的那一年。①

在这一点上，太阳系仪充其量是直接基于理论，用来做近似运算的最佳设备。它们不是理论本身。

在弗格森试图计算耶稣受难年份时所显示出的精确计算水平上，太阳系仪也许无法承载整个天文学理论的认识分量。但是在隐喻的基本层面上，它们的确具有重要的理论功能。德瑞克·德索拉·普莱斯曾经认为，太阳系仪远非单纯的教学设备，它们及其前身可以追溯到古代，是"对机械解释的强烈内在欲望"的基本物质表述②：

> 现在，我们认为自从特西比乌斯和阿基米德之后，可以看到精密机械技术的发展，源自对天文学模拟物的改进，从简单的旋转球仪到装备齿轮传动的天文馆和浮子升降钟（anaphoric clock）……它们代表着……人类渴望通过扮演一个自己动手创造宇宙的角色，来展示人类理解的深度和娴熟的技艺。③

普莱斯提醒我们"理论"（theory）和"方程"（equation）这两个词（虽然希腊语和拉丁语的起源不同）是中世纪的术语，包括了宇宙的有形模型。他写道：

> 在某些科学哲学家使用这些术语的层面上，这些设备（天文学

---

① Millburn and King 1988, p.75.
② Price 1964, p.10.
③ Ibid., p.15.

的模拟物）具有理论的地位。它们是有形的模型，在此后的理论中与几何图形或者数学符号和其他符号一样服务于相同的目的。它们是对器物工作方式的具体解释……事实上，天文学模拟物的中世纪术语是"沉思"（Theorik）和"天象仪"（Equatorie），铜制仪器设备使用了我们现在用于抽象模型的术语。[①]

这些模型被隐喻性地"理解"。不会有人期望在天空中找到铜制的齿轮。但是认为天体像太阳系仪的运转一样，是由某种机械运动引起的观点流行起来了。人们不期望找到宇宙的铜制齿轮，但是确实期望对天体运转有一个机械解释。所以，即使这些是"修补匠的理论"，它们在建立当时的机械论哲学方面也起着关键作用。

四、约翰·斯米顿的水车模型

虽然太阳系仪没有和理论相同的认识论分量，但是有时机器的机械性能比"纯理论"更值得信赖。考虑一下约翰·斯米顿，这位重要的土木工程师为制造一台更好的水车而做的工作。

1751 年，斯米顿应邀制造一台水车。[②]关于如何最有效地用水车从水流中获取能量，在查阅了相关主题的记载后，他没有找到一致的信息。在其他问题上，理论文献没有区别对待上射式水轮和下射式水轮，然而斯米顿的经验强烈表明了差异是存在的。有些理论是不恰当的。

1704 年，安托万·帕伦特（Antoine Parent）对水车的操作进行了理论分析，成为斯米顿时代的公认标准。[③]我将略过细节，并简单地指出通过早期微积分的应用，按照帕伦特的理论框架，他已经确定了在哪些条件下水车的操作将是最有效的。他发现，水车最多只能够获得 15% 的可用功率。此外，只有当被提升的负载是可以使水轮在水流中停止运动负载的 4/9 时，且只有当水轮速度是水流速度的 1/3 时，才能够获得最

---

① Price 1980, p.76.
② Smiles 1862, vol.2.
③ Reynolds 1983, pp.206-210.

大的可用功率。

帕伦特的工作受到了几个根本性错误的影响。有些是关于准确测量做功的概念性错误。他计算中的几个基础假定都是错误的。最重要的是，他用同样的方式来处理所有的水车：不论是上射式水车还是下射式水车。这在一定程度上是当时机械论哲学的结果。正如理查德·韦斯特福尔（Richard Westfall）所说："自然界的一切现象都是由运动中的物体粒子相互作用引起的，它们之间只通过接触作用。"[1] 因此，粒子是先撞击水轮叶片上，再和叶片一起下落（如在上射式水轮中），还是先各行下落，粒子再撞击在叶片上（如在下射式水轮中），都没有关系。

图 2.4　约翰·斯米顿的水车模型（1809 年）[2]

此后，为了用自己的方式确定如何最好地设计和制造水车，斯米顿先制造了一台模型（图 2.4）。[3] 斯米顿的模型有几个特征值得注意。他在车轮的轴上发明了一个棘轮和销钉结构。这样他可以合理地、精确地

---

① 参见 Reynolds 1983, p.212。

② 来自 Smeaton 1809a, p.13。

③ 关于水轮机，可参考 Smeaton 1809a, 1809b, 1809c; Donkin 1937; E. C. Wright 1938; P. Wilson 1955; Cardwell 1967, 1971; Pacey 1974; Skempton 1981; Reynolds 1983; Vincenti 1990; Schaffer 1994。

停止轮子的运转，使他能够对重物被提升的距离进行更仔细的测量。进行实验时，他使水库水位保持在恒定高度，同"实际的"水车所处的情况一样。斯米顿可以调整或者改变水车模型的一些参数。通过停止轮子运转的办法，他也可以调整水闸开合的大小。他还可以改变一个运行周期中所使用的水流前端的高度，以及改变轮子提升的负载。可能最为重要的是，他可以对上射式水轮和下射式水轮进行测试。

他每次实验进行一分钟，形成测量列。在任何一个给定的测量列中，他可以将负载从 4 磅*变到 9 磅，并保持其他实验参数不变。用这种测量方法，他找到了能够达到最大功率的负载。帕伦特运用微分法求出了最大功率。斯米顿寻找最大功率所使用的方法被沃尔特·文森特（Walter Vincenti）称为"参数变化法"①。帕伦特改变的"最大化"的理论参数，和斯米顿模型中的"最大化"的物理参数在功能上是一样的。

斯米顿的模型提供了比帕伦特理论更好的方法来确定水车的效率。原因有二：第一，模型呈现了比理论更好的表征性；第二，它在实体上直接改变了水流与轮子的接触点。对于机械论哲学的共同理解和对于做功、能量概念的混淆，使得这种操作在概念上是非常困难的。

帕伦特的理论和斯米顿的模型都呈现了对水车的表征。帕伦特的理论对效率和做功有一个内在假定。有了斯米顿的模型，这些假定才被真正确定。斯米顿没有受到错误理论的阻碍，而是通过自己对水车的实际经验获得大量信息，比起帕伦特的方程，他能够更好地在物质模型中表征水车。

斯米顿的工作取得了成功。斯米顿表明上射式水车比下射式水车本质上效率更高，这不同于帕伦特将两者等同起来的错误理论。这一发现影响了此后水车的建造。在可能的情况下，建造的都是上射式水车。有时因为河水没有足够的落差，无法建造上射式水车。这里发展出了一种折中方案——"胸部水轮"，此时水在大约轮子直径一半处碰到轮子，利

---

*　　1 磅约合 0.45 千克。——译者注
①　Vincenti 1990, p.139.

用重力和冲击力的合力使其运动。斯米顿因其在水车方面的工作被英国皇家学会授予 1759 年的科普利奖（Copley prize）*。从一方面看，斯米顿的水车模型不是古德曼观念中的模型。斯米顿的水车模型本身就是一个水车。它是一个实例，因此违背了古德曼对模型不是实例的要求。但是从更基本的意义来看，斯米顿的模型并不是一台"真正的"水车。它不能真正地工作：它不是从河流中获取动力，而是依靠人推动水泵注满水库。斯米顿的模型是真正水车的动态表征。驱动模型动态行为的力量在基本方面是和真正的水车相同的，即水流推动叶状或者桶状的轮子运动，这个事实只能证明模型是一种精确的表征。斯米顿对他的模型感兴趣，不是作为一台水车，而是作为一种水车的表征。他能够在物质上处理这种表征，就像帕伦特在概念上处理其水车理论模型的方程式一样。

历史上，要将斯米顿的模型本身理解为知识，还需要采取其他步骤。斯米顿模型不是运用的要点。斯米顿想建立关于水车效率的事实，日后可以用来指导设计和建造水车。最终的目标是一台高效的水车，最接近的目标是关于水车效率的更好的命题知识。斯米顿从仪器层面理解他的模型。虽然它就像理论一样运作，表征其对象并推进关于对象的"计算方法"，但是斯米顿以实验装置来呈现，用来研究一种特殊的技术人工产品。和太阳系仪一样，虽然斯米顿的模型包含了所有的知识成分，但并不是他那个时代的概念基调。模型尚不是知识本身。这种观念在 20 世纪时才开始转变（见本书第五章）。

五、双螺旋结构

如果我们向前推进两百年，来看看詹姆斯·沃森和弗朗西斯·克里克（Francis Crick）在发现 DNA 结构时使用的"球棍"模型，我们会发现情况已经发生了改变。这里的模型就是知识，是器物知识的一种类型。

---

* 科普利奖是英国皇家学会颁发的最古老的科学奖之一，是科学成就的最高荣誉奖、世界上历史最悠久的科学奖项，比诺贝尔奖的设立早 170 年。1731 年以皇家学会的高级会员戈弗里·科普利爵士的遗赠设立，每年颁发一次，将一枚镀金银质奖章和 100 英镑奖金授予专为申请此奖而进行的自然哲学研究成果。第一枚科普利奖章获得者是电学研究的先驱 S. 格雷。——译者注

分子模型在化学领域中有着悠长而丰富的历史。与其讨论模型在化学中广泛应用的更广阔的历史①，不如让我们选取一个开创性的事件：沃森和克里克对 DNA 结构的发现。沃森自己对此事的记述②非常好地阐述了这一点，并广为人知，另外还有其他精彩的记述③，所以我在此就这个问题简单做一些评论。

沃森和克里克在他们关于 DNA 结构的工作中引入了一些资源，还引用了其他人的工作。他们引入了关于 DNA 化学成分已有的背景知识，以及他们共同对于 DNA 是基因物质载体的信念。他们借鉴了罗莎琳德·富兰克林（Rosalind Franklin）和莫里斯·威尔金斯（Maurice Wilkins）研究发现的 X 射线衍射。克里克从这样的衍射研究中发展出一套解释分子结构的数学理论，而沃森也提出了一些生物学形而上学观点，尤其是生物学中所有重要的事物都是成对出现的观点。但是对于我的目的而言，最重要的是他们使用了物质模型来表征化合物中原子的空间关系。模型的使用在莱纳斯·鲍林最近发现蛋白质 α 螺旋结构的过程中发挥了重要作用。"只盯着 X 射线的照片看，是无法发现 α 螺旋结构的；相反，关键的技巧是寻找哪些原子可能会互相毗邻，"沃森写道，"取代纸笔的主要工作工具是一系列分子模型，表面上类似于学龄前儿童的玩具。"④克里克证实了这一点。正是他们对模型在发现 α 螺旋结构时应用方式的了解，使他们在计算结构上具有决定性的优势，也就是 DNA 结构的模型。⑤

模型物质为探索分子结构的思想提供了空间。模型通常会向沃森和克里克展示他们的想法错在哪里。"有几次散步时，我们会热情高涨，但一旦回到办公室摆弄模型后，"沃森说道，"弗朗西斯几乎立马发现，那些给我们带来希望的推理是毫无结果的。"⑥

---

① 参见 Suckling et al. 1978；Juaristi 1991；Hoffmann 1995, esp. ch.15；Francoeur 1997。

② Watson（1968）1981.

③ 例如 Olby 1974；Judson 1979；Crick 1988。

④ Watson 1981, p.34.

⑤ Crick 1988, pp.68-69.

⑥ Watson 1981, pp.91-92.

当沃森和克里克找不到原因，解释原子"应该"以某种方式存在的理由时，模型为他们"无需原因"而探索可能性提供了空间，也就是说没有命题的原因，而只考虑物质的模型空间所提供的原因。他们知道DNA是由一条"主链"（backbone）和四种"碱基"（bases）构成的。主链是由糖和以链状连接在一起的磷酸基团组成，他们有证据表明主链形成了螺旋结构。他们既不知道DNA中包含了多少螺旋链，也不知道链与链之间的关系。然而关键时刻，他们决定试着在模型外面放两条主链。"一天晚上我问吉姆：'为什么不将磷酸基团放在外面构造模型呢？'他说：'因为那样就过于简单了。'（意味着那样他可以用这种方式构造太多的模型。）当吉姆走上台阶进入夜色中时，我问：'那为什么不试试呢？'"①

沃森继续讲述这个故事：

　　　　但是，第二天早上，当我拆开一个特别令人反感的以主链为中心的分子时，我决定花几天时间去构造一些主链在外的模型，反正不会有什么损失。这意味着暂时忽略碱基，但是无论如何这都必须发生了，因为从现在开始还需要一周的时间，工厂才能交付切割成（DNA碱基）嘌呤和嘧啶形状的水平镀锡板。②

他们使用两条主链是生物学上一次富有灵感的猜测，将主链放在外部则是瞎猜的。

沃森毫不费力地将主链放在一起。然后他开始烦恼中间的碱基如何连接起来。他还没有从机械工厂拿到镀锡板，所以他用纸板剪出形状，开始摆弄并思考如何连接它们。几次失败的开始之后，他找到了答案。两种嘌呤碱中的一种（腺嘌呤"A"）和两种嘧啶碱中的一种（胸腺嘧啶"T"）以氢键结合，另一种嘌呤碱（鸟嘌呤"G"）和另一种嘧啶碱（胞

---

① Crick 1988, p.70.
② Watson 1981, p.103.

核嘧啶"C"）也以氢键结合，A 和 T 成键、G 和 C 成键。这两对配对之间的键长是相同的。碱基在内部结合，使两股主链联结在一起而不变形。

正如数学理论为理论家提供参与其中的数学空间，让他们尝试各种想法并找出可能有用的观点，分子模型也提供了类似的参与空间。正是在这个物质空间里，沃森发现了碱基对的结合方式。

有了这一决定性的深入理解，沃森和克里克很快就得到了剩下的结构。他们构造了一个完整的双螺旋模型，包括从机械工厂印刷机上烫出的镀锡板。该模型立即就具有了说服力（图 2.5）。形式上的几何美是非常能令人信服的。无独有偶，与赖特的画作《太阳系仪》相比，在这幅图中两个科学家的注意力都指向了模型。

图 2.5　詹姆斯·沃森、弗朗西斯·克里克和他们的 DNA 模型（1953 年）

资料来源：A. C. 巴林-布朗照片研究公司

（A. C. Barrington-Brown, Photo Researchers, Inc）授权复制

沃森和克里克的双螺旋结构不仅具有美学情趣，还具有规范的理论价值。它解释了有关 DNA 的已知证据。在看到沃森和克里克的模型之后，莫里斯·威尔金斯检查了他实验室的 X 射线数据和模型之间的一致性，发现模型为那些数据提供了出色的解释。事实上，在威尔金斯实验室工作的罗莎琳德·富兰克林已经有了确凿的证据，证明 DNA 主链处于结构的外围，沃森在决定尝试主链在外的模型时还不知道这个证据。

这个模型还解释了欧文·查加夫（Erwin Chargaff）的发现，即 DNA 中腺嘌呤和胸腺嘧啶、鸟嘌呤和胞核嘧啶的数量总是相同的；这两对键是相互独立的。

　　该模型还做出了一些重要的预测。在发现后的一周内，沃森就遇到一次对某些不含胞核嘧啶的 DNA 所进行的化学分析。但是，这种 DNA 确实包含了一种变种的胞核嘧啶，它与鸟嘌呤的氢键连接方式和普通的胞核嘧啶一样。此外，这种变种的胞核嘧啶和鸟嘌呤的数量总是相同的。沃森和克里克在最初宣布 DNA 结构的结论时，这个模型最重要的一项预测被大大低估了："我们假设的特定碱基配对马上暗示了遗传物质可能的复制机制，这没有逃过我们的眼睛。"① 从他们模型中得出的这一预测已经被证明极其具有重要性和价值，以至于发现 DNA 结构所做的努力现在几乎消失在这个背景之中，事后看来解决方案似乎非常明显：

　　　　回顾历史，这一成就如此明显，看上去是显而易见的。螺旋结构是由两条配对的主链组成，一个单位的腺嘧啶总是与一个单位的腺嘌呤相对，胞核嘧啶总是与鸟嘌呤相对，这种结构是如此合乎逻辑和自然，现在看来甚至似乎是不证自明的。显然，这就是分裂细胞如何能将遗传物质一分为二，以及两个子细胞如何通过使用一条 DNA 链作为模板来形成另一条链，从而再次形成一个整体的原因。如果我们必须设计遗传物质，既要像自然一样简单，又要像沃森和克里克一样聪明，那正是我们应该做的。②

六、作为知识的模型

　　沃森和克里克的 DNA 模型为将模型理解为科学知识提供了两方面论据。消极的一面认为，换个角度看，沃森和克里克的模型毫无意义，他们没有把这个模型作为一种教学手段；不能简单地从中获取信息；该

---

① Watson and Crick 1953, p.737.
② Bronowski 1982, p.202.

模型不是人类干预自然的一部分，也不是实验的一部分。

还有积极的一面认为，沃森和克里克的模型是借助物质世界的人工部分而非语言来实现理论的功能。他们的模型具有规范的理论价值，用来解释和预测，X 射线照片和其他证据证实了这一点，但也有可能被证据证伪，例如，如果发现了腺嘌呤和胸腺嘧啶数量显著不同的 DNA 的话；尽管它是用金属而非文字制成的，但毫无疑问的是沃森和克里克的 DNA 模型就是一种知识。

理清类似沃森和克里克 DNA 模型这类的物质模型和通常命题中所理解的理论之间的关系，仍然是一件有点棘手的事情。这最好使用理论的语义学观点来处理。①R. I. G. 休斯对这种理解的理论进路做出了贡献，我继承了他的观点并加以改进。②

根据理论的语义学观点，理论不是直接描述世界。相反，它用一个"模型"或者一类"模型"来描述或者拓展。有了一个成功的理论，一个模型或者一类"模型"中的一个就"表征"了世界的一部分。"模型"的这种用法比涵盖本章所涉及的几种具体的物质模型案例更为普遍。另一方面，休斯很清楚他对"模型"的使用包括了物质模型。③

语义学观点通常使用的概念模型和这里我所感兴趣的物质模型之间存在一个关键性的区别。物质模型直接由它们的材料指定。因此，理论和模型之间的关系是不同的。有了概念模型，该理论就指定了一个模型或者一类模型。有了物质模型，这些模型就指定了（specify）或者更好的说法是指向了（point to）理论。理论是模型的开放式推广。斯米顿的水车模型是如何被普遍采用的？考虑到他那个时代，建造水车的可用资源是很普遍的，但是他的模型不能被推广到今天的水力涡轮机。

在知识宣称适用范围（理论、一类模型或一个模型）的问题上，理论的语义学观点毫无用处。在概念的情况中，理论指定了模型的种类，谈及理论知识更自然。相比之下，在物质的情况中，模型指向了理论，

---

① Suppes 1961, 1962, 1967; van Fraassen 1980; Giere 1988.

② Hughes 1997.

③ Ibid., p.S329.

谈及模型知识即器物知识更自然。

休斯从三个方面说明了模型是如何表征世界的。他称之为"DDI 描述"，指的是三个方面：表示（denotation）、演示（demonstration）和解释（interpretation）。

首先，模型**表示**世界的某一部分。太阳系仪各个部分的运动表示各种行星及其卫星的轨道和公转运动。表示的一个重要特征是相似的独立性。在这里休斯延续了纳尔逊·古德曼在《艺术的语言》一书中的讨论。[①]古德曼和休斯关心的事实是：在概念模型中，模型的各部分与它们所表示的这部分世界不尽相似。休斯写道：

> 举一个更典型的例子，我们可以将实际的钟摆（悬挂在绳子上的重物）建模为理想的钟摆。我们甚至可能会说：在这两种情况中，摆长和周期之间的关系近似相同，在这方面它们是彼此相似的。但是理想的钟摆没有摆长，完成一次振动无需时间。它是一个抽象的物体，在任何显性的意义上与物质性的钟摆都不相似。[②]

同样地，古德曼指出，一幅画作总是更类似于其他画作，而不是类似于它所描绘的物体。[③]

休斯在上面引用的文章中暗示的非典型例子就是物质模型，这里的情况可能有所不同。太阳系仪的轨道本身就是围绕其中人造太阳的轨道；斯米顿的水车模型本身就是一台水车，尽管很小；沃森和克里克 DNA 模型中分子键的几何结构和实际（结晶）DNA 分子中键角和键长呈精确的几何学关系。[④]因此，虽然模型一般不需要与它们表示的物体相似，但是它们可以做到，有了物质模型，这就很常见了。

无论是物质模型还是概念模型，为了准确理解它们，我们必须知道

---

① Goodman 1968, pp.3-6.
② Hughes 1977, p.s330.
③ Goodman 1968, p.5.
④ 感谢保罗·尼达姆使我弄清了这一点。

模型的各个部分表示什么。因此，沃森和克里克模型中的棍子表示的是键长，而不是刚性金属连接。太阳系仪中的行星表示的是适当的天体，它们的运动表示那些天体的运动。在行星上穿孔的金属棒和以适当速率驱动行星的齿轮并不表示任何具体的东西。另一方面，在更普遍的层面上，打个比方说，作为一个整体的太阳系仪原理，表示的是作为一个整体的天体运动背后的"原理"。

隐喻和模型之间的区别在于外延的特殊性。很显然，在天空中没有齿轮与太阳系仪中的齿轮相对应，但是太阳系仪被隐喻地视为了一种机理。然而天空中也有轨道与太阳系仪中的轨道是相对应的。这里，太阳系仪是理论的语义学意义上的一个模型。

不论是物质模型还是概念模型，其重要用途之一就是演示，这是休斯 DDI 描述的第二部分。因此，詹姆斯·弗格森使用太阳系仪来演示（在这个例子中是描绘出）月亮相对太阳运行轨道的形状；约翰·斯米顿使用他的水车模型测定了上射式水车对下射式水车的相对效率；沃森和克里克使用他们的 DNA 模型解释遗传繁殖。演示赋予了模型解释和预测的能力。有了概念模型，演示能够在概念层面通常是数学层面上进行。有了物质模型，演示采用的物质关系可能是因果关系（斯米顿的水车），也可能是几何关系（沃森和克里克的 DNA 模型），或者是两者的结合（弗格森的太阳系月亮轨道仪）。

最后我们解释一下结果，同时证明一下模型的经验充分性。在斯米顿的时代，上射式水车比下射式水车更有效率。值得注意的是，弗格森利用一台"纯粹的机器"计算出的耶稣受难日的年份，与基于天文历表的计算结果一致。沃森和克里克得出了腺嘌呤和胸腺嘧啶、胞核嘧啶和鸟嘌呤之间形成氢键的结论，以及 DNA 分子中一定含有相等数量的这些物质，这一事实已经在实验室中得到证实。

七、物质操作

所以，最终可以将物质模型理解为理论语义学观点所包含的一类模型。模型是发展理论、使理论和世界相联系的一种途径。这些物质为科学家（弗格森、斯米顿，或者沃森和克里克）提供空间，以发展和表达他们对自己所关注的世界片段的主观知识。产生的模型就是这一知识的客观载体。

　　然而，物质模型与其他类型的模型之间有一个重要的区别。物质模型可以在物质层面上加以操作。这包括触觉操作，例如沃森摆弄纸板制成的 DNA 碱基。但是也可以采用化学的、热学的、电学的、流体动力学的（如斯米顿）以及其他的操作方式。当概念操作因为缺乏理论或者分析操作过于困难而无法实现时，这一点尤其重要。因为可用的概念模型不合适，斯米顿使用了物质模型。当分析方法超出了自己的计算能力时，弗格森能够用他的物质模型找到月亮轨道。当分析办法能够成功却会花费很长时间时，沃森通过空间中物质对象（纸板切割成的碱基模型）的操作发现了配对键。克里克对沃森发现配对键的描述尤其具有启发性。他写道：

　　　　关键的发现是吉姆确定了两个碱基对（A 和 T、G 和 C）的准确性质。他不是通过逻辑方法而是出于机缘巧合完成的。（如果证明是必要的，我们一定会用到逻辑方法，它应该是这样的：首先假设查加夫规则［Chargaff's rules］是正确的，因此仅考虑规则所建议的配对；然后寻找纤维模式显示的 C2 空间组所提出的二元对称性。这将使我们在非常短的时间内就获得正确的碱基配对。）从某种意义上说吉姆的发现是运气使然，但是大多数发现中都有运气的成分。更为重要的一点是吉姆正在寻找一些有意义的东西，当他偶然发现正确的配对时，他马上意识到了它们的重要性，"机会总是青睐有准备的人"。这件事也说明了随意的摆弄在研究中往往也是重要的。①

　　的确，就数学操作的意义而言，沃森没有使用逻辑学。但值得注意

---

① Crick 1988, pp.65-66.

的是，克里克保留"机缘巧合"和"运气"这两个词语来表示物质操作，而不是"逻辑操作"。潜台词是如果没有灵感，逻辑方法将会得到确定性的结果。这当然是看待这些问题的一种错误方法。"逻辑方法"需要做出适当的逻辑假设和行动，就像沃森"摆弄"纸板制成的模型需要自己的假设和行动一样。无论哪种方式，机缘巧合将不得不发挥作用，确定合适的假设和可能的行动空间（概念的或者物质的）。作为家庭作业布置的逻辑问题是不能简单地自行解决的，我们从这一事实中学到很多。克里克将"机缘巧合"和"运气"这两个词应用于物质操作上，无疑是弗格森担忧的残留。他担心人们可能会认为他只是使用机器就能确定逾越节的满月是哪个星期五降临的，这是将模型看作修补匠理论见解的结果。

可以说，手工操作物质模型的能力很重要，因为它为我们的认知器官提供了一种不同的切入点。概念操作提供了一个切入点，物质操作提供了另一个独立的切入点。承认模型或者更普遍地说是仪器具有认知地位，即承认它们是知识，这将扩展我们的能力，使我们的认知器官对世界产生影响。

第三章
操作性知识

　　……然后就会发生其他事情，就像伊利亚祭坛上的天火，粉碎了怀疑论者的疑虑。

——查尔斯·桑德森·皮尔士《实用主义和实效主义 *》

CHARLES SANDERS PEIRCE, *Pragmatism and Pragmaticism*

一、脉冲玻璃管

　　在 1768 年 7 月 2 日写给约翰·温思罗普（John Winthrop）的信中，本杰明·富兰克林（Benjamin Franklin）介绍了一台新装置——脉冲玻璃管（the pulse glass），引起了他的科学同事的注意。① 这台简单的装置由一根两端弯成直角的细管组成，两端有两个较大的球体。管子大约有 1/3 到 1/2 充满了水或者酒精，抽成真空再密封起来（图 3.1）。

---

* 　pragmaticism（实效主义）是查尔斯·桑德森·皮尔士在 1905 年开始使用实用主义哲学的一个术语，以区别于威廉·詹姆斯提出的 pragmatism（实用主义），目的是使自己与实用主义之间保持距离。——译者注

① 　参见 B. Franklin 1941; 1972，15: 166-172。

图 3.1 朱尔斯·萨勒龙（Jules Salleron）的脉冲玻璃管（1864 年）①

真空状态下，用手握住玻璃管会使得其中的液体沸腾。现在有些玩具就是用脉冲玻璃管制成的，包括"体温计"和"喝水的鸭子"。用手握住体温计下端的球体，就能使上端球体中的液体剧烈沸腾。当玩具鸭子被适当悬停起来时，它会来回摇晃，几乎可以不停地从杯子里"喝水"。

18 世纪末 19 世纪初，这看似无关痛痒的简单装置却引起了相当大的争议，引起了奇怪的观察结果。例如，富兰克林在写给温思罗普的信中提到，"一开始沸腾，会突然感到握住的球变得寒冷；一个奇妙的实验……类似于古老的观察结果，我想到亚里士多德观察到的，煮沸的锅底并不热；如果这确实是事实，也许有助于解释这一事实"②。

当脉冲玻璃管使富兰克林质疑烧水容器的经验时，这个实验还使詹姆斯·瓦特对他在蒸汽机改进中的优先权产生了小小的担忧。瓦特似乎完全能够解释这一现象，在他对约翰·罗宾逊（John Robison）1822 年《机械哲学体系》（*System of Mechanical Philosophy*）的社论中写道："将脉冲玻璃管的发明归功于富兰克林博士，发明日期不确定，也许在我改

---

① 来自 Salleron 1858-1864，翻印自 Turner 1983, p.114 及 pl.5。

② B. Franklin 1972, 15：171. 富兰克林书信的编辑把这个"亚里士多德的观察"归于亚里士多德的**问题** 24.5。这句话的意思是"为什么盛有沸水的容器底部没有烧着，但是你可以托着它的底部拿着它，而如果把水倒掉的话，它就会烧着？是因为容器底部产生的热量被水熄灭了？这也是为什么加入任何液体后，本可以熔化的物质反而不会熔化了"（Aristotle 1984）。我的同事罗莎蒙德·斯普雷格（Rosamond Sprague）注意到，如果没有"但是你可以托着它的底部拿着它"这句从句，第一句话就是正确的；只有容器里的水烧干后容器才会发热。她推测有人误解了"burn"这一词的意义，给了它一个及物性的解读，即"烧伤**某人**或者烧坏**某物**"。这可能就是为什么加上从句"但是你可以托着它的底部拿着它"的原因。她也指出**这些问题**很有可能不是亚里士多德提出的，而是由相当晚期的逍遥学派提出的（Sprague 1990）。

进蒸汽机之后，至少那时我还不知道。在脉冲玻璃管发明很久之前，真空沸腾就已为人所知了。"①

　　瓦特为什么要关心脉冲玻璃管的发明是在他改进蒸汽机之前还是之后呢？为什么富兰克林接受了亚里士多德的假定观察，即沸水的锅底是不热的？

　　脉冲玻璃管进入了物质媒介的重要领域，这在瓦特和富兰克林的时代存在很多混乱。是沸腾现象，或者是蒸发现象？（见下文伊拉斯马斯·达尔文［Erasmus Darwin］的论述）这在科学和技术上都非常重要，却被错误地理解了。当然瓦特的兴趣源于他对于蒸汽机的兴趣。瓦特认为蒸汽机的动力来自蒸汽的弹性，产生蒸汽时所处的大气压会影响蒸汽机产生动力的能力。当瓦特看到脉冲玻璃管时，它显示了水的沸腾和动力的产生依赖于大气压。的确，瓦特担心脉冲玻璃管演示的现象如此引人注目，可能会削弱他作为蒸汽机创新者的原创性。只有脉冲玻璃管本身能令人绝对信服，它才能激起富兰克林和瓦特的不同兴趣。

　　这是脉冲玻璃管首要的、可能是最重要的特征。它令人信服地使一种现象具体化。富兰克林显然被脉冲玻璃管吸引了：

> 我把他②的一个（脉冲）玻璃管垫高的一端正对着（从他的房间通到室外空气的）洞口放置，水泡会从处于更温暖环境中的另一端日夜不停地穿过，这使哲学上的旁观者感到不小的惊奇。每个排出的水泡都比它开始时要大，还不会缩小；水泡本身融入另一端的水泡后，却没有增大，这看起来非常矛盾。③

　　富兰克林**很享受**玻璃管展示的现象和效果。在 1791 年的诗歌《植物园》（ *The Botanic Garden* ）的附录中，伊拉斯马斯·达尔文写道："我

---

① Robison 1822, 2: 14.

② "他"指的是爱德华·奈恩（Edward Nairne），当时伦敦著名的商业仪器制造商。富兰克林经常光顾他的商店，委托他制造一些仪器，包括几个脉冲玻璃管。奈恩启发了富兰克林用脉冲玻璃管描述的几个实验。

③ B. Franklin 1972, 15: 170.

们可以在所谓的脉冲玻璃管中欣然发现真空中由少量热量引起的快速蒸发。"[1] 这台仪器马上吸引了我们。虽然它可能引起我们的好奇心,但是这种现象并不需要进一步的解释就可以理解。它的仪器紧凑性也使它成为一个理想的探究自然的玩具,随时准备在瞬间回忆起这个现象。和法拉第的电动机一样,喝水的鸭子提供了一个重要事实的袖珍版本。

即使在脉冲玻璃管成为在技术上被认可的现象很久之后,对这一现象的理论描述和解释仍然不清楚。这类仪器与自然现象有相同之处。它的描述和解释取决于理论上的兴趣,虽然理论改变后,它仍然存在。

在上面转载的一段文字中,本杰明·富兰克林至少给出了对脉冲玻璃管的两种解释:水泡"日夜不停地穿过",就是说这种现象涉及一种永恒的运动;排出的水泡变大了,但是产生水泡的空气没有减少,就是说凭空出现了一些东西。他也注意到只有当一端玻璃泡中的水开始沸腾时,才能感受到另一端的玻璃泡变冷了,这和所谓的亚里士多德沸水锅的观察联系起来了。伊拉斯马斯·达尔文认为这是蒸发过程,而沸腾和蒸发在今天被认为是等效的,但是我们能够想象一种理论背景,在这种背景下沸腾和蒸发是否表示相同的现象至少是个问题。

瓦特将脉冲玻璃管的作用和蒸汽机的发电能力联系起来。关于热量、做功、气压和蒸汽弹性之间的关系,他的观点目前看来是过时了(见本书第八章)。在现代的理论术语中,这个现象被称为可逆的等温变换(但是在门多萨[Mendoza]对这方面的调查中,可看到萨迪·卡诺对脉冲玻璃管早期应用的讨论[2])。

19世纪,威廉·海德·渥拉斯顿(William Hyde Wollaston)负责将脉冲玻璃管制作成标准化的演示仪器,称其为"蒸凝显示器"(cryophorus),证明了这台仪器可以演示冷气的传送[3],而 A. P. 桑德森(A. P. Saunderson)表示这台仪器可以阐述热平衡的本质。[4]

---

① Darwin 1978, vol.1, Additional Notes, p.67.
② Mendoza 1960, p.66.
③ Wollaston 1812, 1813.
④ Saunderson 1980, p.279.

虽然围绕脉冲玻璃管的理论有些混乱，但在技术上它是稳定的，能可靠地产生现象。显然，不论我们是否知道对这种媒介的解释，它仍然呈现了物质媒介的一个实例。这台仪器成为这类仪器进一步研发的起点，包括 J. F. 丹尼尔（J. F. Daniell）的露点温度计（dew point hygrometer）[1]。此外，尽管现在已经找到了对脉冲玻璃管的完整而毫无争议的理论解释，它仍然是令人着迷的。这种现象不会因理论解释而被削弱或者被纳入理论解释。

二、了解物质媒介

因此，脉冲玻璃管为科学提供了一个紧凑的以仪器为框架的事实、在大量的理论混乱中相对的技术确定性以及仪器进一步研发的基础。就像法拉第的电动机，脉冲玻璃管呈现了一类仪器的实例，它是人造的物质世界的一部分，创造并展示了一种物质媒介的要素。在这两种情况中，当时都没就描述这个媒介的正确措辞顺序达成一致。然而，媒介本身是不可否认的。查尔斯·桑德森·皮尔士对这种情况的描述如下：

> 当一个实验者提到一种**现象**，如"霍尔现象""塞曼现象"……他并不是指在逝去的过去发生在某个人身上的任何特定事件，而是指在活生生的未来**一定会**发生在满足某些条件的每个人身上的事件。这种现象的实质是：当一个实验者按照他脑海中的某个计划**行动**时，就会发生其他事情，就像以利亚祭坛上的天火，粉碎了怀疑者的疑虑。[2]

理想情况下，一种现象具有令人震撼的、打动人心的品质，就像以利亚使 450 名巴力先知感到难堪的神圣火焰一样，但它也必须是持续的、可靠的，是一个活生生的、未来的、永恒的固定事件。

正如富兰克林及其追随者对脉冲玻璃管、法拉第及其追随者对电动

---

[1] Daniell 1820a, 1820b, 1823；也可参见 Reid 1839, p.699；Middleton 1969, pp.115-117。
[2] Peirce 1931-1934, vol.5, para. 425.

机所做的研究那样，制造、操作、改造和发展物质媒介的能力充分证明了媒介知识。在主观意义上，参与者掌握了必要的专业知识，能够为活生生的未来创造一种永恒的固定事件。在客观意义上，人类制造的设备展示了一些特别的现象，我们对这些现象拥有实际的物质控制（不是语言上的控制）。

我将这种知识称为"操作性知识"。这是物质知识的一种形式，有别于第二章讨论的模型知识。主观上，一个拥有"操作性知识"的人有足够的知识去做一些事情。客观上，承载有操作性知识的设备会有规律地工作。它呈现出的现象可以用来完成某件事情。与模型知识相比，这种形式的器物知识并不是表征性的，而是诉诸实用主义知识作为有效行动的概念。

还有三个重要的任务可用来阐明和理解这种知识。第一个任务涉及承载有操作性知识的设备的意义。这些设备不像模型具有表征性，那么它们是如何向我们"讲述"这个世界的呢？第二个任务涉及操作性知识的工具加工。这是一种物质媒介，但是被隔离、控制和纯化了。产生这种材料知识的过程是设计、安装和精炼材料的过程。这个过程是如何发生的？这个过程是进入现象的新世界和知识（操作性知识和其他形式知识）的新领域的关键。最后，在创造这种操作性知识的过程中，我们设计了新的技术，其本身就是操作性知识的一小部分。我们在我所谓的"仪器使用说明书"（instrument cookbooks）中收集了对这些技术的描述，我将在这章结尾的部分对此进行讨论。

三、作为物质媒介样式的空气泵

空气泵承载了很多不同的实验。早期罗伯特·波义耳（Robert Boyle）"虚空之空"的实验（1950年）已经受到了相当多的关注。还有两本值得注意的著作，一本是詹姆斯·布莱恩特·科南特（James Bryant Conant）所著（1950年），一本是史蒂夫·夏平和西蒙·谢弗所著（1985年），说明了这些实验对于建立科学的"实验生活"和科学的真空观有多么重要。无论如何，在18世纪，空气泵经常出现在公众表演中。德比郡的约瑟夫·赖特（在本书第二章中讨论了他绘制的《太阳系仪》）的另一幅画作展示了正在运转的空气泵（图 3.2）。

图 3.2　德比郡的约瑟夫·赖特创作的《空气泵实验》(1768 年)

资料来源：伦敦国家画廊（the National Gallery）授权复制

　　这幅画里的实验不是"虚空之空"的实验，而且这个实验与《太阳系仪》画作中的实验不同，人物并没有专注于书面文字。在这里，实验者的目光越过了画框里的场景，越过了空气泵的接收器和窒息而死的小鸟，越过了他周围的社交活动。在这里，实验者看到了表象背后的物质媒介，正在杀死小鸟的物质媒介。在实验、实验者、画作的观赏者和运转中的令人生畏的力量之间似乎没有任何事物的干涉。①

　　在赖特的两幅画作以及它们所描述的实验之间存在明显的区别。正如约瑟夫·普里斯特利（Joseph Priestley）在下面这段话中所暗示的那样，这个实验以一种截然不同的方式吸引着观众：

　　　　所有真实的历史都比每一部虚构的小说有重要的优势。小说作品类似于那些我们设计来阐明哲学原则的仪器，如地球仪或者太阳系仪，其用途不过是拓展了人类独创性的观点；然而，真实的历史就像气泵、冷凝机和发电机所做的实验，显示了自然界的运作和上

―――――――――――――

① Busch 1986; Nordmann 1994.

帝自身的天性。①

这就是太阳系仪的表征性知识和空气泵的操作性知识之间存在的重要区别。通过"小说作品",我们在世界和我们自己之间插入了一种表征。我们创造了一个世界模型、一部"小说"。通过"真实的历史",我们以一种受技术控制的方式直接与世界接触。在我们的机械发明中显示了物质媒介。空气泵的气动原理使物质媒介得以显现,但是处于人工控制之下。正如我们通过运用文字技巧来控制概念一样,我们也通过运用操作技巧来控制物质媒介。

小鸟在空气泵接收器中无助地拍打翅膀,与这种景象相比,虚空之空的实验就显得苍白无力了。然而,把动物放入空气泵的接收器里,观察所发生的事情,并没有任何巧妙之处。没有驳斥任何理论,仅仅是再现了长期以来人们所熟悉的真空和动物呼吸的物理特征。重点是什么?是什么原因使得这个在理论上毫无趣味的实验在 18 世纪如此流行?被剥夺了空气的小鸟有什么奇观之处?或者,用普里斯特利的话说,实验是如何做到与真实的历史相似,而不是与小说相似?一个明显的答案不言自明:小鸟的实验涉及生死,它的命运只是比气压柱的相对高度更吸引人。它更直接地引起了人们的关注。但是,与另一个实验的比较表明,与其说这个解释是错误的,不如说它是不完整的。

在赖特的画作中,有个人正在测量小鸟窒息所需的时间,收集到的数据可能会计入更大的语境中。早在 1670 年,罗伯特·波义耳进行的实验就做了比较,他记录下"动物因溺水或者抽走空气,被杀死所需的时间"。例如:"在一只金翅雀的腿和翅膀上绑上负重,轻轻地放在盛满水的玻璃瓶内;记录它完全浸入水中的时间。"半分钟后,他发现小鸟"完全死了"②。

波义耳用金翅雀所做的实验和赖特画作所描绘的完全相同。它同样

---

① Priestley 1817-1831,24:27-28.
② Boyle 1809,p.487.

关注了人类对生死的担忧。但是和空气泵接收器中的小鸟相比，波义耳的第二个实验是简陋而无趣的。它既不够悬疑，也不够崇高，无法弥补其平淡无奇、使人不悦甚至是令人反感的特点。

普里斯特利的问题仍然存在。是什么使得空气泵实验与真实的历史相似，而不是与小说相似？再次引用普里斯特利的话："凭借这些仪器的帮助，我们能够将事物的无限变化置入情境的无限变化中，自然本身就是显示结果的媒介。"①

18 世纪首批化学史家之一约翰·罗宾逊（John Robison）在 1803 年解释了作为"显示结果的媒介"的"自然本身"如此特别的原因。在为约瑟夫·布莱克（Joseph Black）关于化学元素讲座所写的序言中，罗宾逊称赞布莱克发现了一种新的气体——"固定空气"（fixed air）*。他说，有了这个发现，我们"现在可以进入自然本身的实验室，按照指示参与一些伟大的进程，这个公平世界的创造者通过这些进程使其成为一个宜居之地"②。

有了空气泵，我们就可以进入自然本身的实验室。虽然我们不以人类的理论为指导，但是确实需要用技术的智慧来开启这个实验室。我们不是通过言语，而是通过技艺了解物质媒介，即自然本身。我们制作仪器的物质媒介是在我们的控制下参与"运作"。我们就**形成**了物质媒介的操作性知识。小鸟和空气泵的实验使人类家庭获得了对生死条件的崇高体验，实验者本人就有了上帝般的权威，也许正要开启阀门，使小鸟恢复生气。

四、新的现象世界的关键

在我们的时代，粒子加速器占据了与 18 世纪空气泵类似的认识论地位。流行的电视节目展示了它们的现象。它们使我们能够探索宇宙最深层的奥秘。在这个舞台上，物质媒介被人类的技巧所控制。虽然我们对于第一台真正有效的粒子加速器，即 E. O. 劳伦斯回旋加速器的研发

---

① Priestley 1775, 1：xii.

* 指二氧化碳。——译者注

② Black 1803, 1：lvi.

知之甚详，但是再次考察这段历史使我可以通过举例的方式来描述操作性知识的工艺。

到了 20 世纪 20 年代，人们已经认识到创造粒子加速器的需求。它们将使科学家能够人工制造和使用高能粒子。[①] 我们更精确地控制粒子来探测亚原子世界的能力，将极大地促进对亚原子世界的探索。劳伦斯和他的学生兼同事 M. S. 利文斯顿（M. S. Livingston）写道："因此，开发大规模激发原子核的方法是一个非常有趣的问题；它的解决方案可能是进入一个新的现象世界即原子核世界的钥匙。"[②] 当劳伦斯开始研究回旋加速器时，我们正处于能够驾驭和利用一个新的现象世界的边缘。这是劳伦斯研发回旋加速器的主要兴趣之一，也是它如此重要的原因之一。它帮助我们用自然去做新的事情，揭示并创造了一部分的新世界。

回旋加速器背后的基本思想是利用电势中的负电荷去加速正离子。用电磁铁适当控制离子的运动轨迹，反复利用相同的电势差使离子加速获得越来越高的能量。由于相同的电势差多次加速离子，所以相对于传递给离子的总能量而言，加速电势差的量级可能很小。只要适时地轻轻一推，可以使后院秋千上的人荡得很高，就是同样的道理。回旋加速器一系列很小的、时机恰当的推动，使离子快速运动。

在物理上，回旋加速器是由两个电极组成的，类似于金枪鱼罐头，可以通过直径被切割成两半。这两个电极（因其形状被称为 D 形盒）连接到高频交流电源上。一个离子源置于两个电极的中心附近，整个装置密闭在良好的真空中。加速器室安装在电磁铁的两极之间（图 3.3）。离子源产生的正离子以负电势加速进入 D 形盒。由于 D 形盒中存在垂直磁场，离子沿着半圆形轨道运动，直到它再次出现在两个 D 形盒之间的间隙处。为 D 形盒提供交变电压的振荡器频率是当离子出现在两个 D 形盒之间的间隙处时，两个 D 形盒上的电压方向就会改变。因此，带正电荷的离子会加速穿过间隙进入另一个 D 形盒，而这个 D 形盒现在是负电势。磁场会使离子

---

① 　Paul 1979，p.26.

② 　Lawrence and Livingston 1932，p.20.

再次沿半圆形轨道运动，这次的直径更大，因为离子的速度更快了（已经加速两次了）。当离子再次出现在间隙处，两个 D 形盒的电压方向会再次改变，离子从而（第三次）加速穿过间隙，进入对面的 D 形盒。每次重复这个循环，离子就被提升到更高的能级，最终得到高能粒子（图 3.4）。

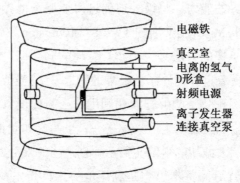

图 3.3　回旋加速器的剖面图（1990 年）①

资料来源：英国科学哲学学会（the British Society for the Philosophy of Science）授权
重印

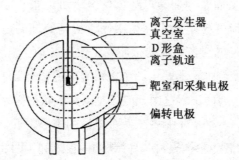

图 3.4　回旋加速器的顶部示意图（1990 年）②

资料来源：英国科学哲学学会授权重印

　　使回旋加速器成为可能的诀窍是使电流交替的频率与离子出现在"加速间隙"中的频率相同。幸运的是，（恒定质量的）离子在垂直于离子运动平面的恒定磁场中沿半圆形轨道运动，所需的时间与轨道的大小

---

① 来自 D. Baird and Faust 1990。

② Ibid.

无关。在更大的轨道里移动更远的距离正好由离子增加的速度补偿。因此，产生交变电流振荡的振荡器以固定频率振荡，调谐至与离子质量和磁场强度相匹配，使离子每次到达"加速间隙"时加速。这被称为磁场和交变电流的共振，而回旋加速器最初就被称为核磁共振加速器。

五、从想法到仪器

1929 年夏天，劳伦斯从罗尔夫·维德勒（Rolf Wideroe）的一篇文章（1928 年）中萌发了回旋加速器的想法，这篇文章描述了维德勒是如何将两个直圆柱形的电极首尾相连地置于真空管中来加速钾离子。电极的长度及其连接的电源频率是这样的：当离子穿过第一个电极长度时，第二个电极就会有电荷去吸引从而加速粒子。维德勒给每个电极施加 2.5 万伏特的电压，成功地将离子加速到 5 万伏特。劳伦斯想将离子加速到 100 万伏特以上。维德勒的方法很有前途，因为它使用了相对较小的外加电压。原则上，足以将离子加速到 100 万伏的额外电极，可以增加这样的设置。劳伦斯计算出用这种方法取得成功需要好几米的电极，他和他的学生大卫·斯隆（David Sloan）一起建造了一台这样的直线加速器，将汞离子加速到 20 万伏特以上。[①] 一个更经济的方法就是使离子在圆周中运动，这样相同的外加电压就可以被反复使用。劳伦斯做了个"快速"（back-of-an-envelope）的计算，发现（恒定质量的）离子完成圆周运动所用的时间与轨道半径无关（尽管与离子所带电荷和质量以及磁场强度有关）。这个计算确立了共振原理。[②] 回旋加速器的想法诞生了。

在 1930 年的春天，劳伦斯的另一个学生 N. E. 埃德勒弗森（N. E. Edlefsen）用一块极面直径两英寸的磁铁组成了一个小型的回旋加速器，

---

① Lawrence and Sloan 1931.

② Livingston and Blewett 1962，p.140；Lawrence 1965，p.431.
　　我刚刚定性地概述了对共振原理的论证。更确切的论证如下：假设一个质量为 m、所带电荷为 e、速度为 v 的离子处于磁场强度为 B 的磁场中，磁场作用于离子的磁场力大小为 evB，力的方向垂直于离子运动方向和磁场方向。此外，这个力和离子所受的离心力 mv^2/r 相平衡，其中 r 是离子圆周运动的半径。因此我们有 $mv^2/r = evB$，解方程得到 $v = eBr/m$。离子圆周运动的频率 f 是用离子速度除以圆周周长，$f = v/2\pi\rho$。当我们将之前方程中的 v 值带入，得到的结果是圆周运动的频率 f 与半径 r 无关，$f = (eBr/m)/2\pi\rho = eB/2\pi\mu$。

真空室是用窗玻璃、废铜片和蜡封制成的。① 埃德勒弗森公布了跨越宽频带的共振现象。第一份回旋加速器的研究出版物② 没有报道任何实验上的成功，只报道了回旋加速器共振的方法。劳伦斯私下谈到这次尝试时说："这是一次失败，但是它的确给了我们希望。"③

1930 年夏天，埃德勒弗森离开加州大学伯克利分校，劳伦斯把这个问题交给了另一个学生 M. S. 利文斯顿。利文斯顿首先尝试重启埃德勒弗森的工作，他发现用埃德勒弗森的材料很难达到良好的真空状态。利文斯顿用黄铜环和黄铜盖板代替它们，制成一个真空室；用封蜡封住真空。他将磁极的直径扩大到 4 英寸，只用了一个 D 形电极；另一个"虚拟的 D 形电极"由开槽的条状物构成。④ 从阴极钨丝发射出的电子使氢气电离化，在真空室中心产生了氢离子（包括质子和氢离子）。这台回旋加速器成功了。

利文斯顿通过改变磁场强度来调整这台 4 英寸的回旋加速器。他绘制了磁场强度和集电极中电流的关系曲线。1930 年 11 月，当绘制相对于磁场强度的集电极电流时，利文斯顿观察到尖锐的峰形（图 3.5），这些峰值与预测的共振场强一致。利文斯顿还改变了施加在 D 形盒中外加交变电场的频率。然后他寻找由集电极电流急剧增加所决定的共振磁场强度。磁场强度和达到共振时交变电流频率之间的关系再次与理论预期的结果相符。仪器工作了。

毫无疑问，劳伦斯理论计算和仪器行为之间的一致性，是劳伦斯和利文斯顿相信四英寸回旋加速器正常运转的核心。然而不能忽视这个现象本身。利文斯顿观察到当磁场强度改变时，集电极电流发生了急剧的、可识别的、可重复的变化。这个效果太过引人注目，不可能是"噪声"。埃德勒弗森就没有得到这样的效果。事实上，利文斯顿四英寸回旋加速器背后的大部分理论都需要做出相当大的修正，才能解释相对论效应以及实际电场和磁场与其假定位置之间的偏差。

---

① Pais 1986, p.408.
② Lawrence and Edlefsen 1930.
③ McMillan 1979, p.155；M. S. 利文斯顿在讨论麦克米伦的论文时提供了这个引证。
④ Livingston 1985, p.256.

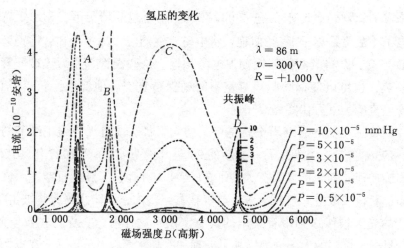

图 3.5 回旋加速器的共振图像（1931 年）[1]

六、越大越好

利文斯顿成功地用四英寸模型演示了共振现象，说明回旋加速器的想法是正确的。为了获得劳伦斯所追求的更高的能量，必须增加磁铁的质量和 D 形盒的半径。在 1931 年的夏秋之间，利文斯顿设计并建造了一个十英寸的回旋加速器。1932 年 1 月这个回旋加速器成功产生了 122 万伏特的氢离子（质子）[2]。此时，这台十英寸的回旋加速器并不是装备用来对其产生的高能离子进行实验研究的。1932 年春天的大多数时间里，利文斯顿增加了必要的定位和计数装置。到了秋天，这个十英寸的模型已经证实并扩展了在卡文迪许实验室完成的衰变结果。[3] 同时，劳伦斯从联邦电报公司获得了一块废弃的大磁铁（重达 80 吨），把极面的直径加工成 27.5 英寸。11 月，这台回旋加速器产生了 0.001 微安电流的 480 万伏特氢离子。[4]

在接下来的一年半里，劳伦斯、利文斯顿和他们的同事们增加的一系列小的改进意义重大。例如，用装有冷却水的封套把为电离氢提供电

---

[1] 来自 Livingston and Blewett 1962。

[2] Lawrence and Livingston 1932.

[3] Cockcroft and Walton 1932；Lawrence, Livingston et al. 1932.

[4] Livingston and Lawrence 1933.

子来源的钨丝包裹起来，这样可以在钨丝不过热的情况下，输出更高速的电子（最终是离子）。类似地，将电磁铁线圈浸入油中冷却；用铜管支撑 D 形盒，并将其和射频振荡器电源相连。这些铜管都用耐热玻璃套筒来隔热，也可以使铜管脱离真空室时还保持真空。他们最终获得了 0.3 微安电流的 500 万伏特氘离子。①

回旋加速器的后续历史就是一个增大直径、改进无数施工细节的过程。1936 年，设计建造了一台新的 27 英寸的真空室。②1937 年，27 英寸回旋加速器的磁体极面扩大到了 37 英寸，并建造了新的真空室。许多方面都获得了改进。射频电源被放置在真空室内，以防止绝缘物被击穿。偏转的光束被传送到带有气闸的真空室内，这样可以在保持主真空时，改变目标。仪器的大部分都增加了油罐和冷却水箱以及线圈③，在离子束的控制和聚焦、初始的离子源以及真空技术方面都做了许多改进。1939 年，劳伦斯完成了一台更大的、60 英寸的"克罗克"（Crocker）回旋加速器。到目前为止，由小型仪器获得的所有经验可以放在一起，利文斯顿将其描述成"一台设计精美的、可靠的仪器……（它）成为世界范围内大量回旋加速器的原型"④（图 3.6）。

图 3.6　麻省理工学院的回旋加速器（约 1960 年）⑤

---

① Livingston 1933；Livingston and Lawrence 1933，1934.
② Lawrence and Cooksey 1936.
③ McMillan 1985，pp.668-670.
④ Livingston 1969，p.37.
⑤ 来自 Livingston and Blewett 1962.

从埃德勒弗森的两英寸模型到 60 英寸模型，每一步都提高了仪器的功率、可靠性和实用性。这些步骤代表了我们知识的显著进步。知识是什么？回旋加速器不仅仅是一台探索原子核领域的有力探测器（尽管这几乎肯定是这样的），在各种不同的场合，回旋加速器还成为发展器物知识的载体，包括真空系统、射频电子、离子束控制以及其他方面。在所有这些情况下，它都是承载知识的物质作品。该仪器将所有这类器物知识整合到其成品可靠的、操作性知识的形式中。

七、聚焦

利文斯顿和 J. P. 布莱维特（J. P. Blewett）在 1962 年的著作《粒子加速器》（*Particle Accelerators*）中观察到："共振的基本原理适用于理想粒子，它在位于回旋加速器真空室中位平面的轨道中运动，和电场完全同步地穿过加速间隙。然而，基本上所有被加速的离子都偏离这些理想状态。"[①] 考虑到只有电力、磁力和劳伦斯最初设想的一样，实际上在仪器中心附近形成的所有离子，要么会撞上某个 D 形盒的顶部或底部，要么运动稍稍过快或者过慢，无法起振。幸运的是，实际回旋加速器中的电场和磁场不同于劳伦斯最初设想的理想场。这些偏离劳伦斯理想的情况使离子束聚焦在共振处以及 D 形盒的顶部和底部之间。[②]

劳伦斯想要消除两个 D 形盒的内部电场。他认为那里唯一应该存在的是磁场，其磁力线完全垂直于 D 形盒的平面。为了达到这个目的，劳伦斯让利文斯顿建造了一个四英寸的模型，用细钨丝穿过 D 形盒的开口。[③] 有了这种设计，利文斯顿在预期的共振频率下获得了微量电流，但是比他预期的小得多。利文斯顿猜测有大量离子撞击在钨丝上，所以（当劳伦斯外出旅行时），他移除了钨丝，在预期的共振频率下获得了离

---

① Livingston and Blewett 1962，p.143.
② 我可以介绍回旋加速器在很多不同方面的发展。在本节和下一节中，我会讨论电子束的聚焦和真空系统的改进，因为它们对我的哲学目的很有用。其他细节 D. 贝尔德和浮士德 1990 年讨论过。
③ Davis 1968，p.35；Livingston 1969，p.26.

子束强度实质性的增长（10—100 倍）。①

　　劳伦斯回来后，他断定增加的离子束强度可能是由于电场不可预料
的聚焦作用。劳伦斯和利文斯顿用图表对此做出了定性解释（图 3.7）。
由于力线的方向，在离子穿越加速间隙的前半程中，电场趋向于使离
子接近中位面，而在后半程中，电场趋向于使粒子远离中位面。但是
离子在后半程的速度更快。所以，"后半程中向外的加速度不会完全
抵消前半程中向内的加速度，导致向内的速度分量和向内的位移都增
加了"②。

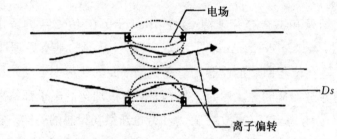

图 3.7　回旋加速器静电聚焦（1990 年）③
资料来源：英国科学哲学学会授权重印

　　当利文斯顿试图用十英寸的模型实现共振时，他再次遇到了困难。
他的第一个猜测是，这可能是因为磁场不规则造成的。他试图通过重新
加工磁铁来校准极面，但是这于事无补。然后他把薄铁皮切割成垫片，
放在磁铁极面和真空室之间。这提高了仪器的输出。通过连续的试错填
入垫片，利文斯顿使十英寸的模型有效运转起来。④

　　起初，利文斯顿增加垫片以改善他所认为的非均匀磁场。当他和劳
伦斯撰写关于十英寸模型的论文时，他们开始明白垫片使磁场随着半径
的增大而减小，从而产生了聚焦效应（图 3.8）。磁场对垂直于磁场方向
的带电粒子施加一个力，因此，磁力线中凸起的"膨胀部分"迫使偏离

---

① Livingston 1969，pp.26-27.
② Lawrence and Livingston 1932，p.29.
③ 来自 D. Baird and Faust 1990。
④ Livingston 1985，p.259.

的离子回到中位面，从而帮助聚焦电子束。[1]

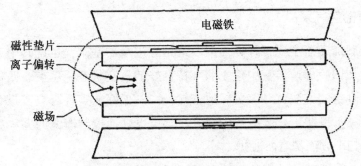

图 3.8　回旋加速器弱磁聚焦（1990 年）[2]
资料来源：英国科学哲学学会授权重印

又过了四年，学界对回旋加速器的聚焦才有了像样的理论理解。在此期间，人们关于磁场和电场对聚焦的相对贡献存在很大混乱。1936年，利文斯顿认为电场是聚焦的主要原因[3]，罗斯（Rose）和威尔逊（Wilson）分别认为磁聚焦更为重要[4]。同时，开发了更好的实验技术以建立最佳的磁场。有了更好的探测可以用来寻找、测量光束的宽度。共同的经验法则不断演变，例如，"那些获得高效率的离子加速和高强度离子束的回旋加速器，呈现了一致的磁场形状。这是覆盖大多数极面的近似线性下降……对于中等能量的回旋加速器（15—20MeV），溢出出射狭缝的低于中心场强值的总衰减约为 2%"[5]。

很显然，正是和劳伦斯最初设想的理想场的偏差，使回旋加速器中加速的离子聚焦。"使多次加速的方法得以实现的特征，就是磁场形状引起的聚焦。"[6] 几乎矛盾的是，正是劳伦斯对"纯"磁场和"纯"电场行为的理解使得着手建造回旋加速器是可行的，同时，正是利文斯顿在经验发展中与"纯"场之间的偏差使得回旋加速器能够运转，这就形成了

[1]　Lawrence and Livingston 1932，p.29.

[2]　来自 D. Baird and Faust 1990。

[3]　Livingston 1936，p.57.

[4]　Rose 1938；Wilson 1938.

[5]　Livingston and Blewett 1962，p.145.

[6]　Ibid.，p.143.

操作性知识，而不是劳伦斯共振原理的理论知识。

八、再论空气泵

回旋加速器主要工程方面的改进是它进步的基础，也许其中最核心的就是在回旋加速器室中建立和维持良好的真空状态。至少有四种不同的提高真空的方法：（1）更好地密封；（2）更好地实现真空密封交流的办法；（3）性能更好、更快的气泵；（4）更好地检测泄漏的办法。我们应在这四个方面都有所改进。

第一台两英寸的回旋加速器是用任何一间物理实验室里随处可见的材料（窗玻璃、废铜片和蜡封）组装起来的。利文斯顿需要一个空气稀薄的真空室，窗玻璃就成了一个糟糕的选择。在4英寸和10英寸模型中，利文斯顿将一个铜环焊接到铜板上用来替代窗玻璃。整个真空室涂有封蜡、蜂蜡和树脂的混合物。[①]27英寸模型也是用蜡密封的，不过在真空室的壁上刻有凹槽以安放顶板。[②]随后，在37英寸的模型里，这种封蜡"涂料"被替换成无硫纯橡胶（有油的地方用氯丁橡胶）的密封垫圈进行密封。[③]

显然，人们希望通过真空屏障来传达各种运动。例如，10英寸和第一台27英寸模型中，目标被安装在可移动的靶杆上，只有当真空室达到大气压时才会移动。[④]之后的27英寸模型中增加了一个可以通过上油的毛玻璃塞从外部旋转的目标轮。在27英寸模型的研发过程中，R. R. 威尔逊（R. R. Wilson）发明了被称为威尔逊密封的零件。[⑤]威尔逊用一个橡胶垫圈围住金属杆，垫圈内径切割得远小于金属杆的直径。因此，垫圈会向其中一边弯曲。周围的金属法兰确保它向屏障高压的一侧弯曲（图3.9）。即使是金属杆转动或者来回移动，高压也会迫使垫圈对金属

---

① Livingston 1985, p.258.
② Lawrence and Livingston 1934, p.609.
③ Kurie 1938, p.697.
④ Livingston 1936, p.68.
⑤ McMillan 1959, p.669.

杆产生良好的密封。①

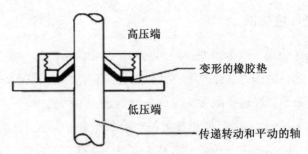

图 3.9　用于回旋加速器的威尔逊密封（1990 年）②
资料来源：英国科学哲学学会授权重印

　　快速气泵也是回旋加速器成功运转的必要条件。油扩散泵是可用于 27 英寸模型的最快的气泵，但是存在水银或润滑油 "回流" 到真空室的可能。利文斯顿开发了一系列液态空气过滤器和其他挡板来挡住润滑油③，气泵的转速增加了。利文斯顿在第一台 27 英寸模型上使用了一台转速为 6 升 / 秒的气泵。到他 1944 年发表关于回旋加速器的评论文章时，1 200 升 / 秒的气泵转速已经很普遍了。④

　　发现和定位泄漏的办法也很重要。一种标准的技术包括在疑似泄漏的地方喷洒乙醚，并观察测试探针中电流的变化。该程序很早就开发出来了，仍然是检测泄漏的主要手段，尽管由此产生的 "医院氛围" 可能不令人满意。⑤一种更昂贵的技术涉及使用一对同心垫圈，它们之间有一个与气泵连接的出气口。气泵可以检测并控制其中一个垫圈的泄漏。即便如此，泄漏的检测、定位和修复仍然是一个令人头疼的问题："密封金属接头处小泄漏的标准程序是用甘酞树脂喷涂，甘酞树脂是一种厚的、有弹性的、慢干的、低蒸气压的油漆。基本上所有回旋加速器的真空室

①　Wilson 1941.
②　来自 D. Baird and Faust 1990。
③　Livingston 1933，p.214.
④　Livingston 1944，p.132.
⑤　Livingston 1969.

上都有红色甘酞树脂的贴片，这说明真空泄漏问题的严重性。"①

九、创造操作性知识

认识到这些细节非常重要，因为它们是制作仪器的基本要素。换句话说，它们是精心制作物质媒介和创造操作性知识的基本要素。成功创造操作性知识取决于解决这些问题，诸如如何制造和维持真空（在气泵发明了300年之后！）。当然，回旋加速器服务实验的能力（例如，证实 J. D. 科克罗夫特［J. D. Cockcroft］的衰变结果）取决于这些"工程学细节"的成功解决方案。但是，当我在这里谈及操作性知识时，指的不是这种实验工作，而是机器本身的成功运转、我们可靠地将正离子加速到高能量的能力。

在更一般的层面上，我列举了八种涉及仪器制造的不同活动。

1. 实验思想：劳伦斯的想法是利用圆周运动反复地、经济地实现维德勒直线加速粒子的方案，这是回旋加速器的发端。

2. 理论检验：如果劳伦斯没有通过理论计算确定了在理想情况下，用固定频率的功率振荡器起振，离子会沿着直径和能量不断增加的螺旋线运动，他就不会继续他的想法。

3. 经验检验：回旋加速器是从一系列连续的较大模型中产生的。劳伦斯很清楚，两英寸和四英寸的模型都不能产生带有他所追求的能量。建造这些模型是为了对思想进行经验检验，在创造一台运转的物质仪器时为预期的未知提供经验。

4. 功能部件：回旋加速器曾经是（现在也是）由几个从功能上可以理解的部件（射频功率源、离子源、真空系统等）构成的。实现设计，特别是通过尝试改进每个单独部件的性能来提高整体性能的。

5. 直觉和试错法：在很多情况下，部件和整体器械中的故障都是通过尝试来解决的。利文斯顿凭直觉移除了劳伦斯的钨丝，又在磁铁上增加了垫圈使磁场更均匀。不论激励这些想法的直觉是否正确，两种情况的结果都提高了性能。

---

① Livingston 1944，p.135.

6. 修修补补：为了提高仪器的整体性能，几乎每个部件的各种物理参数都被修改过了。用"剪切和尝试"给磁场填入垫圈也许是最好的例证。

7. 根据其他仪器调整设备：利文斯顿从直流电压加速器中调整了用于回旋加速器的离子源，利用业余无线电技术对早期的射频功率振荡器进行了调整和改善。

8. 知晓设备何时运转：有两项检查是很重要的。第一，重要的是在理论预期的频率处，集电极电流显现尖锐的峰值。第二，仪器呈现的可靠性和控制力证明了仪器的成功。

在研发新仪器的进展中，这些活动既不是必要的也不是充分的。每一种不同仪器研发的具体情况千差万别，无法做出这样的描述。但是反过来会错误地认为，关于促进新仪器创造的活动，不存在普遍的、具有哲学重要性的理论。我确定了制造仪器的两个相关的普遍性特征：仿真和适应以及从简单到复杂的活动。

布鲁克·欣德尔（Brooke Hindle）在技术史上的工作教会我们仿真和适应。他的核心主张是无论需要什么样的适应性，发明是通过模仿已有的机械装置来实现新的目的。旧设备和模仿它的新设备的使用并不需要密切相关。欣德尔详细论述了塞缪尔·莫尔斯（Samuel Morse）做艺术家时如何将油画支架用作电报消息记录机。[1] 欣德尔强调视觉想象对发明的重要性，以及为什么许多发明家同时也是艺术家就不足为奇了（富尔顿［Fulton］、莫尔斯是主要的例子）。视觉想象提供了一种同化机制。在欣德尔和史蒂文·卢巴（Steven Lubar）合著的一篇文章里，有对这个机制的描述：

> 设计一台机器需要良好的视觉或者空间思维。它需要对计划的部件和设备进行心理安排、重排和操纵。它通常需要一个试验性的机器结构，或者至少是一个模型，然后对可能的变化进行更多的心理操控，以使机器达到有效的工作状态。[2]

---

[1] Hindle 1981，p.120.

[2] Hindle and Lubar 1986，p.75.

正是劳伦斯的视觉想象，将维德勒的直线加速器变成螺旋形轨道的回旋加速器，相继建造并逐步改进了更大的模型。

关于回旋加速器的创造还有另一个普遍方面，既澄清了上述八项活动的运作，也说明了此前成功的仪器对于新仪器的创造有多么重要。一般说来，回旋加速器的故事是从劳伦斯相对简单的想法发展到相当复杂的过程，包括完成了一台可运转的回旋加速器并提高其性能。这是制造知识的一个很常见的方面。这个简单的想法作为整体指导和解释框架，在其中组织起日益丰富的结构细节。一方面，这样的框架允许相关人员能够根据仪器的各种功能部分识别不同的结构需求；另一方面，也解释了仪器的各个部分。

简单的实验思想提供了一个解释框架。但是这显然不包括真正的实验或者理论主张。首先，实验思想作为一张带有注释的图表比作为一系列断言更好理解。事实上，劳伦斯似乎并不太理解维德勒的德语，但是他能够理解维德勒的图表和与之相关的方程式。其次，更重要的是，实验思想是作为理想化的事物起作用的。劳伦斯设想的粒子恰好在 D 形盒顶部和底部之间产生，它们是根据纯磁场和纯电场运动的。当仪器研发成为现实时，很明显几乎所有离子都不是在中位面上产生的，粒子的聚焦取决于它们被偏离劳伦斯理想的场域控制的运动。

尽管如此，劳伦斯的实验思想解释了仪器每个部分的必要性。电磁铁和射频振荡电源显然是实验思想的核心。即使当实验思想和实验现实之间出现明显分歧时，就像覆盖在 D 形盒上的细钨丝一样，这种思想仍然是一种有用的方法，可以在第一次近似的情况下构思仪器，并组织功能部件以完成仪器的运作和构造。

一旦确定基本设计，就可以在机器的不同部件上开展认真细致的工作了。很多情况下，这涉及"剪切和尝试"修补器械的材料。其他情况下，来自其他仪器的解决方案会被采用和调整。有时一个领域的改进可以解决另一个领域的问题，或给其他领域带来问题。

从简单的思想到复杂的实现，这一转变在认识论上是非常重要的。回旋加速器共振的基本思想是错误的。由于聚焦的要求，劳伦斯头脑中的纯场不会产生高能粒子。然而，回旋加速器的每次展示都是始于这个简单的想法，随后增加了限定的复杂性。这样的展示肯定是很好的教学方法，但是还不仅于此。建造一件仪器时，好主意比数字更有用；因为好主意确定一种方法。如何在各种仪器中实现这种方法的细节，要求在每种单独的情况下进行适应和修正。好的想法能够发明很多仪器。考虑一下麦克米伦对劳伦斯设计回旋加速器灵感的评价：

> 劳伦斯意识到了以当时可用的高频技术，将直线加速器应用于轻如质子的粒子是多么困难。然后"灵光一闪"，发明了回旋加速器……我认为这是加速器史上唯一一项最重要的发明：它提出了大功率的基本思想，以及此后精制和演变的能力，比如相位稳定和强聚焦的应用。所有的大型质子同步加速器实际上只是回旋加速器原理的延伸。[①]

好的、简单的实验思想指导特定仪器的建造，但更重要的是，它们还为很多未来的发展确立了重要资源。它们的简单性使其能被广泛地应用于多种情况。通过仿真和适应，进化就这样发生了：一个简单的思想被仿真并适应了它所产生的特定情况。

十、仪器使用说明书

劳伦斯和他的同事对真空技术本身不感兴趣，但是回旋加速器的成功运转依赖于它们创造并工作于良好真空状态的能力。令人高兴的是，对于制造仪器时必须修补的那些问题，有很多物质的解决方案。此外，这些解决方案是一个不断扩展的资源；权宜解题方案可以为未来需要此类技术的案例保留。因此，不仅仪器逐渐累积，而且可能更重要的是仪器技术的积累，它们的积累对科学进展、操作性知识的发展和物质表达方面的进展至关重要。

考虑 J. H. 摩尔（J. H. Moore）、C. C. 戴维斯（C. C. Davis）和 M. A. 科

[①] McMillan 1979, pp.125-126.

普兰（M. A. Coplan）的著作《建造科学的设备：设计、建造的实用指南》（*Building Scientific Apparatus: A Practical Guide to Design and Construction*）（1983 年），包括了机械设计、使用玻璃、真空技术、光学、带电粒子光学和电子学的章节。在实验室真空系统的章节中，他们推荐使用耐热玻璃这类物质，"这些玻璃具有化学惰性，热膨胀系数低。物质具有可塑性，很容易形成复杂的形状。玻璃真空系统可用适当强度的玻璃吹制器就地建造和调整。成品在工作后不需要清洗"[1]。

作者还描述了一种将真空系统外的直线运动转换成系统内圆周运动的方法。最好用插图来描述（图 3.10）。他们讨论了真空系统中出现的金属轴承问题：它们很快会变得高低不平，并提出了一个解决方案：

> 如果两个配对的轴承表面用不同的金属制成，会减少轴承被磨损的可能性。例如，没有润滑油的钢轴在黄铜或青铜的轴颈中旋转，将比在钢套中支持得更久。可以在轴承的一个表面使用固体润滑剂，银、铟铅、二硫化钼已被用于这一目的。石墨在真空中起不到润滑的作用。MoS_2 可能是最好的。[2]

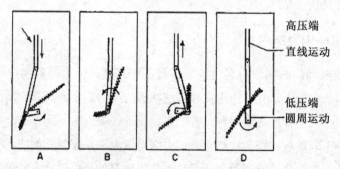

图 3.10　穿过真空密封将直线运动转换为圆周运动的机械装置（1990 年）[3]

资料来源：英国科学哲学学会授权重印

---

[1]　Moore, Davis, and Coplan 1983, p.85.
[2]　Ibid., p.90.
[3]　来自 D. Baird and Faust 1990。

丙酮（正如利文斯顿用回旋加速器做的报告）对于检测泄漏很有用：

> 丙酮的挤压瓶或液体氟利昂清洁器的喷壶是一个有用的工具。这些液体流经裂缝时，通常会导致指示压力的急剧增加，但是有时通过裂缝的液体快速蒸发会使液体冻结，暂时堵住裂缝，导致压力下降。这种方法的缺点是溶剂可能会污染 O 形圈。①

本书中的信息和其他类似的信息，更一般地说是在伯克利辐射实验室这类实验室中师徒相传的实践中的信息，构成了制造仪器（或制造操作性知识）的重要资源。耐热玻璃被证明是构建真空系统的良好材料。一些未被记录的工程师想出了将直线运动转化成圆周运动的弹簧系统。经验还告诉我们在真空中移除金属部件的用途，以及如何使用丙酮检测泄漏。

保存在《建造科学的设备》这类书籍中的信息和编码在科学理论或者实验数据中的信息是不同的。这些书籍和《科学仪器评论》（*Review of Scientific Instruments*）这类期刊，记录和保存了一系列用来达到某种效果的技术。事实上，人们已经发现这些技术对于制造器物非常重要。它们提供了仪器技术的书面记录和对操作性知识的描述。我们不期望存在一个将直线运动转化为圆周运动的普适理论；相反，技术可以这样做。没有什么理论会产生这样一个结果：耐热玻璃是构建真空系统常用的一种良好材料。这种结果过于直接地依赖于实验实践是如何发展的偶然性。尽管如此，在真空系统的建造中，耐热玻璃的使用的确是一项重要的技术。

关于仪器使用说明书，最重要的一点也许是它们描述了操作性知识；它们本身并不承载这种知识。一个人要了解这类信息，他就必须使用相关的材料。仪器使用说明书指出了开始制造这类操作性知识的一些

---

① Moore, Davis, and Coplan 1983, p.105.

有用方法，但是光有这些是不够的。为了理解理论，有一个与操作性问题平行的关系。一个人可能有理解上的错觉，但是除非他试图用理论解决问题，否则深层次的理解仍然处于困境中。按照这种平行关系，为了达到预期目的而被安排为必要条件的材料本身，与使用材料的人员之间的关系，与理论和样本解决方案之间的关系一样。在这两种情况下，我们都可以说主观知识是由使用符号或者物质必需的技能组成。客观知识在符号本身或者物质本身的组织之中。在操作性知识（物质媒介的知识）的情况中，客观知识在仪器和物质的实例化技术之中，这些技术构成了仪器，并使其结构和可靠运转成为可能。

第四章
包容性知识

真正的分析仪器方法不需要将数据还原到正常压力和温度下，不需要校正或者计算，不需要参考校正因子，也不需要在列线图上插值。它直接在刻度盘或者计数器上显示所需的信息。如果需要，还可以将结果打印在纸上，提供给索要结果的人。令人奇怪也难以理解的是，为什么分析人员不去完成最后几个步骤，使他的仪器达到完美状态。这几个步骤不过是些次要的细节，但是如果在分析人员的汽车、办公设备或电话中缺少这些细节，他将一刻也不能容忍。

——拉尔夫·穆勒《仪器装置》（1947 年 1 月）
RALPH MULLER，*Instrumentation*（January 1947）

一、测量仪器

20 世纪 40 年代，光谱测量技术的革新使光谱测量仪器的某些应用达到了拉尔夫·穆勒上文所描述的完美状态。通过光电倍增管电子器件和商业发射摄谱仪的结合，在镁、钢、铝等一些经济支柱产业中，分析人员能够在几分钟内测定"熔体"中各种元素的百分比数量。快速获取这些信息可以指导金属的生产。①

---

① Saunderson et al. 1945；Hasler et al. 1948.

　　在一般意义上，光谱仪这类分析仪器能够告诉我们关于"样品"的一些信息；仪器通过与样品作用产生一个信号并以某种方式来测量它。该信号经过一系列转换，最终的结果是为那些使用仪器的人提供信息。

　　从相对简单的标尺到复杂的光谱仪，测量仪器在科学、技术甚至日常生活的许多方面都是无处不在的。测量仪器呈现了第三种器物知识。尽管它们的操作要求它们包含可能测量结果的空间物质表征，如标尺的刻度，但它们不是模型。尽管它们的操作同样需要可靠的性能即操作性知识，但它们不是操作性知识的实例。温度计必须产生"相同的"现象，即在相同条件下，水银必须上升到管内相同的高度。用皮尔士的话来说，这是"在活生生的未来一定会发生在满足某些条件的每个人身上"的事。测量仪器是模型知识和操作性知识相结合的产物。

　　我们常说测量仪器是从样品中"提取信息"[1]。我认为从哲学角度来说，更谨慎的说法应该是：仪器和样品互相作用产生一个信号，经过适当的转换之后，这个信号就可以被理解成关于样品的信息。原因有二：第一个原因是方法论上的。关键是要认识到，仪器和样品的相互作用创造了现象，因此这些仪器构成了操作性知识。撇开对仪器输出意义的任何解释不谈，仪器的行为必须是公开的、有规律的、可靠的；这些是有效测量的必要组成部分。但是这些必要特征也是操作性知识的充分特征。正如伊恩·哈金所言，测量要求我们的能力"在实验室条件下，产生一个可以显著控制的、稳定的数字现象"[2]。第二个原因是形而上学的。信息本质上是语义学的，它承载着意义，因此排除了可能性。但为了将信号理解为信息，需要将其置于可能性的领域。认识到需要思考这样一个可能性的领域，是人类仪器制造者和使用者的贡献。

　　仪器的包容性知识是测量仪器呈现的一种器物知识，是本书第二章和第三章讨论过的两种器物知识的物质整合。在基本层面上，测量需要一个现象（见本书第三章的"操作性知识"）。这是仪器和样品相互作用

---

[1]　Sydenham 1979；Taylor et al. 1994；Rothbart and Slayden 1994.

[2]　Hacking 1983a, p.237.

产生的信号。这是一个充满可能的领域，通常在理论上被理解成驱动生成信号的选择，以及在信号呈现为"度量"时，对信号做出转换。然后，这些选择以仪器的物质形式包容了可能性领域的表征（模型知识）。当器物知识的两种形式完成无缝整合时，仪器似乎就能从自然中提取信息。

　　这就是本章的主要信息。但是如何实现这种包容性知识的细节，将丰富又有说服力的血肉添加到这些光秃秃的骨架上，仍然是个问题。为此，我描述了"直读式光谱仪"是如何包容知识的，主要是来自光谱化学分析和电子学的知识，以使特定种类的化学测量成为可能。

二、包容性分析

　　20世纪40年代中期，直读式光谱仪同时在几个地方独立研发出来。一些学术实验室研究了使用光敏电子管读取光谱的可能性。[1] 在两个工业环境的实验室中最终生产出两种首批商用的直读式光谱仪。M. F. 哈斯勒（M. F. Hasler）和他在应用研究实验室（ARL）的同事开发了一款直接读数计，他们称其为"光子计数计"（quantometer）。[2] 20世纪40年代中期，在美国铝业公司（Alcoa）的支持下，应用研究实验室研发出光子计数器，并在铝业公司内第一次使用。到20世纪40年代末，应用研究实验室开始出售广泛用于金属制造中光谱化学分析的光子计数器。[3] 在陶氏化学公司，杰森·桑德森和他的同事同时各自研发了直读式光谱仪。[4] 桑德森的直接读数计最初用于陶氏公司内部的镁合金生产，最终授权贝尔德联合公司进行商业开发、制造和销售。[5]

---

[1] Duffendack and Morris 1942；Rank et al. 1942；Dieke and Crosswhite 1945.

[2] Hasler and Dietert 1944.
　　光子计数器的工作是由匹兹堡大学的一对父子合作完成的：父亲 H. V. 邱吉尔（H. V. Churchill）是首席化学家，儿子雷纳·邱吉尔（Raynor Churchill）是首席光谱学家。加州理工学院的物理学家和应用研究实验室的所有人、创始人莫里斯·哈斯勒（Maurice Hasler），将邱吉尔的直接读数计开发成一个可靠的、在商业上可行的产品，由底特律 H. W. 迪塔特公司（H. W. Dietert Corporation）的亨利·迪塔特（Henry Dietert）生产。

[3] Hasler et al. 1948.

[4] Saunderson et al. 1945；Saunderson and Hess 1946.

[5] Carpenter et al. 1947. 有关贝尔德联合公司的更多信息，参见本书第七章。

　　直读式光谱仪依赖于制造者将可靠地进行这种分析测量所必需的知识与技能以物质形式表现出来的能力。在技术研究的语言中，这些仪器使测量的工作"不再需要专业知识"。仪器通过包容技能做到了这一点。而这些技能之前是由分析员或者其他功能相当的人员使用的，包括感兴趣元素的"光谱指纹"知识，以及哪些谱线最适合用于定量测量的知识。它们还包括将所涉及谱线的位置和强度精确归一化、读出谱线强度，根据光谱强度测定百分比浓度、编码和显示上述信息。当分析员的工作"不再需要专业知识"时，仪器成为"需要专业知识的"。

　　人们会出于种种原因关注直读式光谱仪的研发。比如我是为了在其中看到各种知识是如何被整合到物质媒介中，并用于生产测量仪器的。模型知识以多种方式被构建到仪器中，包括重要元素在仪器"出射狭缝"处发射的光波波长的物质表征（见本章第四节，特别是图 4.5）。操作性知识也以多种方式被构建到仪器中，包括使用衍射光栅，将光散射成其构成成分的波长（见本章第三节，特别是图 4.1）。理论知识也被构建到仪器中，其中电容器放电理论是一个特别明显的例子（见本章第四节最后一段）。人类差异性技能的功能性替代品也被构建到仪器中。在摄谱仪中用感光胶片代替光电倍增管的话，人们必须测定"谱线"的暗度或者"密度"。对此，被称为显像密度计的仪器可以提供帮助；直读式光谱仪中精心设计的光电倍增管和电子器件为这个技能提供了功能上的替代品。仪器的物质媒介包容并集成了所有这些不同种类的知识。所有知识对仪器提供关于样品的信息都是必要的。

　　然而，这样描述可能具有误导性。我在此分析了仪器进入认知部分的统一操作。整体不是各部分的简单相加。不同种类知识的不同项目如此之多，不能一一列举。仪器呈现了认知的综合，将表征和行动无缝连接以提供信息。这种综合是在物质媒介中发生的，而且必须在物质媒介中发生。

三、直接读数器的仪器背景

　　摄谱仪从光源开始（例如太阳、电弧放电或者蜡烛火焰），光线通过一条狭缝，经由棱镜或光栅之类的色散装置，不同波长在空间上被分离；然后色散光被聚焦在一些记录或者观察表面上。当拍摄到散射光的感光记录时，该仪器被称为摄谱仪（spectrograph）；当散射光源被聚焦在目镜时，仪器就被称为分光计（spectroscope）。产生光强读数的直接读数器被称为光谱仪（spectrometers）。

光通过狭缝，产生一条边界清晰的线（狭缝）的像。通过将这种光分散到二维中作为波长函数，光谱仪会产生入射狭缝的多重像，每个像的波长都是单一的。狭缝像的位置是波长的函数；通过记录狭缝像的位置，我们可以确定光源中的光波波长。[1]

棱镜或者光栅的主要功能是使不同波长的光色散开。在仪器内，色散可以以毫米为单位的埃数来测量，这是该光源发射光线的单位（1 埃 [Å] 是 10^{-8} 厘米）。光栅摄谱仪以 5 Å/mm 的色散传播光，波长每米相差 5000 Å。

在其他分析问题中，对于金属的光谱化学分析而言，光栅摄谱仪比起棱镜摄谱仪来有很多优点。光栅摄谱仪的研发和普及背后有一个有趣的故事（部分内容参见本书第十章）。然而，就目前的目的而言，我只需要指出，20 世纪 30 年代末已经有了适用于定量分析的商用光栅摄谱仪，也就是说，具有足够的精度、色散和分辨率。[2] 这些仪器经过改进成为直接读数器。

在当前的语境中，高质量光栅发展背后的故事是有一定意义的。光栅表面有很多划出的或者"用尺刻出"的平行凹槽，有些光栅上每英寸有超过 3 万条凹槽。事实上，在"透射光栅"上的凹槽是透过光栅材料的狭缝。在更为常见的"反射光栅"上，凹槽是在反射表面上的凹槽。

光栅因衍射现象而将不同波长的光分开。假设一束光先通过有一条狭缝的屏，再通过有几条紧密间隔狭缝的第二个屏（透射光栅），原始狭缝的一系列像会被聚焦在目标屏上。这是因为透射光栅中每条狭缝发

---

① 关于光谱学背后的理论有许多很好的介绍。我找到三本在清晰度和历史意义方面特别有用的书：Baly 1927，Sawyer 1944，Harrison et al. 1948。

② D. Baird 1991.

出的光波会相互干涉。狭缝像的"干涉图样"有一条中央亮线，两侧是波阵面相互抵消的暗区。然后还有两条更明亮的线（波阵面相互增强的狭缝像）被称为狭缝的一级像，两侧是二级像、三级像，以此类推。从中央亮线到其他像之间的距离是波长的函数。给定光栅信息，就可以通过测量中心狭缝像到一、二、三等各级像之间的距离，来测定光波波长（图 4.1）。

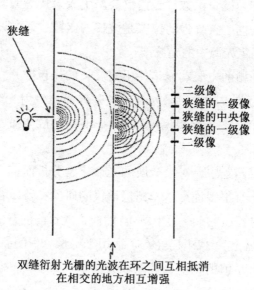

双缝衍射光栅的光波在环之间互相抵消
在相交的地方相互增强

图 4.1　衍射原理图（1991 年）

　　1882 年，亨利·A. 罗兰（Henry A. Rowland）研发了一套制作凹面光栅的装置，发展了一种凹面光栅分光计的理论。① 通过适当地使用凹面光栅，就不需要额外的平面镜或者透镜来会聚光线；凹面光栅既可以散射光线，也可以会聚光线。这有几个好处：首先，它使光路更简单，排列的元件更少。其次，因为吸收或者偏折光线的光学元件更少了，它还会产生更明亮的像。最后，它减少了散射光或者"噪声"的数量。罗兰的研究表明，如果在曲率半径为 R 的表面上用尺刻出光栅，然后将狭

---

① Rowland 1882, 1883.

缝和光栅放置于半径为 R/2 的圆上即"罗兰圆",产生的光谱将聚焦在这个圆的圆周上（图 4.2）。多年来，罗兰的"刻线机"是高质量光栅的唯一来源，足以与棱镜在光谱分析方面进行有效竞争。[1]

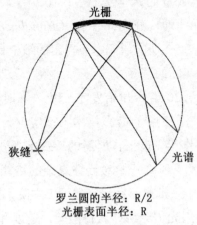

光栅

狭缝

光谱

罗兰圆的半径：R/2
光栅表面半径：R

图 4.2 罗兰圆（1991 年）

因为每种元素会发出具有自己特征波长的光，所以光谱学可以作为化学分析的一种方法。因此，通过观察发射光的波长，我们可以分析出光源中存在的元素性质。自从古斯塔夫·基尔霍夫（Gustav Kirchhoff）和罗伯特·本生（Robert Bunsen）在 19 世纪 60 年代取得研究成果[2]以及棱镜分光计开始投入商业用途以来，就使这项技术为人所熟知了。[3]但是直到 20 世纪 30 年代，光谱学才成为化学分析的一种常用方法。

这其中有很多原因。在 1941 年对光谱化学分析的历史性讨论中，弗兰克·特怀曼（Frank Twyman）指出，有些元素燃烧时不会受激产生光谱；它们需要电弧提供更高的能量，但是在 20 世纪之前，电流对研究化学家来说还不是一种现成的商品。必须进一步开发摄影方法，以便记录光谱分析的结果，供此后细致研究之用。任何稍微复杂的材料都会

---

[1] Rowland 1902, pp.691-697.

[2] Kirchhoff and Bunsen 1860a, 1860b, 1861a, 1861b.

[3] Bennett 1984.

产生错综复杂的谱线，使得"湿法"（wet methods）*分析似乎更容易。直到 20 世纪的头 25 年才获得常见元素谱线的波长表。① 实际上，分光计主要是物理学家研究光学的一个工具，调节范围被尽量设置到最大，以允许进行最大数量的光学实验。1910 年左右，海因里希·凯泽（Heinrich Kayser）在他的《分光计手册》（Handbuch der Spectroscopie）第 5 卷中断言："总结上述所有研究，我得出的结论是定量的光谱分析已经表明其自身是不切实际的。"②

这一切在 20 世纪 20 年代开始发生变化。那时，电力已变得随手可得，研究人员也广泛使用了摄影技术。事实上，伊士曼·柯达公司（Eastman Kodak）制作了光谱工作所需的特殊感光乳剂，可以用于玻璃板和 35 毫米胶片；量子理论开始对错综复杂的谱线意义有了一定的理解；大萧条时期出现了一批愿意钻研麻省理工学院元素波长表的工人。③ 分析人员一旦开始使用光谱分析并获得经验，速度和灵敏度的优势就变得越来越明显。事实证明，金属是光谱化学分析的一个重要试验场，金属很难用传统的湿法分析。在金属行业中，速度至关重要。湿法分析可能需要数天时间，而光谱分析只需要数个小时。到 1944 年，之前需要几周才能完成的分析，直接读数器在几分钟内就完成了。④

四、直接读数

在一般水平上，定量光谱分析是可行的，因为样品中存在的给定元素越多，该元素的谱线越强。因此，分析人员使用摄影仪器，通过考察感光片或者胶片上记录的各种光谱线的强度或者暗度，来测定样品中某种元素的含量。然而，在生产用于给定分析的光源时，许多可变条件使直接用谱线强度测量元素浓度的方法存在问题。如果电弧或者电火花发光的条件可以有足够的变化，同样浓度的谱线强度也会变化。仪器和样品制备方面的

---

*　湿法指的是有液相参加的、通过化学反应来分析的化学方法。——译者注
①　Twyman 1941, pp.34-36; Harrison 1939b.
②　8 vols., 1900-1932; 参见 Meggers and Scribner 1938, p.3.
③　Harrison 1939a; Twyman 1941, pp.34-36; Laitinen and Ewing 1977, p.131.
④　Laitinen and Ewing 1977, pp.116-117.

其他可变性来源也会导致谱线强度的变化，而和浓度变化无关。

1931年，沃尔特·格拉赫（Walther Gerlach）和尤根·施韦策（Eugen Schweitzer）的"内部标准法"（internal standard method）迈出了重要的一步。[1] 这里，我们不是直接测量谱线的强度，而是测量混合物中未知谱线的强度和主要成分的强度之比。因此，例如在镁合金中测定钙的浓度时，镁谱线将被当作"内部标准"；测量钙的谱线强度与镁的"标准"谱线强度进行比较。由于所有影响谱线强度的外部因素既会影响内部标准谱线，也会影响钙的谱线，所以这些谱线的相对强度在这些外部因素的作用下保持不变。光谱学家绘制出一条"工作曲线"，即未知谱线强度 I_x 和内部标准谱线强度 I_0 之比的对数与未知谱线强度的对数。这些谱线的强度之比可以用来测量未知谱线的浓度，不过这种测量是间接的（图 4.3）。

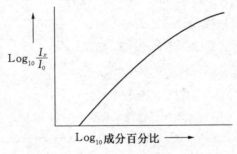

$\mathrm{Log}_{10}\dfrac{I_x}{I_0}$

Log_{10} 成分百分比 ——→

图 4.3　光谱分析工作曲线（1948年）

光电倍增管的发明是使直接读数器成为可能的重要技术开发。开发光敏管的最初动机来自电视产业。[2]1940年，美国无线电公司（RCA）的科学家研发出一种光敏管，可以将光信号的初始电响应放大 200 万倍。[3] 随着战争的到来，人们发现了这些管材的广泛用途，从检查手榴弹中有缺陷的雷管[4]，到产生对抗敌方雷达的干扰信号[5]。

---

[1]　Gerlach and Schweitzer 1931，ch.5.

[2]　White 1961，p.15.

[3]　Zworykin and Rajchman 1939；Rajchman and Snyder 1940.

[4]　White 1961，p.143.

[5]　Saunderson 1997.

这些管材通过小心控制二级发射现象来实现放大功能。光束撞击初级阴极使其发射电子。这些电子被吸引到（或者"静电聚焦"）二级"倍增器电极"处。它们对这个倍增器电极的撞击产生了更多的二级辐射；每个倍增器撞击电极的电子都会产生五到六个新的电子。这些电子被吸引到三级倍增器电极处，并进一步放大。这个过程共持续九个阶段，实现了 200 多万倍的总放大 [1]（图 4.4）。

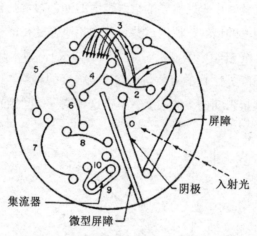

图 4.4　光电倍增管示意图（1947 年）[2]

资料来源：材料信息学会（the Materials Information Society）授权重印

这些管材的工作特性使它们成为直读式光谱仪的理想材料。它们非常敏感，这当然是由于它们的放大程度高：

> 谱线太弱，需要用感光底片曝光几个小时。而当用光电倍增管测量时，谱线将产生 0.01 微安量级的电流，足以使灵敏电流计产生足够大的偏转。因此，将电子倍增管应用于光谱化学分析时，光电流通常如此之大，以至于不需要进一步放大。[3]

---

[1]　Rajchman and Snyder 1940.

[2]　来自 Saunderson 1947。

[3]　Ibid., p.25.

此外，这些管材对光强的增加是线性响应[1]；另一个优点就是，只要不过度使用，它们就可以无限使用。[2]

在直读式光谱仪中，光的作用是在光电倍增管内产生电流，而不是被记录在感光胶片上。在陶氏直接读数器中，"出射狭缝"位于罗兰圆上，用来收集预定波长的光，测定感兴趣的预定元素的浓度。因此，有一条出射狭缝的位置可以收集 3934Å 的光，即"钙的谱线"。产生于出射狭缝后面的光电倍增管中的电流会给电容器充电，每根管材都有一个电容器。那么，在给定电容器中积累的电荷量反映了到达电容器的光电倍增管产生光的数量。

为了用内部标准法测定浓度，需要利用电子技术测定内部标准电容器上累积的电荷量和未知元素电容器上累积的电荷量相比较（图 4.5）。

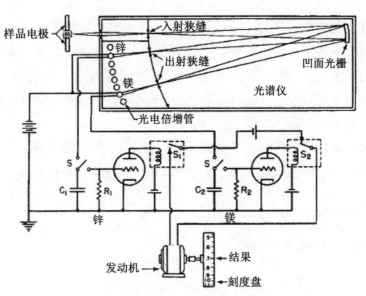

图 4.5　直读式光谱仪的原理图（1947 年）[3]

资料来源：材料信息学会授权重印

---

[1]　Rajchman and Snyder 1940，p.22.

[2]　Saunderson 1947，p.25.

[3]　来自 Saunderson 1947。

　　在放电过程中，电荷累积在连接到每个出射狭缝光电倍增管的电容器上。在图 4.5 中，电容器 c_2 累积了由镁（Mg）的基准值或者"内部标准"光电倍增管产生的电荷，而 c_1 累积由未知元素锌（Zn）光电倍增管产生的电荷。那么，电容器放电所需的时间相对而言决定了每个电容器累积的电荷量。

　　电容器放电理论允许相当直接地测定到达各自光电倍增管的光强比值之间的关系[①]，可以说明两个电容器放电所需的时间差 Δt 和撞击两个相关光电倍增管的光强对数之比是成正比的。[②] 因此，制造一台工作仪器所需要的就是测量相对放电时间，并找到将这种测量与光强和浓度之间关系的校准比例相联系的方式。

五、陶氏化学和直接读数器

　　弗雷德里克·怀特（Frederick White）在其对分析仪器行业翔实的的历史和评估工作中，列举了推动仪器装置发展的六个因素：军事、高校、电子工业、政府、非物理科学、专利和著作权法。[③] 尽管所有这些因素都有显著贡献，但是，无论怎么强调军事所发挥作用的重要性也不过分，特别是在第二次世界大战的环境中。

　　第二次世界大战中断了美国从欧洲进口材料和仪器的做法，而这种做法在第一次世界大战期间已经开始减弱了。战争对各种材料（从航空

---

① Saunderson et al. 1945，p.682.

② 给定一个电容量为 c 的电容器，通过阻值为 R 的电阻放电，在任一给定时间 t 内电容器上的电压 ε 是初始电压 ε_0 的函数。

$$\varepsilon = \varepsilon_0 e^{-t/Rc}$$

给定两个电容器 c_1 和 c_2 作为参考电容和未知电容，积累电压分别为 E_1 和 E_2，它们放电至给定电压 ε_S 所需的时间 t_1 和 t_2 分别为

$$t_1 = R_1 c_1 \ln(E_1/E_S) \text{ 和 } t_2 = R_2 c_2 \ln(E_2/E_S)$$

对电阻和电容器进行校准，使 $R_1 c_1 = R_2 c_2 = Rc$，将等式相减，得到放电的时间差 Δt

$$\Delta t = Rc \ln(E_2/E_1)$$

由于光强 I_1、I_2 和电容上累积的电荷量 ε_1、ε_2 成线性正比关系，就得到常数 K

$$\Delta t = Rc \ln(I_2/I_1) + K$$

③ White 1961，ch.5.

级铝镁合金到橡胶）的需求，使各国付出巨大努力去寻找新的原材料来源或者制造合成代替品的方法。在这些情况下，都需要用到仪器，来测定新材料的特性：

> 战争通信所需的数百万的结晶体对 X 射线衍射产生了巨大影响；而合成橡胶的程序，以及对青霉素的需求，大大刺激了红外线的发展。甚至印度云母的短缺也影响到了高级电气元件的研发。寻找代替品、合成材料或者新材料是使科学家意识到他们完全依赖仪器装置的主要因素之一。[①]

结果是对分析仪器的需求大大增加了。贝尔德联合公司——一个相对比较小的仪器制造公司，其收入从 1940 年的 27486 美元增长至 1946 年的 353645 美元（1953 年）（见本书第十章表 10.1）。第二次世界大战对新兴的分析仪器行业是件好事。

战争的紧迫性要求提高效率。化学分析需要更快、成本更低，而且由受过较少训练的人员进行。这加速了从湿化学技术向仪器技术的转变：

> 它也见证了科学思维的转变，更加强调物理方法而非化学方法。由于有必要预先测定关键部件在各种压力情况下的工作性能，冶金术已经从病理学转变为临床或者预测性的科学。这要求通过使用新的仪器技术对结构材料有更深入的了解。摄谱仪分析节省了大量的时间和人力，而且光谱学对于满足战时飞机工业对铝的需求是必不可少的。[②]

正是在这种背景下，杰森·桑德森于 1939 年进入陶氏化学公司工作。26 岁时，他获得了密歇根大学的物理学博士学位。[③]在 D. S. 杜芬达克（D. S. Duffendack）的指导下，他的论文主要研究了金属薄箔造成的

---

① White 1961，p.41.

② Ibid.

③ 除非另有说明，关于杰森·桑德森的信息都是从 1997 年 3 月 8 日对其个人的采访和 1998 年与其通信中获得的。

电子散射。然而，他曾在拉尔夫·索耶（Ralph Sawyer）的光谱实验室工作过（每小时 50 美元），以赚取额外的收入。正是这段经历为他受雇于陶氏光谱学实验室铺平了道路。

到 1943 年，陶氏化学公司生产了大量用于飞机制造的镁合金。钙是镁合金中的一种关键元素。如果生产时钙含量过高，金属就不能正常滚动；如果钙含量过低，焊接时金属会被烧坏。含量的公差非常小。如果无法在浇铸合金前测定熔体中钙的含量，就不得不废弃大量的金属。湿化学方法和照片摄谱仪的方法都太慢了。桑德森设想了一种使用光电倍增管的方法，几乎立即就能得到熔体中关于浓度的信息。

这项工作从 1944 年 1 月开始，到该年 9 月，一台可操作的仪器启动并投入使用。与此同时，这台仪器虽然尚未被证实是成功的，陶氏化学公司已经走在了前面，他们在铸造厂的地下室建造了一间光谱学实验室。这需要相当大的投资，因为实验室必须有空调，控制温度（确保光学稳定性）和湿度（确保电子可靠性），还要通过气动管道连接到铸造车间。1997 年接受采访时，桑德森猜测陶氏化学公司可能为他"32 岁的"想法冒险投入了 5 万多美元。

六、困难

如图 4.6 所示，从思想到工作仪器的道路一如既往地涉及各种各样的困难。这里我简要地考虑引起问题的四个领域：光学、电子、机械和材料。

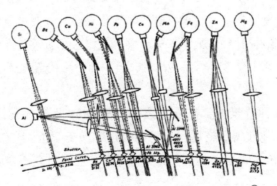

图 4.6　直读式光谱仪的光路图（1945 年）①

资料来源：美国光学协会（the Optical Society of America）授权重印

---

① 来自 Saunderson et al. 1945。

图 4.6 显示，在物理上为了使光电倍增管与出射狭缝相匹配，必须添加大量的额外光学元件。铝的谱线 3 944Å 只比钙的谱线 3 934Å 略多 1 毫米，而仪器可以将光分散到每毫米 8Å。[1] 尽管谱线的选择和光电倍增管的灵敏度是全新的、不同于以往的，但这些困难则相反，而且像它们的光学解决方案一样微妙。

人们可能会认为，解决铝 / 钙困难的简单方法是选择距离更远的不同谱线。其实，所使用的谱线是由光电倍增管的性能决定的。在"照片"摄谱仪中，光强较低的弱谱线比强谱线更受欢迎。强谱线往往是"空心的"，几乎像是两条线。这种空心是火花再次吸收光线的结果。最强烈的辐射来自火花中心最炽热的部分。然而，当这束光穿过火花较冷的部分时，它的一部分能量被重新吸收了。空心线对于照相强度的读数不够理想。与此相反，对于直接读数器，强谱线则是首选。光电倍增管虽然敏感，但是它在高强度光线下工作更精确。

光电倍增管的使用引起了第二个问题。最初在光电倍增管中接收到光的阴极过于烦琐。桑德森和他的同事们研究了光碰撞到初始阴极的位置和管材输出之间的关系，结果如图 4.7 所示。[2] 图 4.7 中的曲线 a 和 b 显示了管材阴极接收光的位置的微小变化是如何引起管材输

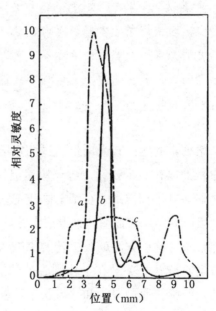

图 4.7　光电倍增管的灵敏度曲线（1945 年）[3]

资料来源：美国光学学会授权重印

---

① Saunderson et al. 1945，pp.683-684.

② Ibid.，p.685.

③ 来自 Saunderson et al. 1945。

出的巨大变化的。图 4.7 中的曲线 c 是使用地面的石英片"模糊"阴极谱线产生稳定的平均灵敏度时获得的。

在桑德森将光学专业知识引入直接读数器项目时，V. J. 卡尔德考特（V. J. Caldecourt）引入了电气学专业知识。卡尔德考特发明了一种解决暗电流问题的方法。光电倍增管在没有照明时产生的电流被称为"暗电流"。正是管材的这种特性使得它们在产生雷达干扰信号时发挥了作用。然而，在光谱分析中，暗电流是噪声，是误差的来源之一。为了控制这一点，卡尔德考特设计了一套系统来减少暗电流的影响：

> 在火花放电期间，用凸轮系统对换向继电器进行周期性操作。继电器每秒反转一次，与此同步的是快门的运动（允许光线进入光谱仪）。当快门处于光谱线通过的位置时，继电器在一个位置上，当快门位于本底位置时，继电器反向。因此，来自谱线本底强度的光电流交替地给电容器充电，然后来自本底强度的光电流再放电……需要注意的是，这种方法消除了暗电流对电容器最终电荷的影响。①

桑德森的直读式光谱仪通过测定电容器放电的时间，来测量电容器上累积的电荷。最初，一种"快速但讨厌的"方法是在电容器放电时，匀速移动电子标记纸，在纸上画线记录信息。曲线长度是根据标定刻度手动读取的。事实证明这种方法十分烦琐而且耗时较长。

很快，这种方法就被旋转的磁鼓取代：磁鼓上有标定的刻度，它会在放电时旋转。关键在于控制磁鼓的旋转。电动机不停地驱动传动轴，传动轴的旋转通过滑轮和"齿状布"皮带与记录磁鼓连接。当传动轴连续转动时，每个磁鼓只有在"它的"电容器放电时才会旋转。用钢制留声机的唱针受到对放电器放电敏感的继电器控制，卡住齿状布就可以使磁鼓停止旋转。

---

① Saunderson et al. 1945, pp.687-688.

最后，桑德森必须获得光电倍增管。这些管材因为被用于雷达干扰，具有很高的战争优先级别，所以很难获得。然而，在桑德森讲述的故事中，陶氏化学公司说服政府，镁合金生产的控制也具有足够高的优先级别。政府为这个项目提供了一些管材。

七、一个成功案例

桑德森的仪器非常成功。仪器在安装后的一个月内，每月例行分析了四千份样品。1952 年，因为研发直接读数器的工作，桑德森被授予威拉德·H. 道（Willard H. Dow）为镁研究设立的纪念奖。颁奖词写道："这个新工具对镁技术的快速发展做出了非常重要的贡献，是代表了整个分析技术领域的开创性工作。"①

1946 年 3 月，公司刊物《陶氏钻石》（the Dow Diamond）发表了一篇关于直接读数器的文章。这篇文章从铸造车间开始讲起：

> "你能把这个样品送下去吗？"老人问他的同伴……
>
> "没问题，"新员工回答道，小心翼翼地把灰白色的实心镁柱体周围的玻璃打碎。他……将圆柱体样品放入……气动管道的运送管内……
>
> ……"为什么你拿这么多样品来分析？"
>
> "噢，在制造镁合金时，你不只是添加一份铝、两份钙和三份其他东西，这可能很难理解。放入的这些元素含量非常接近，要精确测量……在容器中熔融的镁改变了哪些百分比，所以我们每隔 15 分钟就要在一些合金上测试一次。合金在不断变化，因为助焊剂和金属一直在反应，所以如果不频繁进行测试的话，我们就会倒掉一批无法通过检验的金属。你知道那意味着什么。"
>
> 新人看上去有些糊涂："不是太明白。"……
>
> "过去有一段时间，你可能在一天之内就会明白什么是废弃金

---

① Nelson 1952.

属。它必须被熔化、再次合铸、进一步分析，最后被再次铸造。有段时间，我们的金属废品率高达 15%。然后，我们对飞机零件的特殊镁有了更精确的规格，这使废品率更高。但是大约在那个时候，我们得到了这台新的分析机器，从那以后我们在几分钟内就能完成测试，以前这需要半个小时甚至更长时间。这就是导致大量废品的原因：那半个小时内，百分比一直在变化。现在有了这台新机器，一切都不一样了……"

他还没来得及说完话，运送管传来咔哒声，它从气动管道掉到一个等待的篮筐内。[1]

《陶氏钻石》的文章标题也揭示了这一点：《分析镁的机械大脑》（"Mechanical Brain for Magnesium Analysis"）。桑德森的仪器不是简单地测量熔融合金，获取所需信息。它处理了所有以前费时的认知琐事，包括标准化、记录和解释，而以一种立即可用的格式出现结果。按照本章题词中拉尔夫·穆勒的说法，桑德森的直接读数器是一种"真正的分析仪器方法"：一种具有"认知技能"的仪器，能够以最终形式提供所需信息。它相当于一个机械大脑。

1947 年，桑德森的仪器授权给贝尔德联合公司，用于商业生产和销售。贝尔德进一步开发了该仪器，使其在其他金属工业中发挥作用。1947 年，第一台贝尔德/陶氏直接读数器出售给蒂姆肯滚动轴承公司（the Timken Roller Bearing Company）。蒂姆肯公司的化学家 E. R. 万斯（E. R. Vance）也因决定购买该机器而获得了蒂姆肯公司提供的一千美元奖励。[2]1952 年，桑德森来到贝尔德联合公司工作，在那里他进一步开发了他的直读式光谱仪。（这项工作的更多细节在本书第七章中给出。）

八、物质世界里的物质认知

在本章开头，我列出了一些技能或功能对等物，它们必须被包含在

---

[1]　Dow Chemical Company 1946, p.2.
[2]　Vance 1947, 1949.

仪器里，以作为一种可靠的、有效的手段来测量熔融合金里的元素浓度。这包括令人感兴趣的元素光谱指纹的知识、光谱线位置和强度的精确归一化、到达不同出射狭缝的光能相对强度的测定，还有信息的编码和显示。我在这里讲的故事是关于所有这一切是如何实现的：光谱指纹的知识被构建在出射狭缝的位置信息之中；谱线位置和强度的归一化是在机械稳定的框架上通过精确的光学校准实现的（我还没有讨论过这个问题），并利用电容器放电的电子器件将格拉赫和施韦策的"内部标准法"转化为物质形式；光电倍增管和相关的电子器件使仪器能够进行相对强度的测定；现在，编码和显示的信号是以信息形式给出的，通过齿状布带、留声机的唱针、伺服电动机和更多的电子器件来实现。

直接读数器包容不同"领域"的知识，其中有光学、电子学和光谱分析化学。直接读数器中包容的特定知识以整合的方式综合了这些不同领域的知识。包容性知识整合了两种根本上不同的知识：操作性知识和模型知识。从分析的角度看，我们可以在直接读数器中区分这两者。

这台仪器包括（某些）光谱化学知识的一个模型。金属条被弯曲成罗兰圆，其半径由仪器中使用的凹面光栅的半径决定。出射狭缝在这条金属的某些位置被切割，对应于感兴趣的元素发射出光波的特定波长，这是这些元素（某些）光谱化学的物质表征。通过以某种方式塑造金属条，然后在特定位置切割狭缝，我们在可能性领域，通过选择，得到了一个物质呈现。信息被构建到仪器中，这样我们就可以从仪器产生的信号中获取信息。

这个信号对仪器也是必不可少的。在和样品或者输入的相互作用中，仪器必须创造一个现象。当精确校准时，仪器对于给定的输入会产生可靠的输出。通过制备各种感兴趣元素的已知浓度样品，仪器制造商和使用者确认了仪器产生的数值规律的可靠性和有效性。这样，他们就证实了仪器和样品相互作用产生的现象。在这个意义上，仪器代表了操作性知识。

这是我们的分析。我们可以把模型知识和操作性知识区分开来，模型知识作为罗兰圆形的金属片被构建进仪器，操作性知识是由仪器加工而成的可靠现象构成的。整合这两种认识模式，可以产生可靠的、信息丰富的、有用的仪器。直接读数器的另一个部分很好地说明了这两种认识模式的整合：将光电倍增管捕获的光能转化为浓度读数的电子器件。一方面，有相当标准的理论知识，是关于电容器放电现象的时间变量、电压变量和电阻变量之间的关系。另一方面，正是电容器放电这一物理现象的实例化，即操作性知识的实例化，使得仪器制造商能够利用这一理论知识的物质包容性。这使得仪器能够将收集到的相对光能量转换成电容器放电的相对时间，进而转换成浓度读数。最终的电路是两种模式的整合。它整合了电容器放电的理论知识和电容器放电现象构成的操作性知识。这一结果提供了一种等同于测定相对谱线强度技术的物质功能，在此之前人们需要使用光谱图和光密度计来测定相对谱线强度。

桑德森必须克服的困难是物质方面的。原则上，直接读数器在1944年1月就运行良好了。在物质现实中，让直接读数器运转良好必须要艰苦工作好几个月。光电倍增管的构想并不难，它的输出不依赖于光照射在阴极上的位置。但是实际的物质对象并不是这样的。为了获得一台足够精确的直接读数器，桑德森等人不得不处理管材的恼人特性。这些真实的具体细节问题，必须得到物质性的解决方案，才能制造出精确的工作仪器，包括线路的选择（之后即是出射狭缝的放置）、暗电流、磁鼓的停止和启动。当然，这些仅仅是桑德森和他的同事们为了使仪器运转而不得不克服的困难之一。他们还面临一系列其他问题。然而我在这里要强调的两点是：第一，正是对这些细节问题的解决使仪器的研发成为可能，而问题的解决清理了从"未用过的"理念到操作性物质仪器这条道路；第二，这些问题往往是器物的问题。

第一点是众所周知的。爱迪生说得好："我的所有发明都是如此。第一步是直觉，伴随着一个突发事件，然后出现困难：耗尽直觉，那些'故障'（bugs）（这样的小错误和小困难就叫bugs）展现了自身，在商业上的成功或者失败之前，几个月的紧张观察、研究和劳动是必不可少的。"[1] 最

---

[1]　参见 Friedel et al. 1987，pp.28-29。

初的想法尽管非常重要，也确实必要，这只是简单的一步。

第二点是我的认识论的核心。一台"熟练的"仪器不仅仅是用物质包容命题知识和思想，还整合了思想和物质实体。相反，如果仪器仅仅是思想的实例化，我们可以很容易地证明当知识能够在仪器中被实例化时，它本质上是一个思想的问题，而不是"如何"的问题。物质和思想都是必要的，而物质的行为不同于思想（关于这一点可参见本书第七章）。正是桑德森对操作直接读数器中思想和物质实体的理解与能力，才使他的仪器和他对器物知识的贡献成为可能。

包容性知识物质方面的观点可以更直接地从仪器精读必需的高度热学和机械隔离中看出来。为了可靠地工作并产生必要的测量现象，仪器必须能够承受使用时的热学和机械条件。仪器的设计和制造必须能够承受这些条件。虽然这些条件可以改变，就像陶氏化学公司在铸造厂地下室建造装有空调的分析实验室那样，但是在生产实践的水平上，对如何控制机械和热学变量的理解必须被构建到仪器中。这种理解是包容在仪器中的操作性知识的一部分。没有它，仪器就不会产生现象，测量也就不可能了。相比之下，即使直接读数器对陶氏化学公司的价值仅仅是他们镁铸造厂附加物"之一"，但是为了获得商业上的成功，直接读数器必须以及时、合算的方式提供所需要的信息。然而，这种经济知识并没有被包容在仪器中，因为它既不是操作性知识，也不是模型知识。

当仪器被精确校准、正确操作时，净效应就是测量金属合金熔体中元素浓度的有效工具。它也是包容性知识，整合了操作性知识、模型知识、理论知识以及技能知识的功能等价物。

第五章
仪器装置的革命

一个好的机械师抵得上 10 个差劲的博士。

——莫里斯·斯莱文《原子吸收光谱》

MORRIS SLAVIN, *Atomic Absorption Spectroscopy*

一、分析化学的革命性变革

20 世纪 40 年代，陶氏化学公司开发的直读式光谱仪（见本书第四章）是科学上的一个重要的认识论改变。到 20 世纪中叶，仪器的认知中心即它们是科学知识的载体这一事实，已经成为科学自我意识的问题。这在分析化学中最容易看到，但是这些变化在物理科学中也很普遍。本书第三章讨论过的厄内斯特·劳伦斯的回旋加速器，就是物理学核心的一个典型例子。这是科学仪器装置的革命。

分析化学在 20 世纪中叶经历的变革被称作"第二次化学革命"。1920 年之前，分析化学家通过一系列已知化合物和某一未知物的反应，观察未知物经历的反应种类来确定其化学组成。1950 年之后，分析化学家使用各种各样的仪器来测定未知物的化学组成，这些仪器允许人们从物理性质中识别化学物质。

这种转变并不涉及理论的改变。相反，它涉及分析化学实践的改变。它涉及可能分析限度内的改变，包括关于分析所需的样品量、分析所需的时间、分析痕量的精度。它涉及制造科学仪器一众新公司的发展和分析化学必需的新的资本支出水平的发展。它涉及传播科学仪器信息的新手段的开发。它促使科学仪器成为科学知识的载体。随着分析化学的这些改变，我们已经普遍认识到，和构想一种新理论一样，制造一种新仪器可以教会我们关于世界的知识。拉尔夫·穆勒在这些变革正在发生时就明确写道："众所周知，物理学史在很大程度上就是仪器及其合理使用的历史。"[1]

这场革命不是托马斯·库恩（Thomas Kuhn）[2] 及其追随者 [3] 所讨论的那种革命。它更类似于"概率性的革命"，即出现概率性科学知识的可能性。[4] 在本章中，我认为最好将其理解为伊恩·哈金所说的"大革命"（big revolution）的一个例子。[5]

我认为科学仪器承载着科学知识即器物知识的论点，必须从历史和规范的角度来理解。科学知识不是永恒不变的范畴。从 18 世纪起，科学家和仪器制造者们就不愿将自己的设备纳入这个名称之下。詹姆斯·弗格森和约翰·斯米顿（见本书第二章）对此作了见证。我在这里展示了知识和仪器装置的概念在 20 世纪发生的转变。就是说，科学家和工程师如何"当场"利用这些范畴发生了改变，要求我们对这些范畴的哲学分析做出修正。这是器物知识的规范维度。为了充分了解当前的科学技术，哲学**应该**清晰地表述知识，使仪器有资格承载知识。这是第六章的主题。然而在本章中，我首先提供了一些证据，证明在 20 世纪，仪器在认识论上有了自己的发展。

实际上，分析化学的每段历史都记录了 1920—1960 年间分析化学变化的革命性特征。这里以约翰·K. 泰勒（John K. Taylor）为例：

---

[1]　见本书的"题词"，参见 Müller 1940, p.571。

[2]　Kuhn（1962）1970；3d ed., 1996.

[3]　例如，可参见 Hacking 1981, pp.1-5 及 pp.169-176。

[4]　Krüger et al. 1987.

[5]　Hacking 1983b, 1987.

1985 年，任何人都对"很少使用仪器装置的世界"印象稀薄，大多数分析化学家也从来不知道这个世界。当一个人进入一间现代化的分析实验室时，会被设备团团围住，以至于分析人员与听从他或她指令的仪器相比，显得势单力薄。与 20 世纪 30 年代的实验室进行对比，分析人员可能被化学试剂包围，最显眼的装置就是通风柜、装有专业工具（烧杯、过滤器、滴定管和吸管）的几个抽屉。[①]

他的文章第六节的题目是"化学革命"，其中写道：

化学分析正在经历一场运作模式的改变，类似于一个世纪前的工业革命……有一种趋势是从个人的工艺到机械的输出，技术操作者往往没有充分地理解其使用的器械和设备。[②]

还能找到很多其他的例子。[③]在讨论分析化学这一转变的作者中，没有人使用"革命"一词来断言"革命"的具体意义。然而，他们所说的革命性变化确实标志着该领域的巨大发展。这不是一段"常规工作"的时期。

二、当时和现在的教科书

教科书为改变前后的分析化学提供了很好的总结性描述。例如，W. A. 诺伊斯（W. A. Noyes）的初等教材《定性分析的原理》（*The Elements of Qualitative Analysis*），1887 年首次出版，1911 年和乔治·麦克费尔·史密斯（George McPhail Smith）共同修订。该教材有三个主要部分。第一部分（共 16 页）提供了定性分析的理论；用电离理论对沉

---

① Taylor 1985，p.1.

② Ibid.，p.8.

③ 例如，可参见 Melville 1962；Kolthoff 1973；Ewing 1976；Laitinen and Ewing 1977；Ihde 1984。

淀进行定性解释。第二部分也是最长的部分（共 82 页），呈现的是经验主义者的金矿，描述了化学反应；根据物质"对各种试剂的反应"进行分类[1]；对化学反应进行讨论，目的是分离和区分元素。第三部分（共 10 页）提出了一种测定未知物性质的算法，利用的是该教材前两部分研究的化学反应。简而言之，定性分析的工作是通过一系列化学反应来分析未知物，这些反应被设计用来分离不同的组成成分，并且允许从它们参与反应的种类来识别它们。

和定性分析相反，定量分析与测定未知物中出现的不同元素的相对量有关。1920 年之前，定量分析采用两种方法：重量分析和容量分析。乔治·麦克费尔·史密斯 1921 年的教材《定量化学分析》（*Quantitative Chemical Analysis*）中用一个简洁的例子解释了这两种方法：

让我们看看如何测定银币中银的含量。

（a）重量法。称量过的样品溶解在硝酸中，溶液被稀释，用稀盐酸通过不可溶的氯化银沉淀将银和铜分离。沉淀物被过滤、洗涤、干燥和称量。根据它的重量算出银的重量，如下：$\frac{Ag}{AgCl} \times$ 沉淀的重量 = 银的重量……

（b）容量法。称量过的样品溶解在硝酸中，和之前一样被稀释，用滴定管将已知浓度的氯化钠溶液逐渐加入，将银转化为不溶性的氯化物。每次搅拌并让沉淀物沉淀之后，加入第一滴溶液，一旦不能形成进一步的沉淀，可知反应已经完成；所需的容量（单位：cm^3）乘以每立方厘米氯化钠溶液中的银当量，直接得出样品中银的重量。[2]

史密斯的工作是继续对大量的例子进行详细的讨论，说明这两种基本方法。

其他更高级的教材中提到了一些其他方法。J. C. 奥尔森（J. C. Olsen）

---

[1] Noyes and Smith 1911, p.17.

[2] Smith 1921, pp.2-3.

1916 年的教科书《定量化学分析》（*Quantitative Chemical Analysis*）以 "重量、电解、容量、气体定量分析方法" 为副标题。不过，重量法和容量法在 555 页的教科书中所占比例最大。这本书有 30 页的一章是关于电解方法的，是通过溶解物质并将电流通过溶液，不同的物质沉积在不同的电极上。从讨论中可以清楚地看出这些方法缺乏可靠的电力来源。还有 23 页内容致力于气体分析。这里的主要困难在于找到吸收不同气体的适当物质。一旦它们被吸收，就可以采用更标准的重量法。

约翰·穆特（John Muter）1906 年的《分析化学袖珍手册》（*Short Manual of Analytical Chemistry*）也是主要致力于重量法和容量法。在关于 "替代方法" 的 8 页的章节里，他讨论了使用糖度计的圆偏振分析（共 2 页）、使用本生灯和棱镜分光计的光谱分析（1 页）、使用亨普尔 "价格合理，然而能够相当准确地测量气体容量的气体测量仪" 的气体分析（共 4 页）。[1] 然而，很明显，鉴于它们的处理篇幅都很短，这些方法都不是分析化学实践的核心方法。

最后，值得一提的是威廉·莱西（William Lacey）1924 年的《化学分析的仪器装置教程》（*Course of Instruction in Instrumental Methods of Chemical Analysis*）。这是最早明确以仪器为重点的教科书。然而，这些仪器相当简单，是为特殊分析需要而研发的设备。比如，旋光计测量通过物质时偏振光旋转的角度，对于测定样品中糖的百分比特别有用，这是一个重要的商业信息。这本书对分析仪器中最重要的两个领域关注甚少：摄谱仪分析的内容占了两页；电化学分析的内容占了一章，其中我们发现：

> 器械：除了电池和滴定管，器械还包括测量产生电动势的一些方法。如果使用标准电池作为对比的电势计，也许可以测定实际的电动势……大多数情况下，这种方法仅仅用来滴定终点的定位；为此，只需要能够跟随电压的相对变化，而不需要参考实际幅度的大小。[2]

---

[1] Muter 1906，p.232.

[2] Lacey 1924，p.83.

该书接着用电路图构建了一种简单的方法来测量这些相对变化。尽管有很多不足之处，但该书确实暗示了使用仪器测定各种物理特性的重要性。接下来的几十年里，这成为分析化学根本转变的来源。

作为对比，来看更近期的一本教材，乔治·H. 申克（George H. Schenk）、理查德·B. 哈恩（Richard B. Hahn）和阿利·V. 哈特考夫（Arleigh V. Hartkopf）合著的《定量分析化学》（*Quantitative Analytical Chemistry*）[1]。该教材的第一部分"基本法理"提供了对化学分析的一般介绍，涵盖了重要的化学理论基础，如溶解平衡、酸碱反应和氧化还原反应，教授学生一些化学分析的重要步骤（数据处理、对所需分析材料的采样、样品制备）。这也是经典的重量和容量分析方法需要处理的内容。

该教材的第二部分涵盖了各种分析仪器装置。有四章致力于光学分析方法。学生从中学习光谱学、分子和离子荧光（原子以某一波长吸收辐射，以另一波长发射辐射）的使用和某些材料（辐射在通过这些材料时会"弯曲"）的折射特性。有两章致力于电化学的分析方法。这里的分析是通过测量各种电气特性完成的。pH 值通常是测量通过一个特殊电极上的电势来确定的。电重力仪利用电流在溶液中的电极上生成可以被称量的离子沉淀物。电量分析是通过测量溶液中还原或氧化离子所必需的电流量来完成的。极谱法取决于不同的离子需要不同的电势以参与电流；从外加电压-电流图（"极谱图"）中分析人员能够确定不同参与离子的浓度。所有这些方法都依赖于特殊的光学和电子仪器装置。

申克、哈恩和哈特考夫的教科书针对的是那些不打算成为分析化学家的学生，但是他们可能在工作中使用到分析方法。道格拉斯·斯库格（Douglas Skoog）和唐纳德·韦斯特（Donald West）合著了两本处理得更彻底的教科书，目标是打算从事化学职业的学生。[2] 他们的第一本教科书《分析化学的基本原理》（*Fundamentals of Analytical Chemistry*）包

---

[1]　Schenk, Hahn, and Hartkopf 1977；2d ed., 1981.

[2]　Skoog and West 1971, 1976［1st ed. 1963］.

含了申克教科书中的内容，但是理论细节更多。其中有十章内容（占全书765页中的225页）致力于容量法；有九章（共207页）致力于仪器装置，包括电化学（共五章）和光谱化学（共四章）。重量法类似于1906年穆特的"替代"处理方法，包括一章内容（共30页）和下面的注解：

> 有些化学家倾向于低估重量法当前的价值，理由是它们效率太低且过时了。另一方面，我们相信重量法分析问题和其他方法一样，既有优点也有缺点，在许多情况下，重量法是解决化学分析问题的最佳选择。①

斯库格和韦斯特的第二本教科书《仪器分析原理》（*Principles of Instrumental Analysis*）专门聚焦于仪器装置。他们在前言中指出："仪器分析方法已经成为实验化学的支柱。"②该书详细处理了光谱化学分析法（共十章）、其他以电磁辐射为基础的方法（共三章）、质谱法（一章）、放射化学法（一章）、电化学分析法（共六章）以及色谱分离和解析法（共两章）。

三、《分析化学》

我们还可以通过审视美国中部分析化学研究杂志《分析化学》（*Analytical Chemistry*）的变化来了解分析化学学科的变化。该杂志创刊于1929年，是《工业和工程化学》杂志（*Industrial and Engineering Chemistry*）的分支。从1929年到1948年，它是作为《工业和工程化学》（分析版）出版的。1948年之后，它采用现在的名称《分析化学》，成为独立的、有自己的征订目录和编辑风格的一本杂志，卷册编号保持连续。该杂志的页数经历了戏剧性的增长：1929年第一卷有238页，1948年卷有1250页，1989年卷有2850页，1996年卷有5384页。

1943年2月，沃尔特·墨菲（Walter Murphy）接任哈里森·豪

---

① Skoog and West 1976，p.135.

② Skoog and West 1971，p.v.

（Harrison Howe）成为主编，他对于推动分析化学领域的变革起到了积极的作用。他引入了几个常规专栏，第一个是关于仪器装置的。适合在分析版中发表的论文范围扩大，包括更多理论方向的论文和聚焦于仪器装置的论文。编辑们特别坚持认为，人们必须非常自由地接受分析化学中的"化学"一词："使用的工具可能是化学的或者物理的……很多情况下，物理化学可能更接近纯物理。"①

《分析化学》发表了该领域的三项趋势调查。首先，在1947年回应了该领域正在被仪器接管的看法：

> 《分析化学》的专栏和社论以及回应文章表明，很多化学家都在质疑："分析化学的方向在哪里，是技术层面还是专业层面？"……
>
> 　　虽然很多定量分析的教师在时间和设备许可的情况下，尽可能地添加关于最新分析仪器装置的材料，但是哪些足够重要到要包括进去，以及给出的新方法是否足够重要到以牺牲经典方法的材料为代价，存在很多不同的观点。②

在1945年发表的分析化学论文中，有56%是关于仪器装置的。③

1955年做过类似的研究，1965年又做了一次。④到1965年，所有论文中只有40.5%是仅涉及光学方法的。涉及重量法的论文从1946年的10.7%降到只有3.6%。⑤也许最重要的一点是，1965年的分析不再关注仪器方法和非仪器方法的比例了。这个问题已经解决了。尽管初期课程仍然介绍很多基础化学知识，但是分析化学已经通过仪器方法获得了胜利。

四、分离与制造 VS 识别与控制

目前，分析方法被区分为"经典的"方法和"仪器的"方法。当代

---

① Murphy et al. 1946.
② Strong 1947, p.968.
③ Ibid., p.969.
④ Fischer 1956；Fischer 1965.
⑤ Fischer 1956，p.968.

教科书的作者通常会缩小经典方法和仪器方法之间的差异。每个人都同意分析化学家的一项任务就是测定样品的组成。粗略分析一下，仪器方法仅仅是扩充了可供分析化学家的方法库。但是，此前的分析化学和现在的分析化学之间存在一些细微的差别，这一点很重要，值得注意。

盖伦·尤因（Galen Ewing）在 1969 年的《化学分析的仪器装置》（Instrumental Methods of Chemical Analysis）中写道：

> 从历史上看，分析方法的开发紧跟新测量仪器的引进。第一个定量分析是重量，精密天平的发明使其成为可能。不久，人们就发现经过仔细校准的玻璃器皿可以测量重量标准化的溶液体积，节省大量时间。
>
> 在 19 世纪的最后几十年间，分光计的发明带来了一种被证明是非常富有成效的分析方法。[1]

将此与 H. 赖琳恩（H. Laitinen）和 W. 哈里斯（W. Harris）在他们"非仪器的"教科书《化学分析：高等教科书和参考文献》（Chemical Analysis: An Advanced Text and Reference）中的评论进行对比：

> 最终测量的经典方法将长期保持重要地位。首先，它们的原理简单。为了偶尔的测定或者标准化，使用滴定法（容量法）或者重量法测定通常只需要最少的时间和精力，而且不会涉及昂贵设备的投资。其次，经典方法是精确的。很多仪器方法是为了速度或者灵敏度而不是为了精度设计的，必须经常用经典方法来校准……
>
> 总之，本书的论点是化学反应的知识很重要，首先因为需要将它直接应用于经典方法，其次因为在仪器方法中它是必不可少的，在仪器方法中，最终测量仪器使用之前进行的操作中必然会涉及化学反应。[2]

---

[1] Ewing 1969, p.1.

[2] Laitinen and Harris 1975, pp.2-4.

尤因和赖琳恩、哈里斯的评论之间不存在矛盾，但是双方的重点有所区别。对于尤因而言，新的、更好的仪器是分析化学进展的领头羊。人们可以想象一种尤因风格的分析"化学"，本质上和化学关系很小，而和物理关系很大。赖琳恩、哈里斯并不期望会发生这样的事情。

仪器方法的工作方式和古典方法不同，以重量分析法和摄谱仪分析法的对比为例。简单地说，原子发射光谱的工作机理是原子发射的光波波长表征了那类原子的特性。当分析人员测量这些波长时，他们直接提取了原子的"指纹"。相比之下，称量出沉淀物的多少在一般意义上并不表征沉淀物的成分特征。这种测量只有在初始化学分离所涉及的化学反应语境中，才能做出识别。

这种差异对如何构想分析化学产生了影响。1920 年之前，分析化学最谨慎的理论发展是威廉·奥斯特瓦尔德（Wilhelm Ostwald）的《分析化学的科学基础》（*Scientific Foundations of Analytical Chemistry*）（1895年）。奥斯特瓦尔德从一个抽象的高度开始，通过物质性质的不同对其加以区分。当两种物质的所有性质都一致时，它们就是同一种物质。这里奥斯特瓦尔德只关心如何从其他元素中**识别出**某一种元素。然而，分析化学困难的部分是将复杂的混合物**分离**成各种构成元素："之前一章中已经说过，很显然识别指定物质的任务……差不多总是容易完成的……但是，当我们不得不处理……混合物时，问题就变得更为复杂了；这时，识别前必须先分离，而分离操作自然是两者之间更为困难的。"[1] 正是在分离物质的过程中展示了分析化学家的精妙和技巧。

奥斯特瓦尔德用书中剩下的理论部分讨论了分离不同物质的各种可用方法。他讨论了各种分离的**物理**方法（例如，使用过滤器从固体中分离液体），但是书中更多的部分涉及的是分离的**化学**方法。他关注离子在溶液中的行为方式。和诺伊斯或者其他上述早期文本相比，这部分材料在理论细节方面有了相当大的发展。但是从实用角度来看，沉淀是实现

---

[1]　Ostwald 1985，p.9.

化学分离的主要手段。不过，奥斯特瓦尔德也考虑了其他两种分离手段：从溶液中释放气体的方法和电解法。

奥斯特瓦尔德用一章的篇幅讲述定量分析法。与更基础的教材一样，他关注两种获得定量数据的基本方法：重量法和容量法。他区分了两种定量问题：一种是当物质的元素组成已经被分离成单质形式，另一种是元素仍然是化合形式。在第一种情况下，我们只（！）需要测量所涉及的不同单质形式的质量。遗憾的是，物质在其自然状态下往往不适合称量。例如，它们也许很容易从空气中吸收水分。因此，物质往往是和其他一些基本物质化合在一起被称量。然后可以使用原子量和质量守恒定律来确定所需的质量。

当分析化学家没有获得纯物质时，可以采取其他技巧，在不分离组成的情况下测定成分质量。例如，在两种液体混合的情况中，可以通过比较混合物的比重和已知的两种物质在纯态下的比重，测定混合物中各自的比例。任何两种物质不同的、可以在混合物中测量的性质，都可以使用这种方法。

奥斯特瓦尔德教科书的后半部分涉及"应用"。这里他简要地讨论了识别和分离不同元素的独特方法。他没有试图提出一个系统的算法来实现这一点。相反，他依次讨论了每种元素，提到了将它们从其他元素中分离和识别出来的更重要的方法。

在分析化学的仪器革命之前，这门科学的核心特征是化学分离，而非物理识别。诺伊斯在他所写的初等教科书中，追随奥斯特瓦尔德的观点："我们在这里所关注的定性分析，处理的是物体的定性组成；即分离（自由的或者以特征化合物的形式存在）和其中存在的各种元素。"[1] 事实上，直到 1929 年，分析化学家才被定义为"可以定量制造纯化学制品的化学家"[2]。这种制造是通过适当的化学反应完成分离的结果。随着分析仪器方法的引入，分析化学家开始关注作为识别手段的元素性质的物

---

[1]　Noyes 1911, p.1.

[2]　Williams 1948, p.2.

理学，而不是作为分离手段的反应化学。

五、识别方法的危机

1947 年 3 月，沃尔特·墨菲发表了一篇社论，描述分析化学专业是如何变革的。此前，分析化学家被雇佣来从事"很大程度上是重复的，通常是冗长、沉闷、乏味、无趣，因此无法鼓舞真正专业人士参与的"[①]工作。然而到 1947 年，因为分析仪器装置的进步，情况大不相同了：

> 仪器装置的广泛引入使分析实验室中专业的和次专业的训练、经验和能力之间产生了尖锐的分化。今天，实验室的技术人员能很容易地进行成千上万的分析程序。真正的专业人士应该指导、管理和开创分析化学的研究。因此，要求他成为一名有机化学家，也许有时还是一名生物化学家、冶金学家、专科医生，如果你愿意，可以在十几个甚至更多的高度专业化领域成为专家。他肯定必须是电子方面的专家，他也几乎必须和物理学家本身一样，是物理方面的专家。此外，通常期望他在分析化学专业的某些领域有特殊技能。[②]

墨菲指出，不幸的是，在分析化学领域之外，分析化学家给人们留下的印象仍然是只适合做常规的化学测定。

墨菲提出了一些具体的建议来改变对这一领域的观念，包括坚持在分析化学家和技术人员之间划分出一条清晰的分界线、更新课程以适应分析仪器装置的发展、为分析化学中的杰出工作设立奖项，以及"考虑教育行业的方法和手段，特别是一流的管理对分析化学的真正重要性"[③]。

墨菲非常成功地实施了他的计划。技术人员和分析化学家之间确实产生了区别；修订了课程[④]；设立了为促进分析化学高等研究的奖项[⑤]。甚至

---

① Murphy 1947a，p.145.

② Ibid.

③ Ibid.

④ Lingane 1948.

⑤ Murphy 1947e，1948b.

在 1947 年年底之前，墨菲在《财富》杂志上发表了一篇讨论光谱分析新方法的文章，在其中评论道："现代化学分析已经来临！……高级管理人员和行政人员开始把注意力转向现代化学分析的奇迹。"①

也许，墨菲评论最重要的结果是它引起了对这个职业性质的关注。1947 年 5 月，墨菲终于重印了美国氰胺公司（American Cyanamid）分析研究实验室威廉·希曼（William Seaman）的回应。希曼详述了专业分析师和技师之间的区别；与其说分析师是"填写处方的药剂师"，不如说是"计划一个疗程的医生"。②6 月的社论由三页信件组成，以回应墨菲的评论。③8 月，D. B. 凯斯（D. B. Keyes）就分析化学对工业的重要性发表了一篇客座评论。④ 最后，1947 年 11 月和 12 月、1948 年 1 月的评论页面包括了对"什么是分析？"这个问题的受邀回应。

这些回应指出了分析化学处于混乱状态的几种方式。默克公司（Merck & Co.）的 B. L. 克拉克（B. L. Clarke）虽然从分析化学是一门分离物质的科学这一古老概念出发，但是接下来他认识到分析人员的作用是确定物质的组成以及分析仪器方法的重要性：

> 因此，分析化学家是分解物质、找出它们是由什么构成的人。
>
> 有两点值得强调。因为分析化学家实际上是一个工作范围缩小了的制造化学家，他在理解化学反应方面所受的基础训练与工厂化学家不会有很大不同……因此，分析化学家首先是一个化学家……
>
> 另一点是现代分析通过使用仪器经常避免了对样品造成的实际物理破坏，如分光光度计，实际上扩展了感官，使分析人员不需要把分子拆开，就能够观察到分子结构。这些仪器装置不仅更加简洁；它们可能更加有效，而且越来越多地被用于讲求效率的行业

---

① Murphy 1947d.
② Murphy 1947b, p.289.
③ Murphy 1947c, pp.361-363.
④ Keyes 1947.

之中。

　　显然，分析化学家的训练课程必须非常重视分析仪器及其操作之下的物理基础。[①]

克拉克恰恰对新仪器方法的发展所引起的问题犹豫不决：分析主要是一个分离和识别的化学过程，还是一个直接识别的物理过程？每个人都认识到这些仪器方法的重要性，然而很少有人能够全心全意地接受它们。

阿穆尔研究基金会（the Armour Research Foundation）的 W. C. 麦克龙（W. C. McCrone）采取了更"自由"的立场：

　　取代分析化学家的不是一个受过不同训练的人，而是一群测定物理特性的专家。总的来说，这些专家不喜欢被人称为分析人员。在电子显微镜、追踪技术、红外分光光度法、X 射线衍射、质谱分析法、化学显微镜、极谱法等研究中，他们代替了经过训练的物理学家或者化学家。在分析工作的每个阶段，都有一批合适的人组成了现代分析化学实验室。[②]

这种识别方法的危机也在分析实验室的管理中产生了问题。麦克龙继续写道：

　　还没有找到最适合这类团体的名称；阿穆尔研究基金会使用过"分析部门"这个名称，有些小组更喜欢"化学物理"这个名称，其他的名称可能是仪器分析、分析物理和物理分析。我们希望找到一个比单独的"分析"更高贵的新名称，但是必须保留"分析"这个词，或者至少要保留其内涵。仪器分析实验室也许是最好的折中方案。[③]

---

① Clarke 1947，p.822.

② McCrone 1948，pp.2-3.

③ Ibid.，p.4.

　　这种混乱自身表现在关于分析化学训练的适当课程的争论之中。大多数受访者强调仪器方法要占用更大比例的可用课程时间。J. J. 林根（J. J. Lingane），因其在电化学方法上的工作而闻名，却不同意这个观点：

> 　　我冒昧地认为，在定量分析的本科课程中尝试大量严肃的"仪器分析"教学，是既不可取也不可行的。没错，你可以将电势器、分光光度计、pH 计、极谱仪以及诸如此类的仪器放置在实验室，让学生用它们来"做测定"，当然要仔细地选择"未知物"，这样学生就不会遇到"困难"。但是由于学习本科定量课程的主要是二三年级的学生，他们还没有开始学习物理化学，他们的物理和数学背景贫乏，这种方案的教学价值值得怀疑。这类过于肤浅的"现代化"往往会削弱分析化学更基础方面的教学。而许多人会同意，对于分析化学的教学而言，基础教学的重要性依然如故。我们很容易在对"仪器分析"真正伟大成就的合理热情中，失去均衡感，忘记化学分析中最重要的因素是分析化学家的化学经验，而不是由其支配的最终决定性的技术。[1]

　　对于林根而言，**化学**经验仍然是分析化学的核心。

　　林根不是反对仪器分析，也不怀疑在这些领域的教学需求，他说："没有人会否认在现代分析实践中，物理化学测定日益增长的重要性，以及伴随而来的对这些方法更系统、更广泛训练的需求。"[2] 然而，他更倾向于把这种教学推迟到研究生水平的课程。林根倾向于赞同拉尔夫·穆勒对于仪器装置这一特殊科系的看法（关于这点见本章后面的内容）。这将会促进仪器装置的研究，并使分析化学保持化学性质：

> 　　但是仪器装置的科学本身提出了一个更大的问题。两年来，我

---

[1] Lingane 1948, p.2.

[2] Ibid., p.1-2.

的同事拉尔夫·穆勒逐月在这本杂志上提出了令人信服的证据，即广义上的仪器装置已经开发到值得被承认为一个知识新分支的程度。其他很多人相信如果我们希望充分认识到这个问题的潜力，在这个学科中就不再适合进行随意的教学。尽管有些人认为需要专门的课程，但是也许仪器装置的研究生课程就足够了。[①]

这些社论揭露了分析化学家识别方法的危机。仪器方法本质上不需要是化学的，它的理论基础来源于物理、电气工程和仪器设计。这一结果使我们不清楚在什么意义上分析化学才是化学的。新的化学研究关注的是新仪器的研发。

到 20 世纪 60 年代，这一危机已经被解决。"不管喜不喜欢，化学正在脱离化学分析。"H. A. 利波哈夫斯基（H. A. Liebhafsky）在 1962 年费雪奖（Fisher Award）的演讲中提出这一主张。[②] 相反，利波哈夫斯基将"现代分析化学视作材料的表征和控制"[③]。表征包括测定材料的组成、特性和质量，控制包括使用各种传感器和反馈机械装置以控制材料的生产和使用。控制是化学革命后分析化学的一个新特征，仪器装置的引入使其成为可能。即使是与化学革命前的分析化学最相似的表征也有所不同了。利波哈夫斯基写道：

> 梅隆（Mellon）（1952 年）将较早的分析化学描述为先分离后测定：分离通常涉及化学，而测定是以物理学为基础的。如果我们将表征作为现代分析化学的本质，那么分离就需要用更广泛的制备来代替，减少对确定成分的重视而做出改变是必要的。
>
> 有两种趋势是显而易见的：在制备中化学过程越来越少，在测定前的制备越来越少。[④]

---

① Lingane 1948, p.2.

② Liebhafsky 1962, p.23A.

③ Ibid.

④ Ibid., p.24A.

利波哈夫斯基进一步指出，随着仪器方法的引入不再需要专业知识，分析化学家扮演的角色越来越接近于人事经理的角色，他们指导技术人员操作仪器。

六、拉尔夫·穆勒仪器装置的科学

《工业和工程化学》(分析版)的编辑没有仅仅满足于征求应用和研发新仪器方面的论文，他们在提供有关分析仪器方法的信息方面发挥了积极作用。1939年、1940年、1941年每年十月刊的专题都集中在仪器装置上。[①]拉尔夫·H.穆勒撰写了1940年和1941年两年十月刊的专题。

第二次世界大战之后，编辑们决定采用一种更常规的方法来提供分析中使用的仪器装置的信息。墨菲引入分析版第一个月度的专栏就是穆勒的"分析中的仪器装置"("Instrumentation in Analysis")。穆勒的第一次投稿发表在1946年1月，他接着撰写这一专栏直到1968年年底。此后专栏由特邀作者撰写，穆勒撰写评论。

穆勒在专栏中发表了很多文章。他经常讨论分析化学家感兴趣的新仪器。最初，穆勒在研究文献时讨论仪器。在第一篇专栏文章里，他描述了林根的一篇论文，是关于通过测量电流来测量电极上沉积物质的数量。[②]在第二篇专栏文章里，他描述了杰森·L.桑德森（Jason L. Saunderson）、V. J.卡尔德考特和E. W.彼得森（E. W. Peterson）的一篇论文，宣布了直读式光谱仪的研发。[③]最后，穆勒描述的很多仪器都是来自商业仪器制造商的生产模型。1946年4月，穆勒描述了国家研究公司（the National Research Corporation）出售的一种新型真空计。[④]1947年7月，他描述了贝尔德联合公司和陶氏化学公司的直读式光谱仪，一种以桑德森等人的光谱仪为基础制造的商业仪器[⑤]（见本书第四章和第七章）。

① *Industrial and Engineering Chemistry* 1939；Müller 1940，1941.

② Müller 1946a.

③ Saunderson et al. 1945，see chapter 4，转引自 Müller 1946b。

④ Müller 1946d.

⑤ Müller 1947c.

穆勒还利用他的专栏讨论新兴的"仪器装置的科学"的基本原理。他的第三个专栏讨论了"仪器装置的 3R 功能：指示（reading）、记录（'riting）和计算（'rithmetic）"[1]。穆勒指出，由于新研发的仪器提供的指示错综复杂，数据记录变得特别重要。红外吸收光谱仪相对地记录了一种物质吸收红外辐射的数量，作为波长的函数。如果没有记录作为波长函数的吸收值，红外吸收光谱仪就不是一台有用的分析工具，因为它在短时间内提供的数据过多。穆勒对计算的讨论预示着此前三十年间计算机技术的巨大发展。

当 3R 功能被恰当构建到仪器中时，我们的设备就可以直接提供所需的信息。与"纯粹的"仪器相反，穆勒根据仪器装置处理所有中间步骤的能力定义了分析"仪器"的方法。有了仪器装置，分析人员仅仅需要将一个"未知量"插入到仪器中，按下按键，就可以获得其所需的关于未知量的信息。（见本书第四章穆勒的题词和第九章关于"按键的客观性"的讨论。）这里可以看到为什么约翰·泰勒把化学仪器的革命比作工业革命：两者的结果都是常规分析工作不再需要专业知识。穆勒的理想是，一旦从常规分析测定中解脱出来，分析人员就可以研究其他现象。

穆勒提倡在大学里仪器装置的科学应该有自己的科系。"《科学》（Science）杂志的年度仪器专题（1949 年）包含一些我们认为分析人员会感兴趣的文章，"他在 1949 年 11 月写道，"其中第一篇，美国国家标准局（the National Bureau of Standards）局长 E. U. 康登（E. U. Condon）就提出了一个问题：'是否存在仪器装置的科学？'对此我们十年前就给出了肯定的答案。"[2]的确，穆勒在 1946 年就写道：

> （1946 年）9 月 16—20 日代表着美国仪器装置的一个重要里程碑。第一届全国仪器会议和展览在匹兹堡举行，主题为"未来的仪器装置"……这次会议说明，一个真正的（仪器装置）专业所必需

---

[1] Müller 1946c.

[2] Müller 1949, p.23A.

的所有要素都是显而易见的：共同的兴趣、一套定义明确的原理与实践、各种特殊技能，以及受过教育和训练、全心致力于这一领域的专家团体。①

穆勒的主要问题是仪器科学家将在何处受训，以及仪器装置的研究在何处进行。他继续就康登关于仪器装置科学的问题发表评论，表达了以下忧虑："我们完全并狂热地同意，但是也希望重申：没有充分的专业训练，一个专业是不能存在的。因此，我们一直在问：从我们目前的课程中通过什么类型的学术渗透吸收这个专业，才是先决条件？"②

穆勒在众多专栏中呼吁在大学里进行更多的仪器装置研究。不幸的是，按照他的思维方式，工业界已经在培训和研发仪器装置的研究方面占了上风：

> 我们学术界的一个朋友对这次会议（1947 年 8 月 18—22 日在科尔比学院［Colby College］展开的 AAAS 化学研究会）中仪器公司代表的优势表示了惊奇和一些不满。通过实际测算，我们发现大学代表的比例大约为 15%……这种情况凸显了仪器研究的主动权和智能管控权早就转移到了工业研究实验室和少数仪器公司手中。③

结果是，无法发展仪器装置的一般原理和方法。相反，将会研发出具体的、商业上可行的仪器：

> 长期以来，我们一直坚持认为迫切需要对"无用"种类的分析仪器装置进行研究，适合的地方就是大学。并不是说这在学术环境中会被承认，因为在那里人们不断听到抱怨说，已经有这么多的仪器了，不可能告诉学生相关的一切。这种态度不能阻止进步的步

---

① Müller 1946f, p.25A.
② Müller 1949, p.23A.
③ Müller 1947a, p.26A.

伐，但是它能提供不可估量的帮助。[1]

穆勒考虑在纯理论研究的模型上研究仪器装置。虽然大学可能已经错过了穆勒的计划，但是工业界却没有错过。分析仪器装置的研发是和新型仪器制造商的发展密切相关的。用于仪器分析的所有仪器都必须由仪器制造公司研发、生产和销售。这些公司不得不雇佣一些员工，他们了解仪器操作的物理原理、知道设计坚固可靠仪器的恰当方法、清楚这些仪器执行有效分析任务的方式，像珀金-埃尔默（Perkin-Elmer）、贝克曼（Beckman）、应用研究实验室和贝尔德联合公司等新机构的涌现满足了这一需求。[2]虽然这些新机构着眼于仪器的商业市场，但是它们着手于仪器装置的研究（可以参见本书第十章中关于赠予经济［gift economies］的讨论）。

七、科学革命

毫无疑问，分析化学已经经历了彻底的改变。分析人员现在处理大型昂贵设备的做法，已经和 1930 年不同了。总的来说，现代仪器装置更灵敏、更精确，检测的限制更低、需要的样品更小，可以进行不同类型的分析。与其说分析化学是一门与化学分离的科学，不如说是一门确定和利用物质物理性质的科学。这并不是说分离已经从分析化学中消失；它们只是不再是分析人员的工作核心了。分析化学现在是许多工业研究和控制的核心部分，分析化学已经被纳入商业和学术仪器制造的业务中。

鉴于这些变化的程度之高，值得注意的是，没有一个革命性科学变革的标准模型与之相符。托马斯·S.库恩在《科学革命的结构》（*Structure of Scientific Revolutions*）中提出革命始于危机，即已经建立的常规科学方法不能解决的问题。[3]分析化学中不存在这样的危机。虽然人们可能认为分析化学经历了一种范式的转变，但是没有引起这种转变

---

① Müller 1948，p.21A.

② D. Baird 1991.

③ Kuhn［1962］1970；1996，ch.5.

的危机。1930 年之前的分析化学家并没有抱怨化学对解决特定问题无能为力。相反，开发的新方法可以解决确定的、已经解决的问题，只是解决得更好：更有效、样品更小、更灵敏、检测的限制更少。分析化学的这些变化没有受到任何不可通约性的影响：今天，人们可以很容易地理解分析化学家在 1900 年所做的事情，不过当分析化学家第一次接触定量制造纯化学制品的这种想法时感到非常吃惊。

关于科学革命的讨论，I. B. 科恩（I. B. Cohen）提供了一个更广泛的、更基于史实的框架，以及科学史上的特定事件是否应该被判定为一场革命的标准，即一场真正的革命必须：

1. 被当时活跃的科学家和（或）非科学家见证、认同。
2. 会影响论文和教科书的撰写。
3. 由有能力的科学历史学家判定为一场革命。
4. 根据目前科学家的观点判定为一场革命。[1]

分析化学的转变满足科恩的以上标准。当时活跃的科学家非常清楚在该领域发生的激进的、革命性的变化；分析化学的变化对期刊文章和教科书有实质性的影响；专业的历史学家还没有对分析化学的这些变化进行过任何讨论。[2]但是化学家已经进行的几项历史研究都注意到了分析化学中的剧变。

科恩还为科学革命的各个阶段提供了一个通用模式。按照科恩的说法，一场科学革命始于一种创造性的行为，这种行为"倾向于私人的或者个人的经验"[3]。这里，科学家设想了一种激进的方法来解决某个紧迫的问题。科恩的模型已经很难适应分析化学的变化了。没有单一的"纯粹的智力训练"是分析化学后续变化的源泉。

有人可能会联想到本生 1860 年发明的光谱化学鉴定。但是分析化

---

① 　Cohen 1985，ch.3.

② 　无论如何，可以参见 Morris 2001；Shinn and Joerges 2001。

③ 　Cohen 1985，p.29.

学革命的结果不仅仅是光谱化学方法的开发，而是很多事件的总和，所有这些都说明基于物理仪器装置的引入和研发将如何提高分析化学家的能力。有人可能会说，在发射光谱学、pH 值等方面存在很多小规模的"科恩革命"。但是这将错过这场革命的核心特征：改变分析化学的是仪器观点的引入，而不是其他特定仪器方法的引入。

还有另一种更有前途的科学革命的模式。这就是**这场**科学革命所要求的革命意义。**这场**科学革命是科学知识自身性质的一次大规模变革。库恩曾将 19 世纪早期物理学中测量重要性的提升描述为"第二次科学革命"[①]。鉴于库恩在其《科学革命的结构》中描述的科学革命非常普遍[②]，他所说的"第二次革命"一定是指一种不同的革命。

伊恩·哈金在他关于"概率革命"的讨论中进一步发展了这种观点。[③] 哈金用"大革命"将这种历史变革与库恩在《科学革命的结构》一书中所写的那种"小革命"区分开来。大革命有很多特征，哈金挑选出其中四种：首先，它们是跨学科的，或者最好是前学科的。其次，新的社会团体会随着这些革命出现。第三，社会剧变是这些革命的必要部分；社会群体通常以不同的方式组织起来。最后，这些革命涉及我们对世界态度的实质性转变；哈金借用赫伯特·巴特菲尔德（Herbert Butterfield）的话：大革命"伴随着我们对世界'本质'观念的转变，我们将以不同的方式'感受世界'"[④]。

八、第四次大革命

哈金的第一条规则是，"除非建立了一种新的制度，能够集中体现革命所创造的新方向，否则不要期待一场大革命"[⑤]。分析化学中的革命涉及仪器装置的研究、开发、销售和使用。当用独一无二的仪器进行科学实验时，单独的个人或者研究实验室就可以完成所有的研究和开发，

---

① Kuhn 1977, p.220.
② Kuhn [1962]1970, 1996.
③ Hacking 1983b, 1987.
④ Hacking 1987, p.51.
⑤ Ibid., p.49.

当然，也包括使用仪器。销售不是必要的。然而，现在许多仪器是从货架上买来的，研究、开发、销售和使用仪器已经成为分立的功能。这就产生了一种需求，让参与这些不同职能的人能够聚在一起协调他们的活动。新的制度已经发展起来满足这一需求。光谱学是第一个对分析化学产生重大影响的仪器方法之一。但是参与的科学家分散在许多不同的学术领域、工业和政府实验室中。这些科学家需要一种聚在一起讨论他们共同兴趣的方法。麻省理工学院的夏季光谱学会议满足了这一需求。会议从 1932 年 7 月开始，每年夏天举行，直到第二次世界大战爆发受阻。会议聚集了不同专业背景的人员。1937 年、1938 年和 1939 年的会议记录发表了 88 篇论文。其中，41 篇（46%）是由大学教员撰写的，25 篇（28%）是由各行业从业者撰写的，17 篇（19%）是由政府雇员撰写的。[①]

　　论文是应邀发表的，乔治·哈里森（George Harrison）组织了这次会议，他显然是想把光谱学中各种各样的兴趣结合起来。一些论文关注的是摄谱仪技术的新发展：R. A. 索耶（他在杰森·桑德森曾拿 50 美元时薪的实验室工作）和密歇根大学的 H. B. 文森特（H. B. Vincent）在 1938 年 的 会 议 上 做 过 题 为《光 谱 光 源 特 性》（"Characteristics of Spectroscopic Light Sources"）的报告。[②]一些论文关注的是新仪器：在 1937 年的会议上，应用研究实验室的 M. F. 哈斯勒描述了该实验室的商业光栅摄谱仪。[③]一些论文关注的是应用：马萨诸塞州警局的约瑟夫·沃克（Joseph Walker）在 1938 年的会议上做了使用摄谱仪协助刑事调查的报告。[④]一些论文比较了不同种类的仪器：G. R. 哈里森和莫里斯·斯莱文分别讨论了光栅仪器和棱镜仪器的不同之处。[⑤]

　　第二次世界大战后，涌现出各种各样的论坛，为仪器研究人员、制造商和用户提供了一种聚会的方式。1946 年 9 月 16 — 20 日，美国仪器学

[①] Harrison 1938b, 1939b, 1940.
[②] Sawyer and Vincent 1939.
[③] Hasler 1938.
[④] Walker 1939.
[⑤] Harrison 1938a; Slavin 1940.

会举办了第一届全国仪器会议和展览，会议还展出了商业仪器制造商的仪器。①1947 年，有 7 000 人参加了这次会议，展示了 139 台仪器。② 这个会议和展览成为每年 9 月的大事。此外，还有其他一次性的会议和展览，致力于提供有关新仪器的信息。劳伦斯·哈利特（Lawrence Hallett）对制造商和用户之间更自由的信息交流大加赞赏，认为除此之外没有什么"标志着真正的进步，并将引起应用科学中这一非常重要而迷人的部分更快地发展"③。

匹兹堡会议（简称"Pittcon"）是在仪器制造商和用户之间思想交流最成功的一次论坛，由匹兹堡分析化学学会（the Society for Analytical Chemistry of Pittsburgh）和匹兹堡光谱学协会（the Spectroscopy Society of Pittsburgh）合并而成。匹兹堡分析化学学会成立于 1942 年，1946 年开始举办会议。1949 年，11 家商业仪器公司在会议上参展。匹兹堡光谱学协会自 1940 年起举办年度会议。1949 年，鉴于在分析（或光学）仪器装置领域的共同兴趣，两个协会决定合并会议。分析化学家对了解光谱化学分析的可能性非常感兴趣，而光谱学家对与应用他们技术的人进行更密切的接触很感兴趣。结果，这为摄谱仪的仪器制造商吸引了大批忠实的观众。1949 年 3 月，在两个协会举办的第一次联席会议上，共有 56 篇论文发表，展示了商业仪器制造商的 14 项展品。此后，会议于每年 3 月举办。1964 年，匹兹堡会议被合并，由于它的规模变大，1968年起，会议在匹兹堡外的其他城市举办。④

匹兹堡会议已发展到很大规模。1998 年，会议在新奥尔良的莫里亚尔会议中心举行。有 28 118 人注册出席，技术项目包括 1 931 篇论文、超过 3 100 台仪器代表 1 200 多家不同的商业仪器制造商参展。这次会议提供了一个重要的场合，让工业界、政府和学术界的人们能够在此会见、了解彼此在做什么、分享他们的研究成果，并就开展合作研究的计划进行谈判。⑤1999 年 3 月，第 50 届匹兹堡会议在佛罗里达州奥兰多的

---

① Müller 1946f.

② Hallett 1947.

③ Hallett 1948.

④ Pittsburgh Conference 1971，p.123，"Historical Notes"；Wright 1999.

⑤ Wright 1999，p.179.

奥兰治县会议中心举行，会议摘要书长达 800 页，有 2 329 篇摘要。[①]

　　除了新的制度，哈金还明确了化学发生重大革命的其他三个核心方面：跨学科、与剧烈的社会变化联系在一起、与"世界本质"的转变有关。

　　尽管本章关注的是一门特定的学科——分析化学，但是仪器装置革命的跨学科性质是一个明显的特征。很多致力于仪器装置的新期刊是在这一时期问世的。《科学仪器评论》创刊于 1929 年，而英国对应的期刊《科学仪器杂志》(*Journal of Scientific Instruments*) 创刊于 1930 年；《仪器：工业和科学》(*Instruments: Industrial and Scientific*) 创刊于 1928 年；《仪器摘要》(*Instrument Abstracts*) 创刊于 1945 年。这些期刊并不是专门研究单一学科，而是涵盖了各个领域。回旋加速器的研究人员阅读并参与其中。仪器装置是跨学科的，如果拉尔夫·穆勒关于仪器学的学科梦想能够完全实现的话，这些仪器装置的研发恰好也是前学科的。

　　哈金还发现了与大革命相关的剧烈的社会变化。在这一点上我必须更加谨慎。我要指出的是大政府和"军工复合体"的崛起。在第二次世界大战需求的推动下，联邦政府带头投资和推动分析仪器产业，出现了戏剧性的发展。许多公司最初是为了开发和供应分析仪器而成立的，在战争期间如果不和政府签订合同，将无法生存。[②]这些发展的社会影响太大了，不再赘述。

　　哈金认为大革命提供了一种不同的"对世界的感受"，这个看法值得展开更全面的讨论。在本书第九章中，我讨论了客观性概念的变化及其从分娩到教学到钢铁生产等各种实践中的体现，是如何为我们的世界提供了一种不同的结构，这种结构和"客观仪器装置"的兴起相关联。

　　尚未有其他学者讨论过这次"大型仪器装置的革命"。不过，已经有几位学者描述了和这次革命同时发生的改变。[③]例如，I. B. 科恩确定了四次大革命，并根据制度和概念上的改变来描述它们的特征：第一次

---

① Pittsburgh Conference 1999.

② D. Baird 1991.

③ Cohen 1985, ch.6; Brush 1988.

科学革命制度上的特征就是第一批致力于科学的组织，如皇家学会。和库恩的"第二次科学革命"相同，科恩的第二次大革命与19世纪上半叶测量重要性的提升有关。科恩的第三次大革命发生在19世纪末，当时首次出现了科研中心和为科学家提供研究生培养的学校。最后，科恩的第四次大革命"发生在第二次世界大战之后的几十年间"[①]。考虑到时间跨度，这场大革命特别令人感兴趣。科恩认为，这场革命需要在科学和必要的制度上投入大量资金，才能成为可能："在美国，这些制度不仅包括专门设立的国家科学基金会（NSF）和国家卫生研究院（NIH）；还有为武装部队所承认的部门，如国家航空航天局（NASA）和原子能委员会。"[②] 对于与第四次大革命相关的概念变化，科恩写道：

> 很难想象出任何……能标志第四次科学革命的单一智力特征。但重要的是，生物科学的相当一部分（尽管不是全部）几乎可以被解释为应用物理和化学的一个分支。与此同时，在物理学的世界里，最具革命性的一般智力特征将是放弃由简单基本粒子组成世界的构想，这些粒子之间只有电的相互作用力。[③]

与科恩第四次大革命相关的主要概念变化是科学仪器装置认知重要性的提升。此外，这也解释了为什么科学变得如此昂贵。仪器成本很高；理论则花费很少。高能物理是一门大科学，不是因为它涉及的抽象理论，而是因为它开发和使用的庞大仪器。科恩指出生物学几乎可以成为一个"应用物理和化学的分支"。对于分析化学，他也可以这么说。物理学的重要性在这些学科中得以发展的一种方式，就是通过将物理测量方法结合到服务于化学或者生物目的的仪器中。科恩的第四次大革命是仪器装置的革命，分析化学在其中发挥了如此重要的作用。

---

① Cohen 1985, p.93.
② Ibid., p.94.
③ Ibid., p.96.

第六章
器物知识

我不能理解我所不能创造的。

——理查德·费曼

RICHARD FEYNMAN

一、器物也是知识吗？

我们何以可能把第一至四章中讨论的各种设备称为"知识"？第五章科学仪器装置的革命仅仅是名义上的革命吗？为什么不满足于我们自己的观察，如第四章所描述的直读式光谱仪中所能包容的许多分析技巧？为什么不能简单地说法拉第制造了一台新仪器，激发了我们对电磁理论**知识**的开发以及**有用**机器的研发？ 18 世纪的太阳系仪这台出色的设备如此接近地模仿了天体运动，为什么不能简单地将太阳系仪的制造只是看成一种技艺？收集光谱仪、电磁发动机、太阳系仪和一大批在知识条目下的物质产品，其中包含了巧妙的技巧、洞察力、理解力和运气，除了或大或小的值得被称为对世界技术和科学知识的贡献的理论之外，我们还获得了什么？

诸如此类的怀疑论的问题可能会有不同的解释：首先，这些问题可能对所有的知识话题释放敌意。有些人可能会主张，知识话题充其量会涵盖详细的、偶然的、社会的和政治的协商，这些协商是建立一套命题和实践而非其他命题和实践的原因。其次，这些问题也可能对知识话题持中立态度。如果你愿意的话，你可以谈论知识，但是这样做不会增加任何价值。如果我们将爱因斯坦的广义相对论或者杰森·桑德森的直接读数器称为对知识的贡献，那么一切都没有改变。除非能指出各种特定的、历史偶然的原因，以解释为什么爱因斯坦的理论和桑德森的仪器都被纳入了持续的、接受它们的文化的理论和仪器实践中。最后，这些问题可能表达出对将知识话题从理论拓展到物质世界各部分的怀疑，在历史和哲学理论领域的先例早已确立了这些话题。知识涉及一种特殊的人类信念，这种信念可以以某种特定的，甚至可能是历史演变的方式加以证明。物质仪器当然不可能是信念，因此像知识一样谈及它们是毫无意义的。

对知识话题的普遍敌意是对"科学知识社会学强纲领"某些流派的有益贡献之一。[1]我说"有益"不是因为我认同，而是因为这些论点迫使我们建设性地重新审视科学和技术认识论基础上的问题。

关注认识论可能会扭曲我们对科学史的理解。在与阻碍科学进步的非理性力量（社会、政治、经济等的力量）的斗争中，这种关注很容易使人倾向于认同那些在科学进步背后的理性力量（认识论）的观点。但这种斗争是没有必要的。一个认识论学者可以承认非认识论的力量在科学发展中重要而积极的价值，但是他仍然想为这种力量做出区分。第二次世界大战无疑是桑德森直读式光谱仪（见本书第四章）以及许多其他分析仪器研发的关键原因。正如我在第五章中所主张的那样，这场战争甚至可能导致了认知范畴的转变。但是，光电倍增管的研发也对直读式光谱仪的研发起到了关键的、确实必要的作用。战争和光电倍增管对技术和科学的发展做出了不同的贡献，但要追问战争和光电倍增管中何者对科学技术的贡献更大，是一个没有意义的问题。

认识论可以承认社会、政治和经济贡献对建立理论、实践和仪器

---

[1] Pickering 1995.

的重要性；也可以承认知识范畴的历史性，并为接受这一历史性提供理由。这样的让步，如果确实有理由称其为让步的话，并不一定会对认识论研究提出质疑。理查德·费曼在黑板上写下"我不能理解我所不能创造的"，他向认识论学者提出了挑战，要求他们阐明自己的理解意味着什么。[1] 如果费曼的理解是他那个时代的产物（绝不会是牛顿时代的理解），那么阐明这一转变的历史将是一个认识论上的挑战。非认识论的力量在科学技术的发展中可能起到重要的甚至是决定性的作用，这个事实既不意味着认识论的力量没有发挥作用（这肯定是一个历史性的偶然问题），也不意味着区分认识论和非认识论并分析它们之间的不同是不可能的。

我们区分认识论和非认识论的方式会产生不同的影响。实践也将受到区分方式的影响。一个世纪之前，在理论和经验基础上，人们普遍认为唯一的"自然"变化是形成正态分布（又名高斯分布、钟形分布）的变化。因为对一种现在已不足信的实证主义的认同，卡尔·皮尔森（Karl Pearson）赞成并确立了自然变化可以是除了正态分布以外的其他形式。尽管皮尔森的认识论现在不太可能说服很多人，但是它对统计科学的未来很重要。[2] 皮尔森举了一个例子，还可以找到许多其他的例子。一个特定的科学共同体如何使知识概念化，会影响到知识如何在那个共同体中发展。这无疑是彼得·加里森在《图像与逻辑》(Image and Logic)一书中提到的核心经验之一（1997 年）。

我在这里阐述的物质认识论具有重要含义。科学与技术之间的界限，甚至可能是这一边界在当代的有效性，受到包含物质作为认识论这一转变的影响。法拉第对物质的操控，而不仅仅是物质对理论的影响，成为科学**知识**史的一部分。托马斯·达文波特制造电磁发动机的工作也是如此（见本书第一章）。器物知识影响了我们如何看待工程师的工作，这是"应用科学"的范畴。它可能会对设置奖励制度产生影响：发表论文还是灭亡，展示成果还是完蛋？当我们创建学术能力评价时，我们也

---

[1]　费曼去世时写在他办公室黑板上的话（Gleick 1993）。
[2]　参见 D. Baird 1983。

为学校课程的改变创造了强大的力量（见本书第九章）。学术能力是否包括制造东西的能力？如果制造东西的能力不包括在学术能力评价中，有关这些能力的教学就会被忽视或者丢失。

撇开这些对认识论话题更深入的怀疑，仍然存在一个问题，即能否将知识的概念扩展到包含我在第一章到第五章所关注的物质产品。首先，我认为仪器在认识论上扮演着类似于理论的角色。它们提供了一种表达、探索和发展我们的理解的媒介，提供了一种解释和预测的媒介。其次，虽然仪器和理论通常是协同工作的，但是我也提出了一些不协同工作的案例，仪器是自主研发而成的，而不管理论是否完善。这些案例表明将仪器的认识论价值归纳为理论的认识论价值是不合适的。基于以上两点，我们主张寻找一种在认识论上与理论同等的方式来思考仪器。最后，还有费曼的评论：创造是理解的必要因素。制造对费曼主观认知的烙印来说至关重要。这句话并不是费曼特有的侥幸。它讲述了那个时代认识论的转变，即科学仪器装置的革命。这种情况需要一种能够包括仪器的认识论分析。

二、已经完成和还需要做的

所以我认为拓展知识的概念确实重要，需要将第一章到第五章的例子和论据概念化，包括科学和技术的物质产品。比这更重要的是，前五章所做的工作朝着阐明新的器物认识论前进了一段距离。器物模型是表征性知识的一种物质形式。产生现象的装置是操作性知识的实例，是一种由有效行动构成的实用主义知识，但是该有效行动是间接的，因为行动的轨迹是装置本身而不是人。测量仪器提出了第三种物质认识论。在它们的物质形式中包容的不仅是模型知识和操作性知识，在很多情况下，还有理论知识和人类技能的功能性替代品。在它们的物质形式中，测量仪器将所有这些不同类型的知识集成到一个设备中，这个设备既是物质包容性知识的实例，也是关于世界的信息来源。

仪器认识论的重要性不是与历史无关的。改写一下 H. A. 利波哈夫斯基的话（见本书第五章第五节结尾处），科学和技术在 20 世纪成为致力于特征描述和控制的学科。特征描述是一种表征，控制是一种有效行动的问题。约翰·泰勒（见本书第五章第一节）比较了他所说的"第二次化学革命"（我称之为"仪器装置革命"）和大规模生产取代人类技术的工业革命。包容知识的仪器进一步利用了人类的技能和主观知识。第二章到第四章提出的三种器物知识是仪器装置革命的基本组成部分，在这次革命中，特征描述和控制以物质的形式即仪器包容了人类主观知识和技能，是当代科学技术知识的一个基本组成部分。这就是我所说的器物知识，此前的五章首先讲述了器物知识是什么及其对当前科学和技术是多么重要。

但是还有许多工作要做。首先，我必须解决器物知识向哲学提出的概念性难题。我们需要把知识的概念扩展到包括科学和技术的器物，这是本书的主题。但是这种扩展需要关注更广泛的概念图景。知识和真理辩护、信念等概念有着悠久的联系。根据知识概念的扩展化，关于这些概念我们能说些什么？在本章接下来的五个部分中我会把仪器功能的概念清楚地表达为一种真理的物质替代品，来解决这个问题。

本章的最后六个部分提出并支持一种更普遍的认识论图景，以此包含我所关注的基于认识论的各种器物认识论以及更传统的命题。这幅图景利用了卡尔·波普尔的"客观知识"，但明显是以非波普尔主义的唯物主义为基础的。我发现新波普尔主义的图景既引人注目也非常有用，然而我知道许多人认为波普尔认识论充其量是不可信的，我会在第九节到第十二节中对波普尔的一些更基本的批评做出回应。

还有更多的工作要做。我所提倡的新的器物认识论有很多影响，远远超越了认识论本身。本书的最后四章探讨了器物知识最重要的四种影响。为了接受器物所承载的知识，而不是简单的概念或者命题，我们必须认识到作为一种媒介的器物和概念之间的差异。它们之间的根本差异是第七章"器物的物性"（Thing-y-ness）的主题。器物知识会影响到我们如何规定科学和技术之间的界限，以及我们如何讲述科学和技术史。第八章"在技术与科学之间"介绍了一台仪器即蒸汽机指示器的历史，这段历史跨越了科学和技术之间的古老界限。在器物知识的语境中，指示器的历史比基于传统概念认识论的历史更有意义。客观性是由器物知识转变来的另一个概念。第九章"凭借科学仪器得到的客观性"探讨了这种转变，涉及它的承诺和质疑。当客观性存在于仪器中时，人类的判断有什么作用？最后，包含器物的知识论改变了认识交流的经济意义。第十章"发明作为礼物"探讨了这种变化的性质和后果。

三、伴随器物知识的概念性问题

我断言达文波特电动机这类物质产品承载知识，它们所承载的这类知识通常和理论所承载的知识是不同的。但是，知识概念是和其他概念联系在一起的。认识论的信条是，知识是经过证明的真实信念。我的计划是扩展知识领域，要做到这一点需要重新思考我们用来分析知识的概念。

信念是个大问题。无论达文波特的电动机可能是什么，它都不是一个信念。我并不否认谈论个人主观知识的意义或价值，也不否认根据个人信念谈论主观知识的意义或价值。相反，我断言除了主观信念，我们还需要对客观知识进行分析，这些知识可以从其主观起源中区分出来。观念的主观和客观方面对于认识论都很重要。在本章第九节中我将更详细地着手处理这一关系。

我在分析知识时，从未拘泥于在字面上使用"真理"一词。此处说明一下我扎根于波普尔和拉卡托斯（Lakatos）的哲学中。[1]"每一种理论天生都要被驳斥的。"[2] 但是关于"真理"，有一点很重要。波普尔认为真理是作为"调节性的理想……也就是符合事实的描述"[3]。我们应该寻求真实的理论，而波普尔提出了一个详尽的逼真性理论，作为他"系统性理性批判"方法的核心组成部分。[4] 但是波普尔逼真性理论一直被经验主义和概念性问题所困扰，而且它没有说服力。然而，准确性仍然是一

---

[1] Lakatos and Musgrave 1970; Hacking 1981.

[2] Lakatos 1978, p.5.

[3] Popper 1972, p.120.

[4] Ibid., ch. 2, §§8-10.

种科学的调节性理想。我们想要获得完美的表征，应与我们所知道的这些表征所描述的对象相符。

　　从根本上来说，理解器物知识所必需的根本性的新贡献就是一种工具功能。由于物质模型是在表征层面上操作的，它们可以利用大量的关于表征的文献，我在第二章结束时引用了一些。操作性知识不是表征性的，它需要其他东西。仪器功能就是这些其他东西。为了激发和证明这个结论，我首先提出一个更基本的问题："知识为我们做了什么？"在不预设知识的命题概念（以观念或信念为中心）的情况下，回答这个问题，我们将能够理解仪器功能是如何为物质设备提供知识价值的。

四、知识为我们做了什么？

　　如果我想了解有关钚的信息，很容易就能查到：

> 　　钚：锕系放射性金属，元素周期表中第三副族元素，原子序数 94，符号 Pu。这种元素，除了由于热中子俘获和随后 $^{238}U\beta$ 衰变而极少量出现外，不存在于自然界；所有同位素都有放射性；原子量表列出的原子量为 [242]，是第二个最稳定的同位素质量数（$t_{1/2} = 3.8 \times 105$ 年）。最稳定的同位素是 ^{244}Pu（$t_{1/2} = 7.6 \times 105$ 年）。[1]

　　我不需要阅读格伦·西博格（Glenn Seaborg）在 1940 年利用加州大学伯克利分校 60 英寸回旋加速器进行铀氘核轰炸而做出的元素发现，我也不需要阅读各种各样的方法来确定和证明上述信息是正确的。这一信息已经脱离了发现它的语境，可以被用在其他方面而不必提及它的发现（我注意到在这本百科全书的条目中发现元素的信息就是缺失的）。

　　这是科学知识的一个特征、一个重要信号。知识可以从发现它的语境中分离出来，被用于其他方面。它伴随着一种承诺，即使用得当时，知识是可以信赖的。在这一方面知识是有效的。最后知识伴随着长期性

---

[1]　*Van Nostrand's Scientific Encyclopedia* 1983, p.2262.

的保证。知识不仅仅是意见，也不只是时髦的幻想。

在这三个典范（分离性、有效性和长期性）之外，我加上了另外两个。第一个显而易见，但在随后的讨论中很重要。知识建立了人与世界之间的连接。我们可以断言一个事实或者形成一幅详细的"我们如何思考事物"的场景。知识将我们的思想和世界连接起来，要么世界正如我们所表征的那样，要么不是，或者在某些重要方面如我们所表征的那样。注意，我没有因此主张存在唯一正确的表征。也许存在不止一种恰当的表征，不止一种我们关于某一主题的知识表达。

我关注的最后一个典范是客观性。知识是个人和世界之间的一种特殊关系，其中世界的声音有一种优先权。我可能希望阿尔·戈尔（Al Gore）在 2000 年的总统选举中赢得佛罗里达州的普选，但是我的愿望并不会使其发生，选票决定其发生与否。"选票"在有着冲突愿望的阵营之间充当公正的仲裁者。它们提供客观标准，不依赖于主观愿望。

我中肯地以佛罗里达州的选举为例，因为这次有瑕疵的选举，揭示出想让世界的声音具有优先权是非常困难的。世界的声音是如何"被听到"的？在佛罗里达州，有各种运动和相应的对策。各个阵营的愿望指导着对选票的解读。人们很容易得出这样的结论：这个世界没有发言权。只有互相敌对阵营的声音，每个阵营都谋取无声世界的特征，以支持自己声音的投射。如果你接受这一点，对于通过法律和更容易计算的九名高院法官投票来结束选举的方式，你就不会感到失望。我们应该承认这个问题的另一种观点是一种理想情况：作为客观事实，无论是阿尔·戈尔还是乔治·布什（George Bush），都在佛罗里达州获得了更多的选票，并应该在此基础上赢得选举。不幸的是，我们用来确定客观事实的方法不能胜任这一任务。和我已经确定的其他特征一样，客观性只是一种理想情况。

那么，我们就有了五个用来阐述知识的核心价值的典范：

　　1. 分离性（Detachment）：技术和科学知识可以从发现它的语境中分离出来。

2. 有效性（Efficacy）：可以依赖技术和科学知识达到适当的目的。

3. 长期性（Longevity）：在不确定的未来中可以依赖技术和科学知识。

4. 连接性（Connection）：科学和技术知识建立了世界和我们之间的连接。

5. 客观性（Objectivity）："世界的声音"在世界和我们之间的关系中有一种优先权。

这些是典范。因此，我们不期望任何特定的知识主张，能够毫无争议地满足它们。但是作为典范，它们告诉我们为什么知识是重要的，为什么仪器功能在器物知识领域是重要的。

五、仪器功能，物质真理

知识的五个典范都描述了我们在人工制品中发展和利用的仪器功能的重要核心特征。有效性几乎是定义的结果。当我们制造一个人工制品来实现某个目标时，我们依赖于物质发明的有效性实现这个目标。如果它不能实现这个目标（不能发挥作用），我们要么坚持下去，要么放弃这个计划和（或）目标。物质功能的意义在于有效地完成某件事情。

分离性不像有效性那么明显，但也是我们人工制品功能中同样核心的一个特征。光电倍增管作为美国无线电公司研究项目的一部分，在20世纪30年代后期得到发展。光谱测定法不是美国无线电公司的目标应用。当这些管材被用于直读式光谱仪时，其感应光线的功能从它们最初的发展语境中分离出来。这种"物质分离"并不简单。美国无线电公司生产这些管材的质量控制相对宽松，但是在光谱仪中必须对单个管材进行单独检查，以确保其性能良好。在可预见的将来，被检测出来的管材有望发挥它们的功能。

"在可预见的将来"提及的是长期性。物质的人工制品可能比理论知识更容易损耗，不可能永远依赖它们工作。但是，如果我们不能依赖它们工作一段合理的、有时是被仔细量化的时间，那么它们就没有多大用处了。无论它们是什么，功能必须具有物质形式，物质形式的表现正如皮尔士在《实用主义和实效主义》中所认为的那样，现象是"一个活生生的未来的永恒的固定事物"。

功能也必须具有客观性。我可能希望电脑里的以太电路卡没有坏掉，我甚至可能会表现得好像它没有坏掉，重新加载软件、更换其他元件。但是到了最后，如果它坏掉了，而我想用电脑连接到局域网，我就不得不寻找一个局域网卡来更换或者替代它。现在可靠性不是一个黑白分明的概念。也许我的局域网电路有一个"古怪的"元件，只在某些时候工作。这里我们可以发展统计理论和可靠性实践。

我把连接性保留到了最后，这似乎是知识最简单的特征。科学知识和工程功能把我们和世界连接起来；理论知识把世界是怎么样的和我们如何表征世界连接起来；功能把人工制品如何表现和我们想让它如何表现连接起来。连接性是功能的一个显著的基本特征，虽然它似乎是功能里最简单的一项，但它确实是非常复杂而不确定的，最后需要更进一步的审查，我将其推迟到本章第十节。

粗略地讲，我认为当人工制品成功实现其功能时，它就承载了知识。这一主张需要详尽阐述，尤其是关于功能本身的概念。我使用的这个概念相对比较弱，去除了任何刻意的沉重负担，仅专注于人工制品可靠的、常规的、可预测的性能。最好是按照数学功能而非生物学的或者更广泛的目的论的功能来描绘。对我而言，功能是一种被精心制造和控制的现象。

有语言学证据支持将功能和知识、真理联系起来。哲学家们习惯于从命题或语句的角度来思考真理，因此忽略了诸如"一个真实的轮子"（a true wheel）这样的话语转向。一个高尔夫球手曾对我说过一次"沿着平坦球道的准确击打"（true drive down the fairway）。在哲学上关于"true"更普遍的意义中，我们也发现了"9. 精确地塑造或者安装：**一个真实的轮子**（*a true wheel*）。10. 精确地放置、递送或投掷"①。但是，"一

---

① *American Heritage College Dictionary*, 3d ed., s. v.

个真实的轮子"不仅仅是因为它完全符合某种特定的形式而是真实的，而且它还会完全地、可靠地、有规律地旋转。如果脱离真实，轮子就会晃动，是不可靠的。最后它就会倾倒。"事实"（truth）的这个意义挑选出了那些我们可以依赖的一系列人造物质。我们对物质的控制是一种公共的、有规律的、可靠的现象，承载了关于世界的一种"操作性知识"，并在这种物质的真理意义中"真实运行"（runs true）。

对轮子正确旋转的需求是真实的，马上使这种物质的真理意义和功能概念纠缠起来。除非在异常环境中，轮子的基本功能是平稳、有规律、可靠地旋转。当然，我们可以将这样的功能作为一个元件，服务于某些设备更广泛的用途。自行车轮子旋转使自行车运动，陀螺仪轮子旋转提供一种平衡感。但正是因为自行车制造商可以依赖轮子的旋转功能，才可以利用这个功能来实现更广泛的运动目标；对于陀螺仪制造商来说也是如此。

知识以命题的形式表达，为进一步的理论反思提供了素材。这些资源（有内容的语句）在语言上、逻辑上和数学上都是被操控的。理论学家都是"概念的创造者"，如果你愿意，可以从给定的命题材料中，连接、并列、概括并推导出新的命题材料。在物质世界里，功能是被操控的。在摄谱仪中，感光胶片被用来记录光谱线；在直读式光谱仪中，光电倍增管取代了感光胶片。这就是功能性替代。一种物质真理被另一种提供相同功能的真理所替代。光电倍增管代替感光胶片完成了记录光强的功能。"仪器学家"是"功能的创造者"，能从给定的功能中开发、替换、扩展并连接新的仪器功能。

六、强功能和弱功能

在我的分析中，功能将目标和现象的制造结合起来。功能是一种有目的的现象，但是增加目标也会增加难题。确定用途或者意图是有困难的。如果没有进入设计者的思维或者设计团队的互动，确定仪器某一部分背后的意图会是一个重建和解释的难题。逆向工程不是自动的过程。非预期用途也存在一些问题。光电倍增管的设计者没有打算将管材用于雷达干扰，而是由于它们产生的"暗电流"才如此使用（见本书第四章）。它们还被用于检查手榴弹中有缺陷的保险丝。[1] 在错误理解的基础上，预期的结果存在问题。M. S. 利文斯顿通过垫补磁铁来聚焦回旋加速器的粒子束，错误地认为他是在修正他猜想的均匀磁场中的不规则之处（见本书第三章）。还有一些意想不到的问题。在文字处理的早期，人们的想法是要减少而非增加纸张的消耗，橄榄球头盔的作用是减少严重伤害。不幸的是，尽管出发点很好，但事情往往会"适得其反"[2]。

功能也有一个标准的维度，这增加了其他一系列困难。在某些方面，直读式光谱仪能更好地测定金属样品中的元素浓度。它比照相光谱学或者湿化学方法更快，足以在金属制造业中产生重大影响，因为必需的人力和判断力更少了。尽管对于许多重要的化学元素来说，它更准确，但是并非所有元素都如此，它只能用于分析某些预先选定的元素，而且花费要高得多。直读式光谱仪永远改变了化学分析师在金属制造业中的作用。与功能相关的标准判断从来没有简单的"更坏 / 更好"之说。在物质世界中，取舍是工作中不可避免的一部分。因此，很难确定在人工制品的研发过程中，标准判断是如何应用某些选择的，如果确实有可能的话，更难的是确定**应该**采用什么标准判断。

全面分析功能在设计中的作用时需要注意所有这些问题。功能设计如同理论表征，具有深刻的意向性。[3] 当我们谈及工程师所拥有的正在使用或者处理的人工制品的知识时，我们必须考虑到工程师对人工制品的各种元件的目标和人工制品本身的整体目标的理解。目标知识是工程师必须拥有的、制造和使用人工制品的主观知识的重要组成部分。

然而，此处我的目的不是分析工程师的主观知识。我关心的是工程师研发和利用的人工制品所承载的客观知识。出于这些目的，一个"更

---

[1] White 1961, p.143.

[2] Tenner 1996.

[3] 荷兰代尔夫特大学（University of Delft）的"功能的二重性"项目，正在积极进行功能及其作为现象的提供者和作为人类目的的物质建构双重方面的研究。

弱的"功能概念就足够了。我承认在某方面功能是和意图有关的，但是我回避了对现象的详细分析和关注。我从仪器功能中提取的认识论行为可以通过我们创造的现象来完成。到这里为止，我们得到了知识的典范：分离性、有效性、长期性和连接性。

虽然我们可以利用生物学中使用的功能概念（例如心脏的功能是泵血）来分析更强的功能概念，但我感兴趣的更弱的功能概念利用了不同的学科。和生物学功能（function）相反，数学上的函数（function）是一种数值的关联，换而言之，是一组成对的有序数列。我们可以讨论"函数如何为给定的输入值产生输出值"。我们可以从准目的论的角度思考数学函数：函数 $f = x^2$ 的目的是将输入值数字的平方作为输出值给出。但是从定义集论的观点来看，这个函数仅仅是一组有序数列：（1，1）、（2，4）、（3，9）……这就是如何考虑精心制造的器物功能。我们想要的是一台能将输入和输出可靠地联系在一起的设备（一个人工制品），一台以一种可能世界的方式有序输入和输出数列的设备。

考虑一下为光谱仪精心制造光电倍增管所做的工作。凑巧的是，管材对光束撞击在初始阴极的精确位置很敏感。它们没有举例说明单一的一组有序数对，因为对于给定的光强输入可以与可能输出值的传播有关（见本书第四章第五节）。杰森·桑德森不知道这种非期望传播的原因。该做什么呢？通过在光源和管材的阴极之间插入石英片，它使穿过阴极的光束"变得模糊"。这就产生了一种物质上的平均，结果是输入与输出更紧密且单一地联系起来。

正如我之前讨论的其他典范一样，物质功能不能满足理想的数学对应物。对于桑德森修正的光电倍增管，我们没有获得一条绝对的水平直线（图 4.7 曲线 c）。但这显然满足了他的目标：一个输出值和一个输入值相关联。

七、辩护

在我的数学意义上，功能的诱发、稳定、常规化甚至黑箱化都是艰巨的工作。加里森用大量迷人的细节记录了这项证明器物知识的工

作 ①，哈金、布赫瓦尔德、古丁、拉图尔、皮克林和其他人也提出过类似的见解。②

　　证明物质真理（模型知识、操作性知识和包容性知识）是一个事关发展和呈现物质、理论和实验证据的问题，它将一种对知识提出的新的物质要求和其他物质、语言要求联系起来。某些情况下，现象本身就足以令人信服。法拉第的电动机就是这样。然而，一般来说，将仪器展示的现象和其他仪器的、实验的和（或）理论的知识连接起来是很重要的。这使新的操作性知识处于物质和理论知识的领域。这种连接工作为新知识提供了深度和合理性。因此，在一份关于首次将直读式光谱仪商用于钢铁分析的报告中，可列出一张表格（见表 6.1）。

表 6.1　光谱仪 / 摄谱仪校准 ③

元素	化学验定	光谱仪极限值	摄谱仪标准偏差（ % ）	光谱仪标准偏差（ % ）
锰	0.55	0.54—0.56	1.82	1.35
硅	0.28	0.27—0.29	1.97	2.46
铬	0.45	0.44—0.47	1.92	2.06
镍	1.69	1.68—1.71	1.85	0.79
钼	0.215	0.21—0.22	2.66	1.68

资料来源：《金属期刊》（*Journal of Metals*）授权重印

　　表 6.1 显示：首先，对于这五种被测元素，光谱仪提供的浓度读数范围是以湿化学分析得到的浓度为中心的。其次，就标准偏差的百分比而言，对于锰、镍和钼，光谱仪的精确度优于摄谱仪。而硅和铬则恰恰相反。因此，该表格将新仪器的行为和其他技术（湿化学）、仪器（摄谱仪）联系起来。

　　表 6.1 所述工作为新仪器的后续使用提供了理由。分析人员使用仪器的信心程度被表格中的数据所证明。另一种思考方式是，仪器证明了

---

① Galison 1987, 1997.

② Hacking 1983a; Latour 1987; Gooding 1990; Buchwald 1994; Pickering 1995.

③ Vance 1949, p.30.

知识的新物质形式的转向。它通过变化确保了适当的稳定性。相对于其他物质和概念知识，仪器根据其适当的、可靠的使用范围来**进行校准**。

这是创造仪器功能即器物知识的工作。仪器制造商必须生产、改善、稳定一种现象（即操作性知识），以服务于某种仪器目的。然后，这些仪器功能可以被操控、连结、组合、调整和修正，以达到有关仪器的整体目的。届时，产生的物质设备的行为与确定的器械、理论和实验相联系，其结果是器物知识的增长。

事实上，在物质层面上很难确立仪器功能是必然的。当真理作为理论建构的一个可调节的典范时，现象的规律性和可靠性却是为仪器建构服务的。与晃动的车轮这类不真实相反，这就是物质意义上的"真实"，它将指引我们走向正确的方向。"物质真理"即操作性知识是器物知识可调节的一个典范，正如"理论真理"是理论知识可调节的典范一样。

八、波普尔的客观知识

到目前为止，我一直认为我们需要把仪器本身理解为与理论同等重要的知识载体。我已经详述了仪器承载的三种不同类型的知识，提出了一些以器物为中心的概念来替代真理和辩护这两个关键的认识论概念。在本章的结尾，我将用一幅更普遍的认识论图景来描述由除了其他东西之外的器物（科学仪器）所承载的客观知识。我的图景利用了卡尔·波普尔关于"客观知识"或者"无认知主体的认识论"的陈述。[1] 但是波普尔将他的认识论限定在"语言的和猜想、理论、论证的世界"[2]，而我的认识论包含了器物。波普尔的本体论包括三个截然不同的、很大程度上是独立的，但又相互作用的"世界"。[3] 第一个是岩石和星体的物质世界，即"第一世界"或"世界1"。其次是人类（或者可能是动物）意识的、信念和欲望的世界，即"第二世界"或"世界2"。最后，波普尔提出了客观知识的"第三世界"或"世界3"，由构成科学话语流的命题内

---

① Popper 1972, ch.3.

② Ibid., p.118.

③ Ibid., p.vii and ch.3.

容组成。每一个世界都是从它之前的那个世界中产生的，并在很大程度上又是独立于那个世界的。意识状态可能需要物质的实例化，却又无法用纯粹的物质术语来解释。客观知识可能依赖于人的意识，因为（通常是）有意识的人产生了知识，但不能纯粹从精神方面来解释客观知识。

波普尔的第三世界可能听起来疑似形而上学，但是他用来填充它的物体种类把它带回了现实中，其中包括"发表在期刊和书籍中、保存在图书馆里的理论，这些理论的讨论，和这些理论相关的被指出的困难或问题，等等"①。波普尔所指的不是期刊论文中的物理标记，而是这些物理标记所表达的主张。

还有一个本体论的问题，区分了我和波普尔的认识论图景。用非物质的术语思考语言是有意义的。"'没有最大的素数'这句话表达的命题"肯定是一个非物质对象的候选命题。从本体论上来说，很自然地会认为命题是类似于柏拉图的某种"形式"。我最关心的科学和技术的物质产物肯定是物质的，"器物的概念"不可能与器物本身等同。在波普尔的术语中，物质产物似乎占据了世界1。而我认为它们在世界3中。我将在本章第十三节就这个本体论问题对本章进行总结。

九、再论主观和客观

波普尔强烈批评那些他称之为"信念哲学家"的人，他们"研究知识……是在一种主观意义上，即在'我知道'这些词的普通用法意义上"②。波普尔认为这个焦点会导向不相关的事物。我们的焦点应该放在**"客观意义上的知识或者思想**，包括问题、理论和论证本身。这种客观意义上的知识完全独立于任何人声称他所知道的事物；它也独立于任何人的信念，或者赞同、坚持、行动的倾向"③。伊姆雷·拉卡托斯（Imre Lakatos）科学研究纲领的理性重建从根本上推广了波普尔客观认识论的

① Popper 1972, p.73.
② Ibid., p.108.
③ Ibid., pp.108-109. 粗体为原文强调。

建议。[1]

我更喜欢不太极端的客观认识论。波普尔聚焦于问题、理论和论证，这些材料可能被保存在图书馆中。在大多数情况下，构成这些问题、理论和论证的语句是和语句的作者（们）在一段时间内单独或者共同持有的信念相关的。人们和他们的主观信念几乎总是以不同方式与客观知识密切联系。波普尔所列举的由机器产生的、人们从未使用过的对数表很特殊（见本章第十节），可能与二阶分析中的信念有关。在很多情况下，保存在图书馆中的语句是理解有关行动者信念的一种方式。因此，我在第三章中基于书面历史记录，简洁地重建了利文斯顿关于回旋加速器操作的信念。但是它超越了记录中的特定语句，利文斯顿的信念是一个有用的历史范畴，可以作为重建的依据。

我们所制造的器物和人类复杂的能力之间存在着相似的关系，这些能力包括技能、专业知识、视觉化的能力，实际上还有信念，它们之间的关系通常被称为"默会知识"。法拉第的工作促成了电磁发动机的研发，大卫·古丁提供了对这种关系的深入理解（1990 年）。古丁利用书面记录直接重现了这一工作，重建法拉第的工作为法拉第最终制造的电动机及其与法拉第的技能、专业知识等之间的关系提供了有价值的见解。更客观的认识论对象（法拉第的电动机）和更主观的认识论对象（法拉第的技能、专业知识等）都为法拉第的知识和他的工作所承载的知识提供了深入的理解。理解其中一个有助于人们理解另一个。

考虑到波普尔对批评者的这些让步，我仍然赞同波普尔对关注客观认识论对象所起的推动作用。这有几个原因。

客观的认识论对象、语句和器物都是公开的。原则上，它们对任何人的检验都是开放的。基于这个原因，它们可以提供对信念和技能的更私人领域的深入理解。这无疑是人工智能的工作为什么有希望洞察自然智能的原因之一。人工智能是公开的，它向审查和操控开放，某种程度上自然智能不会如此。哈里·柯林斯（Harry Collins）和马丁·库施

---

[1]   Lakatos 1970；也可参见 Hacking 1983a, ch.8。

（Martin Kusch）的行为理论提出了一种公众行为理论，作为一种理解技能和专业知识以及我们和机器关系的方式。[①]

　　类似地，（科学）历史的重建必须依赖于可以检验的证据。大多数情况下，这是由文本组成的，尽管人工制品已经变得越来越重要了。克劳斯·斯托贝尔曼的工作呈现了客观和主观之间一种有趣的辩证关系（1998 年）。斯托贝尔曼从公开的记录（文字和人工制品）着手，重新创造了 19 世纪卡尔·弗里德里希·佐勒纳（Karl Friedrich Zöllner）的天体光度计（astrophotometer）。他制造了一个公用物品，并用它重新做了佐勒纳的实验。这个重复试验的结果再现了佐勒纳的制造，证实了操作技能对认知的重要性。斯托贝尔曼将主观认识作为客体进行再现，这些客体是佐勒纳的技能和信念的产物，这种再现进而反映且提供了深度理解公共材料的角度：对于以往以天文物理学为基础的文本和人工物，人们可以从仪器的制造和使用的技能方面加以理解。[②]

　　客观的认识论对象在理论的历史重建和当代建构中都发挥着不可或缺的作用。虽然我们不必像波普尔一样放弃主观的认识论对象，但是"客观对象可以被共享这一事实"具有基本的重要性。

　　客观的认识论对象也很重要，是因为它们有资格被称为科学知识。个人信念也许最好被称为科学知识的"候选主张"[③]。个人技能可能会通向可靠的仪器，但是本质上，它们是没有资格被称为科学知识的。科学共同体决定了科学知识是什么，影响着对知识的共识以及知识的客观性。

　　与此相关的是科学知识优于任何个人的主观信念和技能。从简单的意义上说，"已经确立的知识"优于任何个人主观的认知。但是从更复杂的意义上说，我们用来使信念公开化的工具（演讲、写作、参与对话）允许我们以一种不可能完全主观的方式清楚表达信念，这也是真的。例如，当我著述关于利文斯顿的回旋加速器时，我对利文斯顿回旋加速器的信念才形成、明确起来。写作使我们能够在我们的信念中建立更多的

---

① Collins and Kusch 1998.

② 奥托·斯巴姆（Otto Sibum）的工作提出了类似的辩证关系（Sibum 1994, 1995）。

③ 关于这点参见 Gooding 1990 and Pitt 1999.

内容，并在这个过程中创造客观的认识论对象。

同样的观点也适用于我们开发出来使用的物质工具，这些工具大大超出了我们的技能和专业知识水平。在我写作时，波士顿人正在重建他们的城市。波士顿的地平线上高耸着起重机，被他们称之为"大挖掘"（the big dig）。在城市下面修建隧道，移除城市街道上的交通，这是一项巨大的工程；高架高速公路将成为历史。[1]当然，诸如此类的大型项目涉及大量的政治活动，包括向怀疑论者和钱包鼓鼓的人兜售波士顿的未来愿景，还包括大大扩展我们制造器物技能的机械装置。如果我们想了解我们制造器物能力的增长，我们就必须了解我们为此而研发的工具。大挖掘是一个表面上和财政上都引人注目的项目。我们有能力制造出能够越来越精细工作的工具。例如，将成千上万的晶体管可靠地安装在越来越小的集成电路中。现在的工程是在"纳米量级"上进行的，而且将会产生更为广泛的影响。器物知识是站在巨人，即大型机械肩膀上的。在正常情况下，唯物主义认识论难以忽略这些客观的认识论对象。

十、是否存在"经验主义基础"？

理论和仪器都表达了宇宙各个方面的知识。知识可以用许多不同的方式表达。理论通过语言的描述性和论证性功能来表达知识。仪器通过物质提供表征的可能性和它们所发挥的仪器功能来表达知识。两者都应该被理解为新波普尔主义世界3的构成要素。

在波普尔一些更引人关注的文章中，他写道：好像客观知识即世界3可以在没有人类帮助的情况下存在。他考虑了对数书籍的可能性，这些书籍由电脑制作、分发到图书馆，但从未有人阅读过。"然而，（对数的）每一种图形都包含了我所说的'客观知识'。"[2]在我关于仪器功能的讨论中（见本章第五、六节），我注意到，功能将人类和世界联系起来，但是我有意模糊了这种联系的性质和深度。我关注于构成现象的功能。

---

① 关于"大挖掘"见 T.P. Hughes 1998。
② Popper 1972, p.115.

完全和已知主题分离的波普尔可能性的知识重新出现了。人工制品必须由人精心制作才能算作知识吗？那些制作者如何才能在概念层面上清楚地理解他们在做什么？杰森·桑德森不知道光电倍增管的输出对光束撞击管材阴极精确位置非常敏感的原因，但是他可以在不知道原因的情况下处理这个谜题。利文斯顿显然误解了桑德森为了使早期回旋加速器运转所做的工作。光电倍增管的一些早期应用依赖于它们功能的概念化与设计者不同。在管材的设计者看来，它们产生的"暗电流"是噪声。但是对于其他人而言，暗电流在雷达干扰信号的生成中非常有用。生物进化的产物又如何呢？蜘蛛网承载着捕捉昆虫的知识吗？自然发生的现象承载着知识吗？我们的太阳系承载着重力的知识吗？我对功能的强、弱概念之间做出的区别和知识的主、客观概念之间的区别有关。主观知识和学科紧密相连，利用了一种强的、充满目的的知识概念。正因如此，它背负着我在本章第六节开头就阐明的许多意图问题。客观知识脱离了学科，需要的只是功能的弱概念。波普尔的最低标准是"为了属于客观知识的第三世界，一本书应该在原则上或者事实上能够被某人领会（或者被破译、被理解、被'知道'）"①。将这种观念延伸到器物的人工制品上，我们被引导沿着通向蜘蛛网和太阳系承载知识的那条道路前进，虽然这些知识从未被任何人在主观上接受。随着黑箱仪器装置和最近"专家系统"的发展，波普尔的对数幻想变得更加紧迫。最近，一个医学专家系统被用来评估马萨诸塞州综合医院医生的表现。有 3% 的医生的处方被专家系统评定为对该病例毫无帮助；有 0.3% 的医生的处方被判断为有害。

　　苏珊·哈克（Suasn Haack）在一系列出版物（1979 年、1991 年、1993 年）中，对波普尔取消认知主体提出了强烈的反对意见：

　　　　当然，我同意我们的理论可能会带来不可预见的后果，科学知识远远超过任何个人知道的或相信的东西，期刊、电脑和图书馆对

---

① Popper 1972, p.116.

科学知识的传播至关重要，出于某些目的期刊的内容等可能凭借自身实力得到颇有成效的研究。但是不同于波普尔，我不允许那些没有人曾经拥有、现在拥有或将来拥有的"知识"被纳入科学知识，也不允许认识论抛弃其对设计、研究、学习、传播、测试和拒绝科学理论的认知主体的兴趣。①

哈克提出了一系列精心阐述的论据，以说明人类对知识是必不可少的；他认为波普尔关于世界 3 自主性的讨论是错误的、混乱的，或者充其量含有隐喻。

在哈克反对没有认知主体的认识论的论据中，最基本的论据集中在推定波普尔的世界 3 知识的经验主义基础上。某种情况下，任何已知的东西都必须有某种经验主义的辩护。好的猜测不能算作知识。对于波普尔而言，辩护在于批判性的测试。世界 3 中的理论必须能够经受作为陈述基本经验真理的"基本陈述"的测试。如果被接受的基本陈述和理论的预测（推论）相矛盾，那么这个理论应该被抛弃。②"基本陈述"从何而来？按照波普尔的说法，它们是被科学共同体一致认可的决定结果；它们作为惯例被接受。经验本身并不能证明基本陈述："经验可以激发决定，因此可以接受或者拒绝一个陈述，但是经验不能证明一个基本陈述——只不过是对基本陈述有所触动。"③ 鉴于波普尔持有强烈的理性主义，哈克发现波普尔类似于"共同体决定经验事实"的转向既令人惊讶，也令人深感困扰。

她认为关于科学知识的经验基础，波普尔是被他的观点逼迫进入这种令人不满的状态，违背了严格的演绎推证，没什么可以作为科学理性的保证。这刺激了"反归纳主义"的一个论据和"反心理主义"的一个论据，它们反对直接凭经验证明基本陈述的可能性。用来表达基本陈述的特有措辞已经使其内容远远超出局部经验报告的内容。例如，需要注

① Haack 1979, p.326.
② Popper 1959,［1962］1969.
③ Popper 1959, p.105；引自 Haack 1991, p.371.

意的是，镁的谱线是 5 167Å，这是基于大量关于物质分解成元素、元素光谱稳定性等知识的假定。对波普尔来说，由于这些基本陈述不能被经验归纳性地证明，因此它们必须被当作"惯例"接受，就像接受理论和经验一样。反心理主义的论据指出，如果说一种经验可以和一种陈述建立任何形式的逻辑关系，更不用说是演绎关系，这将是一个范畴上的错误。一种经验充其量可能在心理上与陈述有因果关系，但是对于波普尔来说，心理原因不是理性的论证。[1]

然后，波普尔选择的认识论在很大程度上根植于与人类意识分离的世界。它是一个命题的世界，彼此之间存在着各种演绎关系。人类与这个世界的互动，研究并阐明了这些命题及其关系。但是最终，对于这个客观知识世界里任何基本命题的经验辩护都是关于科学共同体角色的传统的选择问题。

哈克不是第一个在这点上与波普尔争论的人。她参考过安东尼·昆顿（Anthony Quinton）和 A. J. 艾耶尔（A. J. Ayer）批判波普尔的一些早期版本。[2]然而，除了这些方面，她没有注意到还有大量文献与波普尔传统主义的转向有关。伊姆雷·拉卡托斯的文章《证伪和科学研究纲领的方法论》（"Falsification and the Methodology of Scientific Research Programmes"）是对这类文献的第一个重要贡献。[3]拉卡托斯抛弃真理，转而支持科学知识的增长，哈金称之为"真理的替代品"（a surrogate for truth）[4]。但是拉卡托斯用纯粹的理论术语描述知识的特征，留给科学实验或者仪器方面进步的空间很小。从哈金 1983 年的《表征与干预》（*Representing and Intervening*）开始，实验哲学方面的工作才为科学经验主义目的的产物提供了各种组成部分急需的阐述。

哈金 1992 年的文章《实验室科学的自我辩护》（"The Self-Vindication of the Laboratory Sciences"）得出一个结论，是波普尔"传统主义"发展

① Haack 1991, pp.370-374；1993, pp.98-102.
② Quinton 1966；Ayer 1974.
③ Lakatos 1970.
④ Lakatos 1970；Hacking 1983a, ch.8.

得非常好的一个版本。哈金区分了实验室科学的 15 个基本要素。他将这些要素分组到 3 个基本标题下：概念、器物和标记。概念包括问题、背景知识、系统理论、局部假设和设备模型；器物包括目标及其修正的原因、探测器、工具和数据发生器；标记包括数据、数据评估、数据还原、数据分析和解释。^①哈金提出实验室科学包括将这 15 个要素纳入"某种一致性"^②。这是实验室科学的自我辩护：

> 我们创造的装置能产生证实理论的数据；我们根据装置产生合适数据的能力来判断它。除了要把物质世界考虑在内，这种看似循环的情况几乎没有什么新东西。对于纯粹的智力操作而言，尼尔森·古德曼的总结是对概念最简洁的陈述^③，我们如何"证明"演绎和归纳："如果一条规则产生了我们不愿接受的推论，规则会被修正；如果推论违反了一条我们不愿意修改的规则，推论会被丢弃。"……事实是理论和观察之间是一场博弈，但这是一个极少的四分之一的事实。在很多事情之间都存在着博弈：数据、理论、实验、现象学、设备、数据处理。^④

波普尔把用来描述经验世界的"基本陈述"带入理论陈述的协议中。哈金提出一种类似的含有更多要素的认识论。

安德鲁·皮克林（Andrew Pickering）扩展了必须进一步被纳入共同协议中的要素数量（1995 年）。对于皮克林而言，科学和技术"文化前沿"的所有要素都可能是建立一致性的"可塑资源"，包括科学和技术的多种维度：理论、物质、自然、社会和意向等。如果一个人在做某件事上有困难，例如在一种特定环境中使用仪器，他可以改变意图，再试图

---

① Hacking 1992, pp.44-50.

② Ibid., p.58.

③ Goodman 1983, p.64.

④ Hacking 1992, pp.54-55.

在该环境下使用仪器。①

关于哪些"基本陈述"被用来描述经验，科学共同体是如何"做出决定"的，对此我们精确阐述的能力在很大程度上始于波普尔的一个先验论点，并且已经取得很大进展。事实上，我们现在不会提及"基本陈述"，而是说"实验如何终结"。② 然而，哈克对结果表示关注是正确的。我们仍然把科学知识的经验基础描述成一种可塑资源，和其他可塑资源一起被塑造，从而产生一致的结果，哈金就说："真理的一致性理论？不，是思想、行动、物质和标记的一致性理论。"③

虽然我非常愿意承认科学技术的许多基本命题内容（哈金称之为概念和标记）是一种可塑资源，但是我对科学技术的物质内容（至少是其中一些）所谓的可塑性不是那么满意。法拉第的电磁发动机（见本书第一章）不是可塑资源，而是理论混乱之海中的经验之锚。从最基本的"现象学描述"到最深奥的理论解释，我们如何精确地谈论操作性知识是一个有相当大回旋余地的领域。但是现象本身不会消失。它可能会变得无趣和（或）不重要的，可能就像脉冲玻璃管一样（见本书第三章）。但即使是这种不重要的现象也不会消失。

这是科学的经验基础吗？不，但是认为科学是"依赖于"经验基础的理论建构，这是错误的。这些技术产物、模型知识、操作性知识和包容性知识，都是科学和技术知识同等重要的组成部分。它们以多种方式与理论知识互动，迫切需要理论的描述和解释。它们通常和理论一起、有时也会单独为我们提供对世界的理解，可以将理论包容在其功能之中。如果设置得当的话，它们可以提供有关世界的信息，这些信息可以与其他技术或者理论产物交流。

哈克对认识论经验基础的关注是没有认知主体的，我发现这是合适的，但是却被错误地描述了。科学中完全可塑的一致性理论是不会起作用的。需要识别的理论资源和物质资源之间存在着差异，但是不存在科

---

① Pickering 1995, ch.2.

② Galison 1987.

③ Hacking 1992, p.58.

学和技术的"基础"。参与世界和理解世界有不同的模式。其中有些是理论的，有些是物质的，它们相互作用。

哈克可能会关注我们对器物知识的识别。她可能会问："法拉第的电动机是一种真正的现象，而不是一种偶然，有什么理由可以为这个结论辩护？"虽然这是一个合理的问题，但是其形式"……的结论是……"暗示着语义学的转换。当我们把这个物质世界的人为部分视作一种现象时，用各种功能的方式操控其各部分（可能是创造出巴洛的星形电动机或者达文波特的电动机），我们已经把它包含到操作性知识的工具箱里了。然而，我们很容易犯错。器物知识可能是一次偶然，不适合任何进一步的物质操控，更不要说是复制了。这令人想到了聚合水和 N 射线。[1]我们对某些操作性知识进行物质操控的一种思考方式是测试其稳定性和可靠性。这就是经验辩护，但是不能从根本上理解。所有这种工作都是使我们的思想、行动、物质和标记合而为一的一部分。

十一、语句、器物和历史

在哈金的器物和概念或者标记的"可塑性"中存在着不对称的情况：器物的可塑性比概念和标记的可塑性弱。有两个例子阐明了这一点，一个来自 18 世纪，另一个来自 20 世纪。

詹姆斯·瓦特因为对蒸汽机的改进而被人纪念。他还和亨利·卡文迪许就谁先发现了水不是一种简单的物质或元素，展开过一场激烈的争论。瓦特精通当时的化学，但是以今天的标准来看他的很多说法和做法毫无意义。他相信改良燃素理论。虽然用这种**讨论**各种物质的方式已经过时，瓦特还是完全能够用这些物质做事。他在蒸汽机上的工作利用了水的做功，虽然他的理论观点是错误的，他还是利用和发展了水的做功（关于这点更多的细节，见本书第八章）。

在给约瑟夫·普莱斯特利的一封信中，瓦特首次交流了他的发现：水不是一种简单的物质。瓦特写道："水是由失去燃素的空气和被剥夺了

部分潜热或基本热量的燃素组成的。"① 后来，他在 1783 年写给皇家学会（Royal Society）秘书约瑟夫·班克斯（Joseph Banks）的信中，附上了制水的方法：

> 制水：
>
> 　　取适量的纯净空气和燃素，或者如果你想非常精确的话，通过测量取一份纯净空气、两份液态燃素。将它们放入坚固的、可完全紧密闭合的玻璃容器中；混合并用电火花点燃它们；它们将会爆炸，释放它们的元素热量。如果留出时间让热量逸出，你就会发现水（重量与空气相等）附着在容器壁上。可以将其保存在用软木塞密封的小药瓶中使用。②

　　瓦特描述了他所做的不正确的事情，但是我们知道他正在实验的是什么反应。他所写的"纯净空气"就是我们现在所说的氧气，燃素就是我们现在所说的氢气。1778 年之前，燃素被认为是一种物质，当其和金属矿石化合时会产生金属；它也是一种人们呼吸时丢弃的物质。这种东西根本不存在。但是我们现在所说的氢气和我们现在所说的氧气结合会产生水，氢气还具有许多燃素应该具有的其他性质。这是 1785 年流行的"改良燃素理论"中的燃素。③ 瓦特完全能够可靠地操控这种东西来制水。就燃素和纯净空气或者氢气和氧气而言，无论我们怎样使我们的概念和标记与它一致，现象都是可靠的。当时是，现在仍然是。

　　再考虑一个历史上较新的人工智能的例子。艾伦·图灵（Alan Turing）在他开创性的论文《计算机与人工智能》（"Computing Machinery and Intelligence"）中，似乎写道：如果计算机的打字语言行为不能和人类的书面语言行为区分开的话，那么"计算机思维"就和人类思维一样，这就是"图灵测试"。因此，关于人类内在精神状态和计算机（可能的）

---

① 引自 Muirhead 1859, p.321.

② Ibid., p.322.

③ Conant and Nash 1957, p.110.

内在状态之间相似性的问题，可以根据这两种实体的外在行为来回答。我们知道人类有内在的精神状态，图灵似乎也说过如果计算机的外在行为和人类的外在行为足够相似的话，它们也有内在精神状态。图灵显然为我们提供了一个标准，适用于计算机内在精神状态的现实及其与人类精神状态的相似性。

然而，与此相反，图灵实际上拒绝了关于计算机思想真实性的问题，他说："我认为最初的问题'机器能思考吗？'没有什么意义，不值得讨论。"[①] 然而，他进一步相信，在不久的将来（对图灵来说，是在 1950 年之后的 50 年内），有可能制造出可以**模仿**人类书面语言互动的机器，其模拟程度将达到"普通的询问者不会有超过 70% 的概率"正确区分计算机产生的语言和人类产生的语言。[②] 其结果是，"语句的运用和普遍受教育的观点将会发生巨大转变，人们将能够谈论机器思维，而不会被质疑"[③]。

图灵从历史角度看到了我们讨论计算机思维和对计算机干预之间的关系。随着一项新技术（新方式）的出现，新的讨论方式也出现了；图灵特别指出，我们会发现谈及计算机思维是很自然的。计算机（被预测的）可靠的公共行为将导致我们谈论计算机时的语言发生变化。

这两个例子都表明我们的观念和我们对世界的干预是一致的。但是在这两种情况下，我们的观念必须适应确定的现象（瓦特）或者假设的未来现象（图灵）。瓦特能够制造一种可靠的现象，尽管在当时他所有的关于物质及其相互作用的理论是有争议的，现在我们认为这一理论是错误的。随着依附于这些物质及其相互作用之上的观念的改变，瓦特的现象仍然是一种可靠的稳定现象，只是有了不同的描述。如果它没有保持稳定，将是令人震惊的，因为自然界既不理解也不回应我们对它的描述。这是一个自然世界与社会世界明显不同的方面。

十二、波普尔关于图书馆和器物的论证

早在其论文《没有认识主体的认识论》（"Epistemology without a knowing

---

① Turing［1950］1981, p.57.
② Ibid.
③ Ibid.

Subject"）中，波普尔就提出了一个论据，似乎对器物知识的认识论地位产生了怀疑。他让我们考虑两个思想实验：

> 实验1：我们所有的机器和工具、我们所有的主观学习，包括我们关于机器和工具的主观知识以及如何使用它们的知识，都被破坏了。但是**图书馆和我们从中学习的能力**依然存在。显然，经过许多苦难之后，我们的世界可以再次开始。
>
> 实验2：如前……但是这次，所有的图书馆也被破坏了，这样我们从书本上学习的能力就变得毫无用处了。
>
> 如果你考虑一下这两个实验，第三世界的实体、意义和自治程度（及其对第二和第一世界的影响）也许会变得更清晰一点。因为在第二种情况下，几千年间都不会再次出现文明。①

此处，波普尔论据的目的不是降低"机器和工具"的重要性，而是竭力主张基于语言的世界3的自治性。但是，他提到"机器和工具"以及如果没有图书馆，它们的存在将不支持"再现文明"的事实，似乎让人们对机器和工具在认识论上的重要性产生了怀疑。

对波普尔的这个论据，我有两种回应。第一，和任何思想实验一样，通过从实验中得出结论，波普尔揭示的是他在概念上的认同，而不是"事情的真相"。第二，波普尔的实验不是为了测试机器和命题的相对重要性而设置的。要做到这一点，我们需要考虑两个替代的思想实验，一个是机器和工具被破坏了，图书馆仍然完好无损；另一个是图书馆被破坏了，但是机器和工具仍然完好无损。对于这两个替代的思想实验，我竭力主张一个不同的结论，揭示了我在概念上的不同承诺。

对于一种"物质基础设施"已经被破坏，但是还保留了图书馆和"从中学习的能力"的文明，波普尔是乐观的。这揭示了他对书面文字重要性的认同。我所说的话并不质疑书面文字的重要性。波普尔肯定是正

---

① Popper 1972, pp.107-108. 粗体为原文强调。

确的，图书馆的保留和我们从中学习的能力在认识论上是很重要的。但是波普尔没有考虑工具和机器以及**使用它们和从中学习的能力**的重要性。最近很多的历史研究证明书面记录不足以使我们复制仪器和机械。我们需要从机械和用机械收集的经验中学习。无论我们从图书馆中学到多少东西，我们都不能建造出一个避难所，除非我们能够将自然资源（例如树木），转化为合适的元件（例如木板），并用合适的工具（例如锤子和钉子）将它们结合起来。此外，我们制造新的、**更好的**机械和工具的能力取决于之前不那么好的机械和工具。值得思考的是，在大多数关于文明的末世崩塌后的生命故事中，能够用器物修补东西的人是进步的关键。如果我们的机械和工具以及我们如何使用它们的知识被破坏了，在文明重新出现之前确实需要很长一段时间。

波普尔的两个思想实验，目的在于说明他的世界 3 是自治的。如果他考虑思想实验的目的在于证明书本知识相对于器物知识的认识论价值，他将提出如下两个思想实验：

> 实验 1：我们所有的机器和工具及我们在物质世界制造器物的能力被破坏了；我们所有关于机器、工具（和一切别的东西）的主观知识都丧失了，但是图书馆和我们从中学习的能力依然存在。
>
> 实验 2：我们所有的图书馆和我们从书面文字学习的能力被破坏了；但是我们的工具和机械以及我们使用和操控它们的能力还保留着。

从这些思想实验中很难解读上述寓意。考虑到知识的书面模式和物质模式相互渗透的程度，的确很难想象这两种情景；在这个意义上，两者可能是不一致的。两者的损毁都代表了巨大的损失。

但是如果让我选择的话，我猜想在第二种情况下，文明会更快地出现。实验 1，和阅读（我猜想还有写作）能力，与大多数非人类动物的状态相似。大多数非人类动物和人类世界不同，没有生活在一个充斥着人类所制造的器物的"技术领域"。当然动物界存在一些原始的工具使用，如鸟类筑巢、海狸筑坝。但是对于大多数非人类的动物而言，它们的大部分世界不是一个有意识设计和制造的世界。如果人类失去了技术领域和制造器物的能力，即使增加在图书馆阅读书籍的能力，我们也会被置于动物的位置上。这些书籍能教会我们如何制造器物吗？这取决于制造器物能力丧失的程度。如果我们失去了"手眼"的协调，我认为我们还需要很长时间，才能创造出稍微类似于现在文明的东西。

根据对世界文化的研究，实验 2 类似于许多人目前的状态，如果一个人回到几百年前，它类似于大多数人在"先进社会"里的状态。广泛传播的文字是相对现代的发展。同样，恢复文明需要多长的时间取决于我们读写能力被破坏的程度。我们所有的政治、法律和商业结构都将被重新创建。如果因为某种普遍的大脑损伤而没有读写能力，这将需要很长一段时间。如果我们有这些能力，只是失去了图书馆，那么很大程度上要取决于人类的记忆和重建这些结构的决心。然而，我猜测它将比实验 1 要来得快。

十三、器物知识的形而上学

我以器物知识产生的本体论问题来结束本章。波普尔的世界 3 不是器物的领域。对波普尔而言，我们创造的器物是世界 3 理论在世界 1 中的应用："不可否认，数学和科学理论的第三世界对第一世界施加了巨大影响。例如，它通过技术人员的介入来实现，他们通过应用这些理论的某些结果来影响世界 1 的改变。"[1]

将技术成果视为理论知识的应用或实例，无法经受历史的审视，如法拉第的电动机不是其电磁学理论而是一个实例。但是另一个选择却令人困惑：似乎在波普尔的世界 3 中包含这种世界 1 的对象会产生本体论的混乱。人们想知道在我的世界 1（或）世界 3 的对象和通常世界 1 的对象之间有什么区别（如果有区别的话）。

首先要认识到理论本身需要物质的表达。波普尔自己详细地提及

---

[1] Popper 1972, p.155.

图书馆是世界 3 的仓库。任何人只要移动过哪怕是一小堆书籍，就知道它们是令人苦恼的物质！波普尔还在解决问题的方案中记述了"纸笔操作"（例如 777 和 111 的乘积）①。纸笔操作是在物质世界中的操作。当然，波普尔也许会说这些操作是世界 3 意义的语言条目，他称之为"世界 3 的结构单元"。它们"能够被某人领会（或者被破译、被理解、被'知道'）"②。有了仪器、工具和人类智慧的其他物质产物，就完全不一样了。它没有和命题同样的含义。然而，领会物质对象的"含义"是可能的。达文波特用亨利的电磁铁时是如此；莫里斯·威尔金斯和罗莎琳德·富兰克林看到沃森和克里克的 DNA 模型时也是如此。

所以问题仍然存在。可以把世界 1 中是世界 3 的一部分和不是世界 3 的一部分区分开来的是什么？河坝、蜘蛛网和我称为器物知识的器物之间有什么不同？

首先，我坚持人造器物与动物本能的不同。无论怎样分析，我们都可以从其他生命的自然产物中区分出人类制造的对象（语言的和器物的）。两者都是可以区别于纯粹物理力量的产物。月面景色不同于地面风景，地面风景又不同于风景画，艺术历史学家关于风景所写的文章又有所不同。③

其次，我想起哈金对现象的一个观察结果：自然发生的现象是很罕见的。"现象（phenomenon）是可以被感官感知的一个事件、一种环境或者一个事实"④，在人们断言现象是无处不在的之前让我澄清这一点。哈金遵循科学中已经确立的用法："现象是值得注意的、可识别的。现象通常是在特定环境下有规律发生的某一类型的事件或者过程……对我来说，现象是公开的、有规律的、可能类似定律的某些事情，但是也许有例外。"⑤ 他尽力将自己对这个词的使用和其他用法分离开来，在这些用

① Popper 1972, p.168.

② Ibid., p.116.

③ 存在混合的情况，例如被管理的森林保护区。但是在我看来，一旦我们考虑了不那么困难的情况，我们就更有能力来处理这种情况。

④ *American Heritage College Dictionary*, 3d ed., s.v.

⑤ Hacking 1983a, pp.221-222.

法中"现象"表示的是几乎不断出现的感观涨落："我对'现象'这个词的使用和物理学家一样。它必须尽可能地和哲学家的现象主义、现象学以及私人的、短暂的感官信息分开。"[1]哈金对"现象"的使用使他能够区分出威廉·詹姆斯（William James）所说的呈现在我们感官之前的"盛开的、嘈杂的混乱"[2]和自然科学赖以生存的有序规律。在詹姆斯之后，哈金写道："自然界中存在着复杂性，很明显，我们能够对其进行分析。我们通过在头脑中区分大量不同的规律来做到这一点。我们也通过在实验室中呈现纯粹的、孤立的现象来做到这一点。"[3]除了这些被制造的、纯粹的、孤立的现象，自然界发生的现象是很罕见的："除了行星、恒星和潮汐之外，自然界中几乎没有足够的现象等着被观察……每次我说自然界中可供观察的现象就那么多的时候（说了60遍），总有人明智地提醒我还有更多的现象。但是即使那些构想出最长列表的人也会同意：现代物理学的大部分现象是被制造出来的……法拉第效应、霍尔效应、约瑟夫森效应都是开启宇宙的钥匙。人们制造了钥匙，也许还有他们要打开的。"[4]仪器是如何成为世界3和世界1的一部分，仪器的"表达性"是它们组成这种哈金式现象的结果，我称之为"操作性知识"。

　　哈金和波普尔关于生物现象的闲聊是有意义的。波普尔把许多生物学产物理解为和理论类似："动植物在解剖学和行为学中包含的试验性的解决方案是理论的生物学类比。"[5]然而，这些类比却并不存在于他的世界3中。哈金写道："每种动植物都有其习性；我认为每种动植物都是一种现象。也许自然史和夜晚的天空一样充满了现象。"[6]然而，早些时候他写道：

　　　　人们会断言世界充满明显的现象，各种各样的田园诗中都有

①　Hacking 1983a, p.222.

②　James［1890］1955, 1: 488.

③　Hacking 1982a, p.226.

④　Ibid., pp.227-228.

⑤　Popper 1972, p.145.

⑥　Hacking 1983a, p.227.

提及。然而这些主要是由居住在城市的哲学家提出的，他们在生活中从未收割过玉米，也从未挤过羊奶。（我对这个世界缺乏现象的许多反思，都源于清晨在奶站和山羊美狄亚的交谈。多年的日常研究没有揭示任何关于美狄亚真实的概括，也许只有"她经常脾气暴躁"。）①

哈金和波普尔对假定的自然史现象的矛盾心理，暗示了进一步的区分。器物知识存在于一个更精致的建构空间内，尽管可能不够稳健，却比自然史适应性的生活创造更简单。也许更重要的是，通过各种各样的校准行为，我们的物质产物之间互相联系，并和我们所说的联系起来，比动物现象有更深刻的正当理由。蜘蛛网非常适合捕捉苍蝇。但是，这种蜘蛛捕捉食物的方法和其他可能的、实际的方法之间没有建立联系。我们可以把直读式光谱仪和其他摄谱仪、湿化学技术联系起来，只有人类才能做出这样的联系。

最后，我们还有器物知识的物质领域，和波普尔的世界3一样是易错的和动态的。一个我们可以思考和干预的对象领域改变了我们的物理环境，这是一个和世界2、世界1相互作用的领域。在这个领域中，我们把不同种类的知识（理论的、技巧的、默会的和器物的）包容进知识的陈述、行为和物质载体中。它是一个物质领域，同时也是一个认识论领域。

---

① Hacking 1983a, p.227.

第七章
器物的物性

没有机械能完美地运转，其设计必须弥补缺陷。

——亨利·罗兰
HENRY ROWLAND

一、观念和器物

我和南卡罗来纳州立大学的一名土木工程师理查德·雷（Richard Ray）共同教授过一门技术哲学课程。我们的第一项作业是用冰棒棍和胶水建造一座桥梁。它必须跨越 30 英寸，提供 5 英寸宽的路基，中心至少要承受 1 磅重量。这样一项作业在工程学中稀松平常，但在哲学中几乎闻所未闻。

对于大多数不是工程学专业的学生（即使是该专业的学生），花在设计和分析上的时间大大少于花在建造上的时间。学生在建造桥梁时遇到的主要问题是材料：如何将冰棒棍粘成一条直线？如果胶水干了，如何使冰棒棍支撑在一起？如何处理冰棒棍个体之间的差异和不规则？如何应付意料之外的困难，例如，当冰棒棍不是绝对平直时，或者当两个（或更多）结构部分试图占据相同的空间时，应该如何处理？建筑需要创造力、时间、耐心以及相信自己的设计会成功的信念，即使某些猜想完全没有完美的理由。在这个过程中，双手变得黏乎乎的。这个作业提醒学生制造不同于思考。

要领会我主张的唯物主义认识论的要求，需要领会这些已知器物的"物性"（thing-y-ness）。人们必须认识到这个事实，即器物占据空间、有质量、是由不纯净物质构成的，容易受到灰尘、振动、加热和冷却的影响。器物是"实时"构建的，必须实时生成它们的作品。它们必须被人类安全地使用。

在本章中，我将具体讨论 20 世纪中期摄谱仪装置开发中的物质方面：从亨利·罗兰衍射光栅的制作开始，到质谱仪结束。质谱仪是一个在 20 世纪 50 年代中期将光谱分析引入铸造车间的"盒子中的实验室"。这个"盒子中的实验室"就是所谓黑箱的一个例子。在适当的地方操作时，摄谱仪的内部结构对使用者是不透明的，使用者可能对摄谱分析知之甚少或者一无所知。在本书第六章讨论的方法中，黑箱型仪器与其发现的语境分离开了。黑箱型仪器也隐藏了其物性。这是器物知识面对的讽刺之一。仪器在工作时，是和理论无缝连接的；仪器提供的信息和数据，可以被纳入命题的理论生命中。这就是为什么认识论能够在知识的假象下仅仅作为一种概念的游戏而存在。仪器的物质性只有在其制造和破坏的过程中才会浮出水面。我们需要领会海德格尔的这个核心观点（1977 年），才能了解器物知识是对观念承载知识的补充，以及这种补充是如何进行的。

二、制作东西的快乐

桥梁作业还有另一个共同的结果。一般而言，非工程学专业的学生都非常喜欢这项作业。在涂抹胶水和等待成品的两周左右的时间内，他们可能会抱怨，但是最后他们还是乐在其中。有个学生承认他报名参加这门课程的唯一原因是听说了这项桥梁作业。

艺术家和艺术史学家詹姆斯·埃尔金斯（James Elkins）在他的著作《什么是绘画》（*What Painting Is*）中写道：

> 但是我知道绘画的吸引力有多么强烈，而认为画家仅仅是容忍

颜料作为一种作画方式的人有多么错误。在我经过训练成为一名艺术史学家之前，我曾经是个画家，从经验中知道绘画行为有多么彻底的催眠作用，它的气味和色彩以及笔刷有节奏的运动对大脑的征服是多么彻底。我感受过，知道艺术史中一些精致而枯燥的学识是错误的，但是几年来我都不确定如何使语句符合那些回忆。①

埃尔金斯提醒我们，人类在制作东西时有着真正的快乐，但是很少有人描写这种快乐。埃尔金斯指出国会图书馆编目有超过 8 900 册图书是关于绘画的历史、评论和技巧的，只有六本不到"处理的是绘画本身，试图解释在被训练成模仿某些客体**之前**、在画作被加框、悬挂、出售、展示和诠释**之前**，为什么绘画有如此大的吸引力"②。

1936 年，我的父亲沃尔特·贝尔德参与创建了贝尔德联合公司。公司的第一个重要产品是适用于定量化学分析的光栅摄谱仪。关于贝尔德联合公司的创建和早期历史的更多细节将在本书第十章中给出。③家父告诉了我一些关于《约翰·霍普金斯杂志》(*Johns Hopkins Magazine*)的事情。他说作为一个霍普金斯大学的研究生，他学到最重要的事情之一就是"如何用他的双手去工作：操作车床、学习如何从头搭建东西"④。商务旅行的途中，他写信给贝尔德联合公司的共同创始人约翰·斯特纳，"我想回去。我没有混日子，但是我想再次用我的双手做事"⑤。

三、设计范例

由于许多工程师一生时间都在与物质世界接触，人们可能会期望技术和工程学的认识论更容易接受物质的重要性。遗憾的是，即使在这里，认识论关注的也是观念，而非器物。沃尔特·文森特有本极好的著作《工程师知道什么以及他们如何知道》(*What Engineers Know and How*

---

① Elkins 1999, p.6.
② Ibid. 粗体为原文强调。
③ 也可参见 D. Baird 1991。
④ R.L. 1958, p.11.
⑤ W.S. Baird 1936a.

They Know It)，提供了一个生动的例证，文森特说道："我专注于**观念而非人工制品**，并试图追踪信息流。"① 具有讽刺意味的是，文森特记录了在用物质模型和原型建构与获取经验方面，观念和物质紧密交织的性质。

卡尔·米查姆（Carl Mitcham）在《通过技术思考》(*Thinking Through Technology*)（1994 年）一书中，直接指出了这一点："根据一种广为接受的分析定义（可以追溯到柏拉图），知识是经过证明的真实信念。关于人工制品制造和使用的真实信念可以诉诸技能、准则、定律、规则或者理论来证明，从而产生不同的技术作为知识。"②

米查姆用"技能、准则、定律、规则或者理论"证明"关于人工制品制造和使用的真实信念"。这和通常的用法相反，通常是证据（经验的、观察的或者实验的）证明知识（准则、定律、规则或者理论）。米查姆把知识主张的范畴错误地划分为证据的范畴。这样做的唯一原因是避免用物质支持对物质的信念。语义学转换是难以抗拒的。

但是关于人工制品的看法不是人工制品本身。我对人工制品有很多看法。如果我想理解，或者更重要的是如果我想运用或修改人工制品承载的知识，我最好关注物质的器物本身。工程师利用器物知识，连同命题知识（经常是通过直观的绘图和物化的模型为媒介）一起工作以实现他们的目的。器物和命题都在发挥作用，都不能彼此替代。

必须努力避免语义学转换。因此，虽然我真心实意地赞同彼得·克罗斯将"设计"表述为技术知识的核心元素，但是我反对他所写的"物理的约束条件是关于自然的事实陈述"③。对我而言，物理的约束条件应该是物理的。但是对克罗斯而言"物理的约束条件"是我们关于客体行为的一种概念："它们（指物理的约束条件）中的很多起源于物理上必要的（类似于定律的）关系。它们是关于自然的'无理性的事实'，根本不可协商；它们超越了人类的能力。"④ 从语义学看物理的约束条件（可能类似于定

---

① Vincenti 1990，p.10. 粗体为补充强调。

② Mitcham 1994，p.194.

③ Kroes 1996，p.63.

④ Ibid.

律），术语把我们的注意力从很多设计有关的偶然事件上吸引过来。怎样才能把更多的光电倍增管塞进光谱仪可利用的狭小空间里？毫无疑问，这里涉及几何定律。但是，发挥主导作用的是仪器制造者试图完成的特定偶然事件。当我们把分析的层次转移到类似定律的关系上时，我们不再看到这类问题，而事实上它们占用了很多设计时间。语义学转换扭曲了我们对设计的理解。这是冰棒棍桥梁作业的重要经验之一。

不仅仅是语言的表达，器物本身的表达必须被视为设计的一部分。考虑下面安东尼·F. C. 华莱士对 19 世纪力学思考方式的讨论：

> 设计机械系统时涉及的这类思考与语言学的或者数学的思考不同……对于机械的思考者而言，机械语法或者机械系统是动力在数量、类型、方向上的连续转变，当它从动力源被传输出来……通过机轮的旋转、沿着轮轴、通过齿轮和皮带、进入复杂微小的运动零件，即机器本身的滚筒、主轴和旋转的螺纹。按顺序来理解，所有这些上百个零件的形状和运动在三维空间中是一个持续而优美的简单运动图像。在这种认识模式中，语言是辅助的，而且经常是滞后的辅助，以至于机器的零件和位置都没有特定的名称，只有一个通用名称，如果用语言提及，必须用类似"左边第 137 个主轴""凸轮的最低一级"或者"调速器外壳右手上面的螺栓"这种累赘的陈述来描述。①

"设计"这一术语涵盖了物质和命题的相互使用，以及诸如绘图、计算机模拟和物质模型这类混合形式。然而，设计必须被理解为既包含概念知识，也包含器物知识。"设计范例"是技术认识论近来最有前途的发展，但是它一定不能失去对设计的核心洞察力的追踪。② 思想和设计不能局限于用语言引导的进程中。使用模型和原型并不比使用语言和方程更原始（见"序言"中所引用的华莱士的观点）。这是器物知识的重要

---

① Wallace 1978, p.238.

② 参见 Vincenti 1990; Bucciarelli 1994; Dym 1994; Mitcham 1994; Kroes 1998; Pitt 1999; Kroes 2000。

信条，也是本章阐明用器物工作和用语言工作有何不同的目的。

四、亨利·罗兰的螺丝钉

当家父意识到我正在攻读科学哲学而非物理学的博士学位时，他感到苦恼，并给了我一本《美国著名物理学家论文选集》（*Selected Papers of Great American Physicists*）[1]，他在赠言中写道："赠戴维斯：全部读完，但一定要细读亨利·罗兰的文章。"这本书包含了罗兰的两篇文章，一篇是 1899 年他就任美国物理学会会长的演讲《物理学家的最高目标》（"The Highest Aim of the Physicist"），一篇是为《大英百科全书》（*Encyclopeadia Britannica*）第九版写的文章《螺丝钉》（"Screw"）。我没有把罗兰放在心上。螺丝钉和科学认识论有什么关系？罗兰在约翰·霍普金斯大学物理系曾是 R. W. 伍德（R.W. Wood）的前任，而伍德曾经是家父在霍普金斯大学的老师之一。我以为家父只是对罗兰有"家族性的"兴趣。

遗憾的是，仅仅几年后，家父去世，我放弃了我年轻的、也许是弗洛伊德式的对罗兰螺丝钉的排斥。罗兰在这两篇文章中提出了一个强有力的认识论经验。在《物理学家的最高目标》一文中，罗兰认为"物理学家的目标……在于纯粹智力的部分"[2]。在《螺丝钉》一文中有这样一个智力目标的例子。罗兰和家父一直敦促我去注意科学中超越观念的东西：器物。

罗兰是一个螺丝钉专家，他知道如何制造、如何检测各种缺陷、如何使用有缺陷的螺丝钉。罗兰的专长使他能够刻画衍射光栅，比之前制造的数量级更大、更精确。罗兰的光栅使我在本书几章中所写的光谱化学革命成为可能。斯宾塞·维尔特（Spencer Weart）指出在罗兰的各种科学贡献之中（对电磁学理论的贡献、对阻抗值的权威测定、对水的比热随温度的变化和导致发现霍尔效应的指导工作），他"对科学最大的贡献是衍射光栅的构造"[3]。因此，罗兰最大的贡献是他在螺丝钉方面的专长使物质上的成就成为可能（图 7.1），没有这些专长就不可能有精确定

---

[1]　Weart 1976.
[2]　Ibid., p.102.
[3]　Ibid., p.84.

量的摄谱仪。

图 7.1 亨利·罗兰和他的刻线机（约 1890 年）[1]

罗兰有一句名言，即本章的题词："没有机械能完美地运转，其设计必须弥补缺陷。"[2] 约翰·斯特朗（John Strong）和 R. W. 伍德一起工作，讲述了罗兰的名言在操作中的一个例子。在描述罗兰的"刻线机"（图 7.2）时，他说道：

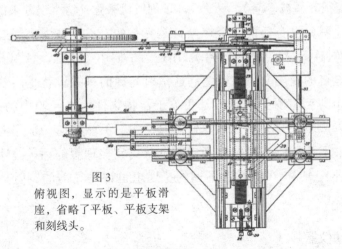

图 3
俯视图，显示的是平板滑座，省略了平板、平板支架和刻线头。

图 7.2 罗兰的刻线机设计图（1902 年）[3]

---

① 来自 Rowland 1902。

② Strong 1984, p.137. 众所周知这是"罗兰的名言"。

③ 来自 Rowland 1902, fig.3.

光栅的凹槽是由金刚头在光栅毛坯上反复地直线移动来刻线的，金刚头用横跨毛坯的滑座引导。滑座被支撑在分开的十字架上；由矩形杆右侧的一个滑履……和承载在另一个矩形杆左侧的第二个滑履……一起引导、对齐、平行。

有人建议，如果两个滑履在同侧的话，同在右侧或者左侧，也许更容易滑动：

在罗兰的排列中利用了相对的两侧，只要在刻线的过程中油膜的变化量相等，由于润滑油的厚度，处于两个滑履中间的金刚石运动就不受侧向位移的影响。这种排列也使得运动不受磨损的影响。[1]

罗兰知道润滑油厚度的微小变化可能会使金刚石切割头移动时产生侧向位移，使得凹槽不直。由于润滑油是必要的（如果没有考虑实际物质，这点很容易被遗漏），罗兰设计了刻线机来弥补这个误差来源。

罗兰明白没有任何一个螺丝钉是完美的，不论是为了制造一个更好的螺丝钉（从标准螺纹开始），还是为了使用一个螺丝钉，人们都必须和螺丝钉的缺陷共事。罗兰制造衍射光栅的刻线机就是误差补偿构建的一个典型。罗兰的名言是我关于器物物性六个经验中的第一个。我们可以想象一个完美的螺丝钉，但是我们不能制造一个完美的螺丝钉。如果不承认所有的物质现实都是背离完美理想的话（设计和建造可以弥补这点），我们是走不远的。理想也许是完美的，但是现实更有趣。

五、移动仪器

20世纪30年代，当家父首次涉足摄谱仪的业务时，适用于金属定

---

[1]   Strong 1984, p.137.

量分析的光栅摄谱仪需要一个完全不透光的房间。轨道由大型混凝桥墩支撑，以消除振动，沿着"罗兰圆"（见本书第四章）围绕着房间一圈（图 7.3）[1]。为了拍摄光谱的不同部分，光谱学家必须拿着一盏昏暗的红灯小心地在房间周围沿着轨道移动平板。我在 1990 年采访公司的联合创始人约翰·斯特纳时，根据他的说法，贝尔德联合公司想到了一个独立的装置，缺乏光谱学经验的人可以轻松地操控。

图 7.3　光谱测定室（约 1940 年）[2]
资料来源：皮尔逊教育（Pearson Education）授权重印

　　这里我将跳过探究贝尔德联合公司 1937 年第一台三米长摄谱仪设计和建造的细节（见本书第十章）。他们原来的仪器没有触发管和支撑物，可以装入 2 英尺 * × 2 英尺 × 12 英尺的盒子中。这台摄谱仪可以相对容易地移动并安装在一间适当准备的实验室里。比起一个完全不透光的房间，这台仪器更容易运输（图 7.4）。

---

[1]　Harrison et al. 1948, p.30.

[2]　来自 Harrison et al. 1948。

*　　1 英尺约合 0.3 米。——译者注

图 7.4　早期贝尔德联合公司在运送摄谱仪（约 1940 年）

资料来源：美国热电-应用研究实验室股份有限公司（Thermo-ARL Inc.）授权重印

　　只有具有光谱学专长的人才能使用贝尔德联合公司 1937 年的摄谱仪。缺乏这一专长的人可以使用贝尔德或陶氏公司 1947 年首次出售的直读式光谱仪（见本书第四章）。尽管比摄谱仪大，但是直读式光谱仪是可携带的，并且不需要显影和解释感光胶片即光谱图。因此，不再需要暗房了。虽然如此，还是需要一间专门的分析实验室来放置这台仪器。

　　光谱仪消除了对特殊房间的需求。其 12 英尺 × 4 英尺 × 6 英尺的柜子包含所有直接测定感兴趣的元素浓度所需要的光学和电子设备。该仪器的制造能够承受和（或）补偿铸造车间的条件；不再需要控制温度和湿度。

　　虽然这一系列的改进在尺寸上存在明显问题，但是这里我想提请大家注意的是运输问题。（后文我会回到尺寸问题。）关于器物的物性，我的第二个经验就是，运输是传播和发展的一个严重障碍。仪器装置的革命需要研发可以制造并易于运输到使用现场的仪器。越小越好，越小越便于移动。这不仅仅是技术转移的"外部"问题。这是关于扩大布鲁诺·拉图尔所谓"技术科学"的范围，即拓展技术科学数据的生产、消费和分配的网络。① 虽然我不赞同拉图尔认为这些网络是由纸张构成的观点，但是我被他的技术与科学不断扩展的领域概念所说服。运输对这种拓展非常重要，它对器物知识的封装、分离和使用也非常重要。

六、材料

材料及其操作方面的改进已经成为光谱化学仪器装置开发的关键。这些改进既不由理论指导，也没有直接促进理论工作。它们引发了仪器的改进，在某些情况下，这些改进对于仪器的成功是必不可少的。仪器的成功将间接地对各种理论问题施加压力。然而，与材料直接接触是我们世界知识进步的一个组成部分，不论这些知识是由器物、概念还是两者共同承载。

R. W. 伍德的实验控制刻在光栅上的凹槽形状。通过适当地修正刻线机中金刚石切割头的"切割"，他可以用适合凹槽形状的不同横断面来刻画光栅。回顾一下第四章，由于衍射光栅产生的干涉图样，入射狭缝的各种"级次图像"（一级、二级、三级等）被聚焦在罗兰圆上（图4.1）。图像级次越高，离狭缝的中心图像越远。根据各种因素（光谱仪的尺寸和由此产生的能同时被聚焦的光谱范围、不同元素重叠的狭缝图像等），某些级次的图像比其他级次的更有用。伍德的革新使他可以刻画将大部分光线"投射"到一个特定级次图像中的光栅。② 因此，如果想用一级图像进行分析工作，那么可以使用一个光栅把80%的光线投射到一级图像中。这使得重要光谱线的识别更容易了，因为不同级次的图像很难混淆，而且光强被引导到光谱的工作部分。

1935年，同样在霍普金斯大学工作的约翰·斯特朗展示了如何在蒸发到玻璃表面的一层铝薄膜"毛坯"上制作光栅。③ 这极大地增加了表面的反射率。在此之前，大多数光栅被刻在镜用合金上。这种合金能被出色地抛光，但是无法很好地反射光谱的远紫外线区域（2 000—

---

① Latour 1987, p.250.

② 参见 Wood 1911, 1912, 1935, 1944。

③ Strong 1936a, 1936b；也可参见 Wood 1935。

3 000 Å）。刻在镜用合金上的光栅反射的远紫外光不到 10%，而远紫外线区域是一个对金属分析非常重要的区域。相比之下，斯特朗的新表面反射的远紫外光超过 80%。[1]

在第四章中，我描述了桑德森和他的团队在制造直读式光谱仪时处理的几个困难。有两个特别和材料有关的更进一步的困难值得一提，即电容器和导线。

直读式光谱仪需要良好的电容器累积光电倍增管接收的电荷。市面上可以买到的最好的电容器都不够好，它们在操作中保留了 0.4% 的电荷。[2] 所以桑德森和他的团队开发了一种使用聚苯乙烯电介质的新型电容器，这种材料是 1930 年 I. G. 法本（I. G. Farben）在德国发明的，由陶氏化学公司在美国生产。对于其用途而言，聚苯乙烯被证明十分理想。用聚苯乙烯电介质制成的电容器数量级更好，在操作中只保留了 0.02% 的电荷。[3] 比起其他市面上的电容器，聚苯乙烯电容器泄漏的电荷更少。在一项检测中，0.001 英寸厚的聚苯乙烯电介质的电容器可以充电到 135 伏特；75 天后，仅损失 0.45 伏特。[4]

尤金·彼得森（Eugene Peterson）是三人组中的一员，他和维克托·卡尔德考特（Victor Caldecourt）、杰森·桑德森一起制造了光谱仪，他记得他们从惨痛经历中学到的一课。在 1997 年给我的一封信中，他写道：

> 我们在使用手边的材料时犯了些错。我们用了一些实验的绝缘导线，用来检查这种用处的陶氏塑料。这是一根很好的导线，但铜是实心的，而不是多股绞合线。在那些零件即使受到轻微机械应力的地方，焊点最终会开裂。我们一点点地用多股绞合线代替实心导线。

---

① Harrison 1938a, p.34.
② Saunderson et al. 1945, p.690.
③ Ibid.
④ Matheson and Saunderson 1952, p.54. 聚苯乙烯被证明是电子学的重要材料；马西特、桑德森在 1952 年对其应用范围和重要性进行了有用的讨论。

　　从概念的层面考虑，人们倾向于认为导线就是导线，是在电路图上把一个元件和另一个元件连接起来的线。但是，因为真实的导线被用于存在真实机械应力（不论多么轻微）的真实情况下，完成功能的实际材料关系重大。多股绞合线工作可靠，实心导线就不行了。

　　关于器物物性的第三个经验是，用于仪器建构的材料的特定性能对于仪器的成功必不可少。这种性能（通常）不能在理论的基础上被预测出来。这就是我为什么在本书第三章中说仪器使用说明书是有价值的。人们必须接触材料以制造器物知识。在很多材料革新中，学会控制凹槽形状以及如何将铅蒸发到玻璃毛坯上，对光谱化学的发展非常重要。桑德森等人需要一种放电时不保留电荷的电容器。从概念的立场来看，电容器放电时，电荷就被迁移了。从材料的立场来看，电荷只是**大部分**被迁移了。直读式光谱仪的成败取决于它的发明者能否找到作为电容器介质的一种材料，以缩小现实和理想之间的差距。实心导线和多股绞合线之间的区别也说明了同样的问题，也许用的是更通俗的说法。

七、空间和时间

　　1947 年，贝尔德联合公司和陶氏公司商议了一份许可证，生产和销售桑德森的一款改良版直接读数器。当贝尔德联合公司致力于将陶氏直接读数器改良为一种商业上可行的仪器时，空间的问题就显露出来了。每种元素都需要一个光电倍增管来分析。如何将那么多管材放入可利用的空间里呢？（图 4.6，感受一下这个问题）很久以后，家父描述了这个情况：

　　　　问题是从单一的曝光中要记录更多的元素。我们已经实现了五条、六条、七条。现在，怎样记录更多？

　　　　最初的光电倍增管大约有一罐果酱大小。在回来的路上（从密歇根米德兰的陶氏化学公司到马萨诸塞州剑桥的贝尔德联合公司），我们乘坐私人飞机去搭开往波士顿的火车。我们有一间客厅 A。我的朋友 H. M. 奥布莱恩（H. M. O'Bryan）以为我有钱。我以为他有钱。实际上我们都没钱！！

最后，为了整个房间的价格，我们把（客厅 A）出售给了一个想睡觉的小伙子。

但是这个故事的寓意是，我们发明了将光电倍增管倒转过来的方法，使接收器的数量增加了一倍。在相当大的压力下，几年后，我们的纪录是增加了六十个，这大约是极限了。

无法在火车上睡觉，让 H.M. 奥布莱恩和家父解决了空间问题（图7.5）。

图 7.5　贝尔德原子光电倍增管的支架（约 1960 年）
资料来源：美国热电-应用研究实验室股份有限公司授权重印

光谱化学仪器装置的轨迹是尺寸的稳步缩小，从整个不透光的房间到独立的实验室。分析需要的时间也在稳步减少。湿化学在有效的预防性质量控制上花费太长时间。摄谱仪把必要的时间减少到一个小时以下，极为接近一些有用物质控制熔融的时间了，但即使是半个小时还是太长了，因为保持一罐金属在熔融状态下，坐等实验室报告的花费不菲，而且在等待期间熔体中的成分仍在变化。直接读数器有望实现有效的质量控制。

为了将分析的时间缩短到分钟的量级，桑德森等人把时间瓶颈推到了仪器之外。现在的问题是怎样把样品从熔体中取到仪器中，再从仪器中获取信息送回到铸造车间。因此，在桑德森和他的团队成功演示直接读数器之前，陶氏公司就继续前进，建造了一个装有空调的分析实验室，将仪器安置在铸造车间里。实验室通过气动管道和铸造厂基层连接。这就是解决时间问题的方法。随着光谱仪的研发，该仪器可以直接引入铸造车间，节省了更多的时间。

我对器物物性的第四个经验是，回顾了现代哲学中精神与物质之间的区别。物质被延展，物质客体在空间中的延展方式即它们的"图形"，物质延展的方式会对设计形成重大约束，比如果酱罐的几何形状问题。时间也有关系。概念可能是永恒的，也可能不是。熔融状态下的金属合金肯定不是永恒的概念。所以，时间在生产中非常重要。时间和空间在使用器物时非常重要，但是与使用概念的方式显著不同。

八、安全与人类工程学

贝尔德联合公司最初制造的摄谱仪很危险。电极是危险的，样品在电极处被火花激发，通过高压差促发冷光。首先，工人可能滑倒，身体某些部分会被火花灼伤。然后，这些火花产生的杂散紫外光会灼伤操作员的眼睛。注意图 7.6 中卡通人物背部的灼伤，这是贝尔德联合公司早期木质摄谱仪的图片。尤金·彼得森在 1997 年写信给我，回忆起他在陶氏化学公司研发直接读数器时，拍摄了大量镁元素样品的光谱后，遭受了这样的眼部灼伤："那天晚上，我入睡后，影响出现了，我发觉眼睛疼痛，好像充满了沙子，因为泪流满面所以什么都看不清。我可以告诉你，我很害怕，但是到了早晨我又能看见了，然后上班去了，'有一场仗要打'。"

图 7.6 贝尔德联合公司三米摄谱仪的图片（约 1942 年）

资料来源：美国热电-应用研究实验室股份有限公司授权重印

器物在其物性中可能是危险的。对它们的设计要确保人们能够安全使用。E. 布莱特·威尔逊（E. Bright Wilson）在其非凡但已过时的著作《科学研究导论》（*Introduction to Scientific Research*）（1952 年）中，提出了一个强有力的案例，将控制器和测量仪表即机器的"人机界面"放置在方便使用的位置。实验人员应该能够很容易地操作仪器，不仅仅是为了节省时间和减少对人体的刺激，而且能让实验人员更清楚地关注仪器被用来研究的实验，而不是关注仪器本身。威尔逊还敦促研究人员保证仪器各部分的可进入性，这样试错调试和调节就不会造成巨大的问题。[1]这是我关于器物物性的第五个经验。在器物的媒介中工作时，我们必须要注意和机器一起的人机界面上的这些重要特征。安全和人类工程学是非常重要的。

九、光谱仪

到 1952 年，贝尔德联合公司已经售出了 37 台贝尔德 / 陶氏直接读数器。不幸的是，其中很多操作起来都不可靠，货款被扣留了。一部分是为了补救这种情况，一部分是为了进一步发展这方面的业务，贝尔德联合公司劝说杰森·桑德森离开陶氏化学公司，到贝尔德联合公司工作。桑德森第一年的大部分时间都在出差，拜访每一台发生故障的直接读数器客户，纠正仪器的错误，"使其准确"。

他发现反复出现的问题之一是光学方向的偏差。这个问题的部分原因是仪器结构上的。当桑德森来到贝尔德联合公司时，工程部和服务部是分开的。行政分离产生了不良结果。贝尔德联合公司的每一件产品都必须定制；每个客户都有不同的分析需求，因此每个客户的仪器必须被设置成只读取那些对其特殊分析需求有用的光谱线。工程部会将未完成的仪器送到服务部安装、定制。这一结果令人不满有几个原因。首先，在工作现场实现光学校准难度要大得多。其次，服务人员没有接受充分的培训来完成这项工作。桑德森合并了工程部和服务部，自己担任领导。

---

[1]   Wilson 1952, p.74.

正如他在 1998 年给我的信中写道（也是本节随后引文的来源）："我在一间特殊的房间内装配了光学校准设备，训练一个人什么也不做，但要确保完成这项至关重要的任务。我发布了一项命令，在我不知情的情况下，任何人不得改变现场的光学校准，否则将被开除。不幸的是，这项命令曾被执行过一次。"

一旦安装好的仪器再次运行，桑德森受到福特汽车公司一项请求的激励，开始思考如何自动完成光学校准。福特公司希望直接读数器可以直接安装在铸造车间，而不必装在一间有空调的实验室里。设计这样一台独立的直读式光谱仪存在几个问题，主要的一个就是光学校准。铸造车间里会发生温度改变，这对光学器件有着显著的影响。

桑德森对光学校准问题的解决方案是一台自动监测仪："在仪器闲置期间，通过平衡水银谱线的两部分来维持光学校准。就是说，在即将开始运行样品之前的时间里，用一台伺服电动机带动一块直接放置在入射狭缝后面 2 mm 厚的石英板转动。这种转动使所有光谱线同时产生微小的侧移。"① 内置在仪器里的汞灯将为"水银谱线"提供光源。这条谱线将被聚焦于专用的水银出射狭缝和光电倍增管上。通过一个精巧的分裂狭缝，仪器能够检测到光学元件是否已经偏离了方向；然后伺服电动机会转动石英板对偏差进行补偿。

桑德森精巧的分裂狭缝工作原理如下：水银出射狭缝垂直分裂（图 7.7）。汞灯也垂直分裂成两个半圆形的二极管，其中一个处于 115 伏特、60 周期供电的半周期中，另一个处于另半个周期中。来自水银狭缝后面光电倍增管的电流进入相敏放大器，驱动伺服电动机控制石英板的转动。当被校准时，分裂狭缝的上半部分和下半部分接收相同数量的汞光；相位是平衡的。然而，未被校准时，上半部分或下半部分的其中一个（取决于偏差的方向）会接收到更多光线。伺服系统将检测出不平衡，并"将驱动以纠正不平衡。它将朝着一个方向或者另一个方向驱动，这取决于哪个相位更大"。

---

① 也可参见 Saunderson and DuBois 1958。

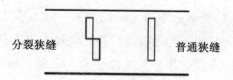

图 7.7 　分裂狭缝示意图（2000 年）

桑德森清楚记得自动检测仪的首次演示：

> 　　我的首席助手艾略特·杜波依斯（Eliot DuBois）和一位从研究部借用的工程师鲍勃·伯利（Bob Burleigh）完成了实际的工作，直到一天下午，我们为全体员工进行了演示。我有一间已经装配好的光学校准室，我们在厚重的"A"形钢制框架上为直接读数器做好了所有的光学校准。这包括针对合适的光谱线聚焦光栅和校准所有出射狭缝。所以我让全体员工聚集在暗室的"A"形框架周围，站在旁边的人用小手指轻轻向下按压框架。当然，施加在六英寸的 I 形梁架上的这个微小压力代替了光谱线，可以听到伺服电动机忙碌地运转加以补偿。这个演示令人印象深刻。

这项创新随后被添加到所有贝尔德联合公司的直读式光谱仪上，解决了光学校准的问题，即使是在铸造车间恶劣的条件下。生成的仪器被称为"光谱仪"，取得了巨大成功。

十、独立的黑箱

光谱仪是"黑箱"技术的一个例子。我不完全是在商业史中常见的意义上使用"黑箱"这个术语的，在商业史中，商业事务的内部运转可能被视为"黑箱"而被忽略。[①]更确切地说，我是在用布鲁诺·拉图尔的概念使用这一术语。在《潘多拉的希望》（*Pandora's Hope*）一书中，拉图尔把黑箱定义为：

---

① 　Rosenberg 1982.

　　科学社会学的一种表述，指的是科学技术的工作方式由于其自身的成功而变成无形的。当机器高效运转、事实被认定时，人们需要关注的仅仅是输入和输出，而不是其内部的复杂性。因此，自相矛盾的是科学技术越成功，它们就变得越不透明和晦涩。①

　　从某种意义上来说，这是完全正确的；人们看不见光谱仪内部的复杂性。的确，如果把它"切开，变成可见的"，大多数使用者是无法理解的。一旦制造安装好，光谱仪就可以为不理解其运作的人提供有用的信息了。贝尔德联合公司就有这样一句广告词："即使是商店的伙计，受过正规训练后，也可以操作光谱仪。"②在技术研究的语言中，仪器将光谱化学分析所需的所有知识和技能包容进一键自动操作中，使分析人员的工作不再需要专业知识。

　　但是我对科学这个特征的理解不同于拉图尔。光谱仪包容的知识可以被带入一个新的环境中（一家新的铸造厂）被使用。从某种意义上来说，那些使用仪器的人（通常）不能清楚表述这样做时他们对光谱化学的理解，在这种语境中使用的是默会知识。尽管如此，他们还是能够使用它。光谱化学的知识已经被独立了。它已经进入仪器内部，现在可以默会地服务于其他技术和科学目的。

　　将知识纳入黑箱中是科学仪器装置革命的核心特征之一。这些黑箱和它们的包容性知识可以独立于它们的创造语境，服务于其他技术和科学需求。拉尔夫·穆勒的故事也许过于理想化，尽管如此，他写这篇文章时还是中肯的：

　　　　开尔文勋爵曾经说过："在使用计算机时，人类的思维从未发挥过它的最高功能。"分析人员和他日常的零星工作可能也是

---

① Latour 1999, p.304.
② Baird Associates 1956.

如此。目前，在工业发展的强迫下，我们正处于一个广泛机械化的阶段。无论传统的分析人员如何抱怨物理学家和工程师闯入了他们的神圣领域，这个过程都无法停止。相反，我们希望它将为分析人员提供更多的时间和更好的工具来研究那些晦涩的、被忽视的现象，这些现象一旦发展起来时，将会成为未来的分析化学。①

　　进入独立黑箱的科学机械化允许科学和技术研究其他领域。如果没有分析的自动方法、没有包容在独立黑箱里的知识，人类基因组图谱的广泛且影响重大的报道就不可能实现了。医学技术已经发展到很少有医生能够理解生物物理学的程度，而生物物理学可以生成用于诊断疾病的图像。虽然因为无法理解图像是如何生成的，这种情况确实产生了误诊的可能性（的确是事实），但是毫无疑问，我们的诊断能力在这些新的黑箱的帮助下得到了极大的提高（见本书第十章）。②

　　有一种倾向是将黑箱的概念与可靠性或者可能是必然性相联系。科学社会学最近的很多工作可以被理解为打开科学的黑箱，以展示既不可靠也不必然的内容。器物（在我关注的案例中，就是字面上的"器物"）可能会有所不同。我们犯错误了。我们接受了不明智的取舍。不论什么原因，我们可能采取了某些选择。因此，必须强调的是，我所说的"客观知识"和"黑箱"并不意味着科学是绝对可靠的，不受（物质或者概念）修正的影响。这并不意味着器物没有不同之处。这就是和世界3互动的部分意义。可能需要一台仪器黑箱，其结果可能与公认的理论不符；可能不如预期可靠；它产生的数据也可能没有要求的那么精确；还有可能花费过高。在本书第十章中，我就介绍了发现核磁共振成像设备（MRI）不合格、必须改装或者更换的几种情况。

　　分离还有最后一个特征，是从光谱仪研发的故事中显现的。无论是

---

① Müller 1946c, p.30A.

② Cohen and Baird 1999.

物质形式还是概念形式，知识都不是简单地分离和"自由浮动"，去向任何地方。贝尔德联合公司最初出售的直读式光谱仪包容了光谱化学的知识。在合适的环境中，它们会运行得非常完美。但是它们需要合适的环境：懂得校准光学系统的操作人员和校准光学系统不受干扰的环境。随着应收账款的减少，贝尔德联合公司发现很多用户无法满足他们独立仪器所需要的环境。仪器不工作，账款被拖欠。贝尔德联合公司因此开发了一台能够在这些用户环境中工作的、更耐用的仪器。但是也不能期望光谱仪在任何条件下都工作。只有预先选定的元素浓度可以确定；操作人员必须为仪器制备样品；电子元件必须定期检查。诸如此类。独立黑箱的可靠性是对仪器及其使用环境、专营市场进行调整或者改进的一个开放过程。调整发生在两端。仪器及其使用环境被带入相互一致中。布鲁诺·拉图尔讲述的正是"将巴斯德的实验室延伸到农场"这样一个故事。[①]这也是一个超越实验室的问题，一个互相适应的开放而不可靠的过程。

十一、将物质世界黑箱化

黑箱仪器还有另外一个特征，对理解器物的物性非常重要。拉图尔的讨论再次成为一个良好的开端。他写道："很多要素成为一个整体发挥作用，这就是我现在所说的黑箱。"[②]所有进入光谱化学分析的各种元素（光谱线的选择、校准、输出的解释等）是自动化并内置在光谱仪中的，这样仪器就可以"成为一个整体"来运转。关于"现代机器"，拉图尔后来写道："在制造的过程中，它们从人们的视线中消失了，因为随着它们越来越黑箱化，每一部分都隐藏着另一部分。"[③]光谱仪隐藏了自身及它提供信息的物质世界。E. 布莱特·威尔逊提倡的"人类工程学的使用者界面"已经在完全隐藏仪器的道路上又迈出一步了，而仪器应该是用户和被研究对象信息之间的一种无形界面。

---

① Latour 1987, p.249.
② Ibid., p.131.
③ Ibid., p.253.

思考黑箱的另一种方式是黑箱化的仪器提供了物质世界和命题世界之间的界面。有了光谱仪，分析人员或者定期培训的"商店的伙计"可以直接获得有趣而重要的部分世界的命题知识，如"熔体含有 XYZ% 的镉、ZXW% 的钙等"。为了实现这一目标，物质世界的所有物质方面必须由仪器透明地处理。

黑箱化使物质变得透明。这是我关于器物物性的第六个也是最后一个经验，也许这具有讽刺意味。黑箱化使器物的物性变得无形。为了做到这一点，仪器（黑箱）的设计者们必须承认器物的物性并用其工作。关于器物物性的前五个经验都是在光谱仪的设计和制造中处理的。尺寸的技术问题被隐藏在仪器柜中。它在适当的地方运转，以金属生产直接可用的方式提供所需的信息。观念的完善与材料的现实之间的距离可以通过精心地选择材料和补偿机制来调节，如自动监测仪、起作用的罗兰说明书。铸造厂的员工可以方便、安全地使用仪器。"我会说这是非常成功的"，在 1998 年写给我的信中，桑德森提到了仪器。"性能杰出，可以相当快速地安装"，运输很容易。

光谱仪遮蔽了钢铁的物质性和测定其质量所必需的器物相互作用。第二次世界大战期间陶氏化学公司对直接读数器的需求来自对飞机制造用镁合金质量的要求。特别是，飞机制造商需要方便地"延展"并焊接金属。通过控制合金中铝的百分比含量，可以解决这个材料问题。人们忘了它是真正的镁合金，而是专注于关于百分比的命题。熔融合金的"信息表达"（"XYZ% 的钙"）代替了真正的材料。光谱仪提供的正是这样一种信息表达。当仪器直接控制这些物质参数，直接干预熔融物时，我们就会进一步远离器物的物性。

我们生活在"信息时代"。类似光谱仪这样的黑箱支持了这个命题，在仪器中输入熔融的钢合金样品，向我们提供信息。忘记钢铁；我们想要的是它的信息表达。分析仪器普遍被这样看待。在 1994 年布鲁斯·波拉德（Bruce Pollard）、理查德·帕普（Richard Papp）和拉里·泰勒（Larry Taylor）的著作《元素测定的仪器装置》（*Instrumental Methods for Determining Elements*）中，第一句话就是"对于分析实验室而言，样品元素组成的定性或者定量**信息**的需求是很常见的"[1]。类似地，霍华德·斯特罗布（Howard Strobel）和威廉·海涅曼（William Heineman）的著作《化学仪器装置：一种系统方法》(*Chemical Instrumentation: A Systematic Approach*)，第三版的第一句话是"当搜索关于系统的**信息**时，化学测量就开始了"[2]。因此，两个科学哲学家用以下术语描述仪器，就毫不奇怪了：

> 科学家们很自然地把现代仪器理解为**信息处理器**。从这个角度来看，许多仪器的功能就是作为复杂系统来检测、转换和处理**信息**，从输入事件（通常是仪器/样品的界面）到输出事件（通常是**信息**的读出）。[3]

我自己在早期的一篇文章里写过一类作为"信息转换器"的仪器。[4]在本书第四章中，我讨论了几个原因，为什么我们要将和研究样品行动一致的仪器看作信号发生器而非信息处理器。一个半世纪以前，詹姆斯·克拉克·麦克斯韦（James Clerk Maxwell）从能量而非信息的角度描述仪器。[5]麦克斯韦站在"仪器时代"的高度写道：当蒸汽机和发电机把我们从利用能源的自然场所解放出来的时候，当时能量控制是进步的最前沿。现在信息控制处于发展的领先地位。这一点和黑箱仪器使我们很容易忽视这些信息所涉及的物质基础。

作为对这个世界概念的一种对比，前段时间我做了一个梦。我一直很容易受一阵阵剧烈的过敏性喷嚏影响。在我的梦里，我面临的问题就是在一阵喷嚏发作中，却只有一张克里内克斯纸巾。怎么办？我用静电复印机解决了这个问题；用一张纸巾复印出很多张（图7.8）。在一阵喷

---

① Pollard, Papp, and Taylor p.1. 粗体为补充强调。

② Strobel and Heineman p.1. 粗体为补充强调。

③ Rothbart and Slayden 1994, p.29. 粗体为补充强调。

④ D. Baird 1987.

⑤ Maxwell 1876.

嚏中醒来，我意识到，需要纸巾时，光有信息是不够的。器物的物性才是重要的。

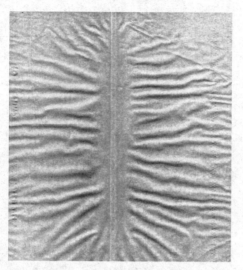

图 7.8　克里内克斯纸巾的扫描图（1999 年）

十二、需要调整以适应要求

尤金·彼得森在 1997 年写给我的一封信中，描述了他在陶氏公司研发直接读数器所做的一些工作，列举如下："这些细节是在谈话时构想出来的，画出草图，而硬件是由草图生成的。有时，我们在主要的机器车间制造零件，但是大多数零件是由卡尔德考特和彼得森光谱实验室车间制造的，'需要调整以适应要求'。"

对付材料问题是仪器不可缺少的一部分；纸上的设计不是故事的全部。这很重要，因为器物不是观念。如果我们不把器物的物性牢记在心的话，就会误解器物知识。如果把设计设想成一种思想游戏，就忽略了经验（操作性物质）在解决特殊的物质偶发事件中的基本作用。确实，我们完全错失了技术的吸引力；亲自动手可能是一种强有力的激励。

当桑德森、彼得森和卡尔德考特研发直接读数器时，用物质工作的能力（"需要调整以适应要求"）对他们的成功是极其重要的。这种专业知识通常被称为默会知识①，但是在这种情况下有一个物质成果，即直读式光谱仪。仪器是公共产品；它可以被那些不具备桑德森等人默会的专业知识的人共享和使用。它可以独立于它的制造者，承担自己的生命，在镁合金的生产和光谱化学分析的进一步发展中有所助益。

我在这里强调的重点是，作为世界物质的一部分，仪器具有这些认知功能。而且，确实只有通过直接与物质接触，桑德森等人的专业知识才有意义；"需要调整以适应要求"需要真实的文档和真实的器物相互匹配。因此，从客观层面（作为公共的、独立的仪器）和主观层面（就手眼、物质和概念的相互作用而言）理解，光谱化学的器物知识只能从物质性的维度来理解。

安装完毕的仪器具有一种可能会误导人的具体性。有观点认为知识仅仅是思想的产物、观念的游戏，不以物质形式承载，我强调器物的物性是作为对这种观点的解毒剂。但是我对器物物性的强调会给人留下这样的观念，存在唯一的、特定的给定器物，例如，**这台**直读式光谱仪。路易斯·布希亚雷利曾经正确地强调了一种意义，即不可能对一群设计者正在研发的"器物"不进行统一的**特性描述**。②关注机械问题的机械工程师以一种不同的方式看待"它"；关注热学问题的热学工程师以另一种不同的方式看待"它"；等等。没有单一的"它"。

桑德森具有光学背景，提起直接读数器时主要关注的是直接读数器的光学方面；卡尔德考特主要关注的是电子学；镁铸造厂的员工关注的是机器如何帮助他们避免废弃金属。贝尔德联合公司的员工普遍看到的是为金属产品分析提供的丰富生产线。直接读数器是所有这些"器物"。也就是说，它有不同的方面：性质、用途和隐喻意义，这些赋予了它不同的含义。值得注意的是，它也有物性，而不仅仅是一个观念。

---

① Polanyi 1966.
② Bucciarelli 1994, 2000.

第八章
在技术与科学之间

在所有的机械发明中，也许没有一种设备能像指示器那样对蒸汽机的研发和完善起到如此大的助益。

——史蒂芬·罗珀《工程师手册》(1885 年)
STEPHEN ROPER, *The Engineer's Handy-Book* (1885)

一、指示器示意图

本书的中心思想是器物承载着知识。有时，器物知识是与理论或者命题知识对等的知识，但是有时也不对等。器物承载着独立于理论的知识，或者是不受理论影响的知识。这里，物质设备即器物知识是先于理论的。这种情况并不少见。望远镜的研发先于任何精准的天文学或者光学理论，而望远镜对天文学有着巨大影响。承认器物知识和理论之间的这种相互作用，促成了一种不同且更有效的技术角色的图景，包括在工业和知识进化中发展起来的图景。很多情况下，技术的物质产品是器物知识的实例，这种器物知识可以带来更精细的器物知识和理论知识的发展。本章就提出了这样一种情况。那么，承认技术的物质产物的认识论地位，要求我们重新配置对科学技术史的理解和研究方法，这两者共同提供了一个关于世界知识发展的、互相交织的故事。

指示器示意图或者简称为指示器，是一台连接到热机工作汽缸的仪器。当发动机经过一个循环时，指示器对气缸内压力和体积进行同步跟踪。它可以用来显示发动机从流经的热量中获取了多少功（图 8.1）。可能是在 1796 年头几个月间，詹姆斯·瓦特和他的助手约翰·索西姆（John Southern）发明了这台指示器。[①]

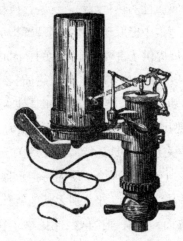

图 8.1　汤普森（Thompson）改进后的指示器（约 1870 年）[②]

指示器是在大量的潜热（latent heat）和显热（sensible heat）或者热质（caloric）的理论背景中发展起来的。此外，直到 19 世纪，力、能量和功的概念才确定下来。尽管如此，指示器仍然可能为蒸汽机的改进提供最重要的信息来源。由于其稳定的可重复现象，可以跟踪蒸汽机循环中压强-体积的变化，指示器为埃米尔·克拉珀龙对热力学的开创性贡献提供了经验基础。

关于器物知识在科学发展中的作用，指示器的历史说明了几个重要的命题。尽管结合了随后被放弃的热学理论和不够清晰的功的理论，历史仍然说明了一台重要的、耐用的仪器是如何被制造出来的。此外，尽

---

① Hills 1989, p.92.

② 来自 Roper 1885, p.251。

管缺乏可以用来从理论上解释这些信息的相关理论概念，历史还是说明了仪器产生的稳定现象是如何提供重要信息的。最后，历史还表明，无论当时如何解释这种现象，仪器产生的、稳定的经验现象都为基本理论推测提供了必要的经验基础。这段历史说明，即使用来理解仪器输出的理论不合语法，或者是错误的，但经验都成为科学进步的基础。

这个实例的主要历史事实都被详细记载下来。和当时科学界的大多数人一样，瓦特赞成一种实质性的热量理论。这些错误和混乱的信念暗示了瓦特和其他人如何理解从蒸汽中提取动力和如何理解指示器。最后，指示器为热力学这一新科学的发展提供了重要的解释性的、同时也是经验性的框架。

我们不应该从这段历史中得出推论，热质说（substantive theory of heat）或者缺乏确定的功的理论导致了瓦特和其他人从根本上误解指示器提供的信息。瓦特需要用指示器来更好地理解压力、蒸汽的潜热和显热以及蒸汽机做功之间的关系，但是瓦特从未发现关于这些关系的一个令人满意的理论。然而，他所寻找的理论，使他将指示器提供的信息理解成我们现在所谓的发动机做功，除此以外，别无其他解释。瓦特使用的术语是"任务"（duty）。另一方面，没有理论框架能把这个新测量的量（"功"或者"任务"）嵌入其中。我们不能简单地说瓦特的指示器测量了某一已知物理系统（蒸汽机）的某个众所周知的量（功）。尽管如此，瓦特的指示器的确像我们现在认为的那样测量了功，事实上，加上瓦特对"蒸汽经济"的持续关注，这台仪器可能有助于确立物理理论中稍后发展的功的概念的核心重要性。指示器是器物知识领先理论发展的一个重要例子。

二、并非先见之明的指示器

正如我们现在看到的器物一样，指示器给热机每个冲程产生的做功量提供了图形显示。[①] 指示器示意图封闭的面积是蒸汽机一个循环所做

---

① 压强是单位面积上的受力 $P = F/A$，因此压力是压强乘以面积 $F = P \times A$。功是给定距离内力的积分总和 $W = \int F\, dx$。但是 $F = P \times A$，所以 $W = \int P \times A\, dx$。活塞的面积乘以其移动距离即体积的变化，所以 $[A\, dx] = [dV]$。因此，移动活塞所做的功是通过给定体积变化的压力积分总和，$W = \int P\, dV$。这是指示器示意图描绘出的压强-体积曲线下的面积。

功的数量（图 8.2）。

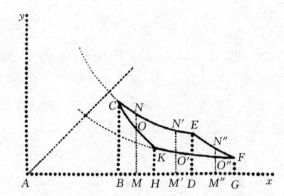

图 8.2　埃米尔·克拉珀龙的压强–体积曲线（1834 年）①
资料来源：多佛出版公司（Dover Publications, Inc.）授权重印

　　当活塞压缩气缸中的气体时，它对气体做功；当气体在气缸中膨胀时，气体对活塞做功。如果气体膨胀时所做的功大于压缩气体时所做的功，那么这个循环就产生了有用功或者动力的净产出。在压缩气体过程中，指示器示意图中压强–体积曲线下的面积（图 8.2 中 *F-K-C* 下方）测量了压缩气体所需做的功。在气体膨胀过程中，曲线下的面积（图 8.2 中 *C-E-F* 下方）测量了气体对活塞所做的功。两者之差即指示器示意图曲线封闭的面积，就是发动机一个循环内获取的有用功。

　　鉴于对功、压力、压强和体积的理解，指示器似乎是一个附属于蒸汽机的正常仪器。然而，瓦特并没有使用功的这个概念。指示器对瓦特而言很重要，原因有二：第一，它提供了一种测量发动机性能的方法，这种方法在蒸汽机市场上很容易得到认可。第二，瓦特认为气缸里的压强影响了蒸汽里的潜热和显热产生动力的能力。指示器为瓦特提供了蒸汽机循环期间各个时刻气缸内的压强信息："就好像人们能够看到气缸里的蒸汽到底发生了什么。"② 对于瓦特而言，指示器是汽缸中蒸汽行为的动态 X 光片。

---

① 来自 Mendoza 1960，p.75。
② Hills 1989，p.94.

三、膨胀做功

1782 年，瓦特为他的膨胀做功原理申请专利，尽管有大量证据表明他早在 1769 年就在构想这一概念。[1] 瓦特观察到，他可以通过在发动机循环的整个膨胀阶段，不让蒸汽进入以"节省蒸汽"。他在专利申请中附加了一张图表，显示了膨胀冲程的每个二十分之一部分中汽缸中的压强（图 8.3）。

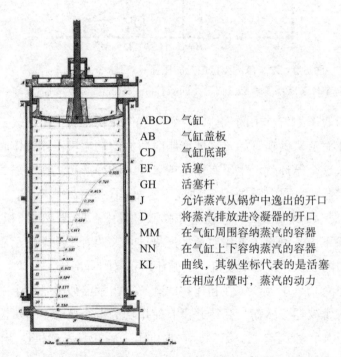

ABCD	气缸
AB	气缸盖板
CD	气缸底部
EF	活塞
GH	活塞杆
J	允许蒸汽从锅炉中逸出的开口
D	将蒸汽排放进冷凝器的开口
MM	在气缸周围容纳蒸汽的容器
NN	在气缸上下容纳蒸汽的容器
KL	曲线，其纵坐标代表的是活塞 在相应位置时，蒸汽的动力

图 8.3　膨胀做功（1782 年）[2]

资料来源：剑桥大学出版社（Cambridge University Press）授权重印

蒸汽仅在循环的第一冲程中被允许进入气缸。然后阀门关闭，没有更多的蒸汽进入。但是蒸汽继续在逐渐减小的压强下膨胀，直到活塞完全扩张。如果在整个膨胀过程中都有蒸汽进入的话，平均压强将会为 1。

---

[1]　Cardwell 1971, p.52.

[2]　来自詹姆斯·瓦特 1792 年的专利申请，Hills 1989, p.65。

将图表中的所有压强加和除以 20，瓦特就能计算出膨胀做功获得的平均压强。在这种情况下，瓦特计算出的平均压强是 11.583/20=0.579。当蒸汽被隔绝时，整个循环的平均压强小于蒸汽被吸入时的平均压强，蒸汽的使用量在比例上更低。仅从 1/4 的蒸汽中，瓦特就获得了超过一半的平均压强。膨胀做功比当时普遍采用的在整个循环膨胀阶段都允许蒸汽进入的做法更有"蒸汽效率"。

瓦特在 1782 年的图表中使用的压强-体积数值不是从经验中获得的。根据波义耳定律，他假定压强和体积是相关的。然而瓦特知道，这个定律不会完全准确，因为它预先假定了气体是在恒温下膨胀的。和劳伦斯及回旋加速器一样（见本书第三章），用于制造仪器的理论再次出错了。虽然瓦特知道波义耳定律在这种情况下不可能准确，但是在缺乏任何经验数据或者更好理论的情况下，这是他得到的最佳近似值。事实上，直到 1827 年（瓦特申请膨胀做功专利 45 年之后），戴维斯·吉尔伯特（Davies Gilbert）仍然在使用这个不正确的近似值。无论如何，瓦特意识到他需要能够根据经验确定这些压强-体积值，而不借助错误的波义耳定律。指示器满足了这个需求。

四、指示器和功

在 1827 年的一篇文章里，吉尔伯特回顾了关于如何测量功的长期争论。他反对那些支持用惯性或者冲量（质量 × 速度）的类比来测量功的人，也反对那些支持用活力（*vis viva*），我们现在称之为动能（质量 × 速度^2）来测量功的人：

> 这两个函数都不能直接测量它们的（机械的）有效功率。它们效率的标准是力乘以它作用通过的空间（f×s）；用同样的方法测量它们产生的效果，被称为任务，这是瓦特先生在确定蒸汽机的相对优点时首次提出的一个术语。[1]

---

[1]　Gilbert 1827, p.26.

在这篇文章的后面，吉尔伯特说明了如何使用积分学来确定压强-体积曲线下的面积，从而确定发动机完成的任务或者功，这是基于波义耳定律的假设。这在一定程度上很重要，因为在 18 世纪 90 年代吉尔伯特协助乔纳森·霍恩布洛尔（Jonathan Hornblower）解决和瓦特、博尔顿（Boulton）的专利纠纷时，肯定已经完成了类似的计算。正是由于这个原因，D. S. L. 卡德韦尔（D. S. L. Cardwell）认为吉尔伯特是第一个理解压强-体积关系重要性的人。①

显然，早在 1796 年，吉尔伯特就转向对功的现代理解。同样明显的是直到 1827 年，在英国还没有对功、力、能量这些概念的确定用法。指示器提供的测量方法，在计算上和现代功的概念是完全相同的。然而，在 19 世纪初的英国，没有任何理论背景可以用来像我们现在理解功的概念一样，来理解功的这种测量方法。卡德韦尔对"功""力""运动瞬间""动力学作用"和类似术语之间的混淆提出了警告。②1813 年彼得·尤尔特（Peter Ewart）在文章中指出，自从 18 世纪 70 年代，斯米顿写下"大多数被认可的作家将力学理论应用于实际力学时可能会犯错误"之后，几乎没有取得任何进展。③因此，瓦特没有可用的必要的理论概念来解释指示器示意图所提供的信息。然而，正如他在膨胀做功专利中所明确的，瓦特确实理解指示器是如何测量发动机的蒸汽效率的。事实上，尤尔特曾经是瓦特和博尔顿的一名员工，在他 1813 年的论文中，提升了瓦特受经济刺激而做的功的测量法在物理上的重要性。吉尔伯特在计算中假定了波义耳定律，还提到了为什么这个假设不是"严格有效"的几个原因。因此，虽然吉尔伯特可能对施加在活塞上的平均压强的物理重要性有了一个更清晰的理解，但是他没有把它和一个循环内不同时刻汽缸内压强的经验测定联系起来。这需要一台仪器。

1822 年，一封署名为"H. H."的写给《科学季刊》（*Quarterly Journal*

---

① Cardwell 1971, p.79.

② Cardwell 1967.

③ Ewart 1813, p.107.

of Science）编辑的信详细地描述了指示器的机械操纵。如前所述，指示器示意图由一块可在上面安装纸张的木板组成。木板位于轨道上，这样就可以横向移动，以回应活塞进出汽缸时的运动。木板的横向位置提供了汽缸内体积的测量。铅笔被固定在弹簧承载的压力计上，压力计被固定在汽缸上。于是，铅笔的垂直位置提供了汽缸内压强的测量。当发动机循环工作时，铅笔在纸上画出的曲线同步跟踪了气缸内的压力和体积。关于19世纪上半叶发展起来的这种获得压强-体积踪迹的替代方法，安德鲁·贾米森（Andrew Jamieson）和史蒂芬·罗珀提供了很好的评论。①

写给《科学季刊》那封信的作者接着描述了如何计算活塞上的平均压强，在某种程度上类似于瓦特膨胀做功专利中的计算："如果在8到10个位置上测量这段距离（在指示器示意图压强轴上的数值），并取平均值，那么这个简单的比例就给出了活塞每平方英寸的压强。"②因此，用经验观察到的压强数值代替了气体根据波义耳定律膨胀的错误假设，对力的测量有更大的信心。

指示器提供了我们现在所谓的对蒸汽机功能的"客观测量"（见本书第九章）。波义耳定律的使用是在理论基础上赋值的，事实上这一理论基础是错误的。与之相比，指示器的信息直接取自源头，不需要用有争议的理论解释：

> 根据已知原则，只有通过受动的物质媒介展示在我们实际观察中的不偏不倚的结果，才应该被给予内隐的自信。指示器就是这样一种仪器：它将每一个冲程内蒸汽机汽缸里压强的连续变化展示给我们的观点；也通过标记每个特定压强的持续时间，以一种优雅简洁的方式为施加的能量提供了一个非常接近而正确的近似值。③

---

① Roper 1885, fourth part; Jamieson 1889, lecture 15.

② H. H. 1822, p.92.

③ Ibid., p.91.

H. H. 接着解释借助于指示器，他发现用菜籽油代替牛蹄油会导致过度摩擦，减慢蒸汽发动机的速度，降低其动力。日常接触发动机的工程师们没有注意到 20% 的速度下降以及随之发生的动力损失。然而，"受动的"仪器没有错过发动机运转中的变化。[①]

吉尔伯特 1827 年的论文显示上文中提到的"已知原则"在物理理论方面没有被完全理解。尽管如此，那些使用仪器的人仍然能够提高发动机的性能。我认为，应该是在效率和指示器示意图面积之间的关系很容易被识别和应用的意义上，而不是在我们有一个很好理解的概念框架来解释指示器操作的意义上，根据"已知原则"操作指示器。指示器提供了一种有效测量，虽然理论学家不确定到底这种测量是什么，但是在蒸汽效率方面，这种测量具有明确的经验意义，那就是用蒸汽机工作的工程师可以理解并用来改进他们的发动机。

瓦特对压强-体积曲线感兴趣的部分原因是他想要计算平均或者"累积"压强，从而计算发动机的蒸汽效率。然而，这不可能是瓦特开发指示器的唯一甚至是主要原因。如果是这样的话，瓦特发明的小型指示器就没有什么意义了。为了理解瓦特对指示器的潜在兴趣，我们有必要简短地说一些关于如何理解蒸汽产生动力的题外话。

五、关于蒸汽的潜热和动力

1797 年，约翰·罗宾逊向《大英百科全书》投稿，是关于蒸汽机的一篇重要文章。这篇文章连同罗宾逊的其他各种科学著作，被收录在了他去世后出版的《机械哲学体系》（*System of Mechanical Philosophy*）一书中（1822 年）。瓦特编辑了罗宾逊《机械哲学体系》一书里处理蒸汽机的部分。瓦特编辑的插入语让我们可以更好地理解关于指示器他认为什么恰好是重要的。罗宾逊在讨论蒸汽机前，先讨论了蒸汽，他描述了约瑟夫·布莱克在实验中发现的潜热：水在华氏 212 度＊被加热，温度

---

① H.H. 1822, p.91.

＊　折合摄氏 100 度。——译者注

没有明显的上升。这种额外的"潜"热与水结合形成蒸汽。蒸汽是潜热和水的混合物：

> 观察一下，在它（指沸腾中形成的蒸汽泡）经过水向上的通道中，它不会改变也不会凝结；因为周围的水已经很热了，以至于其中可感觉到的或者游离的热量和蒸汽中的热量处于平衡状态，因此蒸汽泡不会吸收任何作为蒸汽成分的热量，并使其具有弹性。[①]

重要的是要注意是潜热使蒸汽具有弹性。气体，特别是蒸汽，会膨胀到充满可用空间。这样气体可以移动活塞进一步扩大它所占据的空间。活塞还可以将气体压缩到汽缸里。这就是气体的弹性。从瓦特和罗宾逊两人的观点来看，为了理解蒸汽是如何相对活塞膨胀而产生运动的，理解潜热是如何与蒸汽结合从而使其具有弹性是至关重要的。

事实上，关于蒸汽的形成，罗宾逊的第一个观点是在较低的压强下它的沸点也会降低。他讨论了压强如何影响沸点，以及蒸汽中潜热和显热之间的相对容量。他承认"做这种实验极其困难……然而，正如我们不久将看到的，它是机械技艺中相当实用而重要的一门学科"[②]。罗宾逊对正在发生的事情进行的分析最终看来是令人不满意的。瓦特在他社论中也承认了这一点。但是研究的重要性并未受到怀疑。甚至，瓦特在罗宾逊叙述的这一点上插入了本书第三章第一节中提到的脉冲玻璃管的脚注。

瓦特和罗宾逊用以解释蒸汽变为动力的一般方法如下，不过他们都没有对相关细节得出正确理论：动力来源于蒸汽的弹性，这种弹性被理解为来自热量和水的组合，而热量被理解为一种物质，它们一起产生了"混合的"蒸汽。瓦特认为潜热和显热的相对比例影响到蒸汽能产生多少动力。重要的是，瓦特相信蒸汽压强和其中潜热的相对含量之间存在联系，因此，也与其产生动力的能力之间存在联系。在某种程度上，对指

---

① Robison 1822, 2: 11.

② Ibid., p.16.

示器的需求部分是由于试图理解蒸汽在气缸中维持的条件，以及蒸汽如何由此产生动力。

1765 年，瓦特写信给他的第一个资助者约翰·罗巴克（John Roebuck）："在比例上，随着蒸汽显热的增加，它的潜（热）会减少，所以蒸汽机在 15 磅以上的压强下工作一定比在 15 磅以下的压强下工作更有利；因为不仅降低了潜热，而且很容易增加显热，使蒸汽大为膨胀。"[①] 不过，他也研究了以下的节约方案。因为在较低的压强下，水在较低的温度下就会沸腾，似乎要使水膨胀成蒸汽并驱动发动机，只需要更少的热量。因此，在低压下运行发动机应该会节约必需的燃料。

瓦特在四十年间进行了多次实验，尝试更好地理解热含量和蒸汽压强之间的关系，并在几处描述过这些实验。1765 年到 1814 年间实施的研究占据了瓦特私人《手册》（Notebook）的很大一部分。[②] 在罗宾逊关于蒸汽部分开头的一个长脚注中，瓦特发表了一些实验的描述。[③] 瓦特还要求约翰·索斯恩（John Southern）进行实验，目的是理解潜热和压强之间的关系。索斯恩的工作发表在一封信中，附在罗宾逊《机械哲学体系》一书关于蒸汽机的文章中。[④] 索斯恩的结论是"（蒸汽中潜热的所有来源的）总和，加上在不同弹性状态中的显热可能会是一个常数"[⑤]。瓦特在脚注中补充道："多年来，我曾经持类似的假设：但是我没有听说过任何实验，能够决定性地证明它的真实性。"[⑥] 这一恒热定律的结果将是无论在低压下还是在高压下，操作发动机都不可能实现节约的目的。

卡德韦尔坚持认为罗宾逊应该为一个长期错误负责，罗宾逊将瓦特发明分离式冷凝器、发现膨胀做功和其他对蒸汽机的改进归功于瓦特对布莱克潜热学说的学习。[⑦] 在描述瓦特发明分离式冷凝器时，罗宾逊的

---

① 引自 Muirhead 1859, p.161。
② Robinson and McKie 1970, pp.423-490.
③ Robison 1822, 2: 5-11n.
④ Robison 1822, p.168.
⑤ Ibid.
⑥ Robison 1822, p.168n.
⑦ Cardwell 1971, p.42.

确认为布莱克的潜热学说相当重要。但是瓦特在这点上与罗宾逊有异议，在一个长长的脚注中，他用自己的版本叙述了这一发明的实现过程。①这是卡德韦尔主张的力量之源。然而，从罗宾逊文章的结构、瓦特的投稿社论以及瓦特自己的实验来看，毫无疑问的是，瓦特认为理解潜热的本质及其在蒸汽中产生动力的作用极为重要。

六、瓦特和罗宾逊在指示器方面的工作

最基本的一点是瓦特和罗宾逊把蒸汽的弹性归因于热量，热量和水结合产生蒸汽。虽然他们不清楚细节，但似乎已经足够清楚的是，热量在不同形式中（潜热或者显热）表现也不同。而且，由于压强会影响潜热和显热的相对比例，对汽缸中压强的变化有一个详细的了解就非常重要了。这就是为什么瓦特想要"看到汽缸内部"，指示器对于更好地理解这些关系是必要的。只有在这种背景下的理解，罗宾逊和瓦特关于指示器的评论才有意义。

在讨论了证明热量是蒸汽弹性来源的实验和证明压强对水沸点影响的进一步实验之后，罗宾逊用图解的基本方式，描述了适用于在冲程任何一点测量蒸汽机工作汽缸内压强的一种设备。虽然罗宾逊没有为这台设备命名，和写给《科学季刊》信中的描述不同，他的描述也不够详细，但这是第一次在出版物中提及所谓指示器的设备。罗宾逊写道："我们获悉，瓦特先生和博尔顿先生已经将它添加在他们的一些蒸汽机中；从他们基于它得到的信息中，我们相信他们已经能够做出令人好奇的改良，并从中获得良好声誉和不少收入。"②

虽然指示器现在被当作测量蒸汽机输出功的工具使用，但这不是罗宾逊所说的通过"他们基于它得到的信息"。相反，罗宾逊在"序言"中对这一工具的描述如下："得到关于汽缸中蒸汽弹性的准确知识，这将是一件最令人满意的事情；毫不困难。"③指示器帮助瓦特和他的同事了解

① Robison 1822, 2: 113n.
② Robison 1822, 2: 95.
③ Ibid., p.95.

了汽缸中蒸汽潜热和显热含量的变化，从而了解了蒸汽的弹性。它的主要目的不是计蒸汽机产生的功率。

描述指示器之后，在文章的另一处，罗宾逊用 35 页描述了瓦特膨胀做功的原理，说明了如何计算平均值，或者如罗宾逊所说的"累积"压强。通过假设蒸汽遵循波义耳定律膨胀，罗宾逊得到了压强-体积曲线模型的解析表达函数。然后，罗宾逊通过获得曲线下的面积计算了累积压强。[①] 瓦特在一个脚注中指出罗宾逊压强-体积函数背后的假设没有得到经验的证实。[②] 在任何时候，瓦特和罗宾逊都没有提到可以从指示器获得压强-体积关系的经验值。

在罗宾逊文章的附录中，瓦特叙述了罗宾逊没有列入文中的几项重要发展。其中，有对指示器更详细的描述：

> 气压计只适用于确定冷凝器里的真空度，其中的变化很小，水银振动使得很难（即使不是不能实行的）确定汽缸在发动机冲程不同阶段的真空状态；因此，有必要设计一台仪器，该仪器应该不受振动的影响，并且应该几乎能显示所有周期内汽缸的真空度。被称为指示器的下述仪器被发现能够完美地解决这个问题。[③]

瓦特在这里没有提到指示器示意图的面积，他也没有说任何关于使用仪器来计算蒸汽机产生的功。指示器对瓦特而言很重要，因为它告诉他"所有周期内"汽缸中的"真空度"是多少。

瓦特将指示器的输出描述为"汽缸中的真空度"，而不是活塞上的压强，这也许很重要。重要的不是由蒸汽对活塞施加压强。情况恰恰相反。重要的是，活塞的位置使蒸汽维持在所处的这个真空度。这一真空度影响了蒸汽中潜热和显热的相对含量，从而影响了蒸汽产生动力的能力。瓦特开发指示器是受到信念的激发，他相信蒸汽所处的压强影响了

---

① Robison 1822, pp.127-130.
② Ibid., p.130n.
③ Ibid., p.156.

蒸汽的组成：潜热、显热和水。此外，由于某种原因，蒸汽产生动力的能力是潜热和显热相对数量的函数，尽管瓦特不知道是什么原因。指示器提供了关于蒸汽做功条件的重要信息。

七、热力学的新科学

在 1824 年的论文《关于火的动力以及适合发展这种动力的机器的反思》（"Réflexions sur la puissance motrice du feu et sur les machines propres à dé-velopper cette puissance"）中，萨迪·卡诺展示了如何将三种重要关系结合起来，对从热量中获得功的可能性得出有利分析。[1] 其中两个与气体的压强和体积是如何与其热学性能相联系有关。首先，当气体温度恒定时（等温压缩、等温膨胀），存在压强-体积关系。其次，当气体热含量恒定时（绝热压缩、绝热膨胀），存在压强-体积关系。最后，压强-体积的改变和做功或者动力之间存在关系。通过将这些关系在压强-体积改变的共同点处结合，卡诺可以展示热流是如何产生的。

卡诺的天分从根本上讲是理论方面的。他设法将热机的所有无关特征抽象化，只将对于理解从热量的流动中提取功至关重要的特征结合起来。因此，卡诺的工作依赖于某些理论假定。首先，特别重要的是，他关于热量本质（热质）理论的假设，从中他得出结论：能够做功的是热量的流动而非热量的消耗。其次，他关于气体中绝热和等温关系本质的假设。虽然将波义耳定律用于等温膨胀和等温压缩没什么问题，但是在1824 年，绝热膨胀和绝热压缩是一个相当混乱的问题。

指示器可以从经验上显示卡诺理论的实质。一方面，它根据压强-体积的改变显示了输出功。另一方面，它显示了等温和绝热的压缩曲线（假设发动机的汽缸满足这些条件）。不幸的是，卡诺不知道指示器，但是他的同胞埃米尔·克拉珀龙知道。[2] 卡诺论文完成十年后，克拉珀龙可以用理想热机和指示器产生的图表，从理论层面和经验层面解释卡诺

---

① Mendoza 1960, pp.1-69.

② Cardwell 1971, p.220.

的热机理论。[①]

　　克拉珀龙可以用指示器示意图的经验特性来规避一些有疑问的假设，这些假设是关于绝热压缩和绝热膨胀确切性质的。克拉珀龙提出了一个理想化的示意图，它将由附加在理想热机上的指示器产生（图 8.2）。

　　克拉珀龙根据波义耳定律确定了示意图中 *CE*、*FK* 曲线的形状。但是，绝热变化还没有一条被广泛接受的定律。克拉珀龙写道："**根据一个未知的定律**，它的压强下降得更快，可以用几何学上的 *EF* 曲线表示。"[②]由于绝热压缩和绝热膨胀的行为根据的是一条未知的定律，问题就出现了，克拉珀龙从哪里获得了这条曲线的形状？答案是他是从指示器产生的经验示意图中获得的，没有归因（图 8.4）。

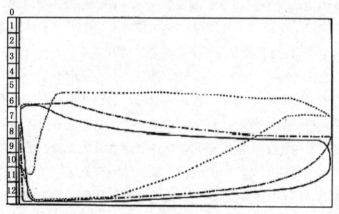

图 8.4　指示器示意图曲线（约 1803 年）[③]

资料来源：剑桥大学出版社授权重印

　　最好从左上角开始，在连线中理解绝热曲线。蒸汽被允许进入，曲线基本上是水平的。然后阀门被关闭，蒸汽继续膨胀，但是压强下降。这里，我们得到近似绝热膨胀。尽管几乎肯定不是来自这个特定指示器的示意图，但正是从这样的经验数据中，克拉珀龙可以猜测绝热膨胀的

①　Mendoza 1960, pp.73-105.

②　Mendoza 1960, p.76. 粗体为补充强调。

③　来自 Hills 1989, p.93。

未知规律曲线。

卡诺发现了瓦特所探寻的热和功之间的关系。瓦特对指示器的兴趣，有两点在根本上非常重要。指示器确实测量了蒸汽机的输出功，但是（对于有恰当准备的头脑而言），它也显示了热量流动是如何产生功的。瓦特从未找到一个令人满意的理论来理解热是如何产生功的。但是瓦特确实具有洞察力，知道这个秘密隐藏在指示器的行为中。卡诺发现的"罗塞塔石碑"（Rosetta stone）*可以让克拉珀龙理解指示器的双重含义。

卡诺和克拉珀龙的分析都犯了一个错误，就是假设有实质的热质理论（caloric theory of heat）。在克拉珀龙的论文之后又用了 16 年，才纠正这个错误的概念，即热作为一种物质，是守恒的。从正确的观点看，热是作为一种能量守恒的。但是，示意图的重要性保留下来了，它最初是由指示器在经验层面产生的，随后被用于对热和功之间的关系进行理论解释。鲁道夫·克劳修斯（Rudolf Clausius）使用这些示意图来帮助陈述热力学第二定律。[①] 事实上，指示器最初经验和随后理论的示意图仍然是介绍热力学基本定律最常用的方式。原因在于，首先，示意图是在一个同步的图表中把热力学的基本概念（功和热）结合起来显示；其次，示意图代表了在指示器与蒸汽机的行为中可以观察到的一个经验现象。因此，热力学的基本概念关系可以同时从经验层面和理论层面上被论证。

随后，一种不可信的理论促使瓦特设法测量汽缸内的压强。在现代意义上，没有必要的概念框架来理解指示器产生的数字含义。尽管围绕指示器的早期开发和使用存在理论上的混乱，但是正如写给《科学季刊》的那封信和本章的题记所证明的那样，它清楚地提供了重要的、有用的信息。

经验的稳定性使仪器能够为热力学新科学的基本推断提供背景。在现代术语中，仪器是可靠的，它提供了一致的、有效的测量，因为它们

---

* 罗塞塔石碑高 1.14 米，宽 0.73 米，制作于公元前 196 年，刻有古埃及国王托勒密五世登基的诏书。石碑上用希腊文字、古埃及文字和当时的通俗体文字刻了同样的内容，这使得近代的考古学家得以有机会对照各语言版本的内容后，解读出已经失传千余年的埃及象形文字的意义与结构，而成为今日古埃及历史研究的重要里程碑。——译者注

① Mendoza 1960, p.118.

确实对应于施加在给定距离内力的大小，或者功。瓦特称之为"任务"。"因为和从发动机中获取的动力有关，功"或者"任务"占据了概念上的一个重要位置。克拉珀龙通过考虑等温和绝热的压强-体积曲线，说明了如何利用指示器示意图的图解空间来理解热量关系。因此，指示器显示的经验规律性可以与热和功的基本理论概念相结合。

八、器物知识、理论进展

指示器是由瓦特及其同事研发的，目的是了解如何从蒸汽机所使用的蒸汽中获取最大的动力。发明指示器示意图的一个动机是瓦特的信念，他认为蒸汽所处的压强会影响它的潜热含量，从而影响了它产生动力的能力。瓦特用指示器来确定蒸汽做功的条件。发明指示器示意图的另一个动机是瓦特想确定发动机效率的需求。瓦特这样做，帮助确立了"任务"或者"功"这一概念的重要性。尽管围绕指示器的研发和早期使用存在理论上的混乱，但是它有助于促进物质和理论的进展。

指示器以一种特别清楚的方式显示出，气体在压缩和膨胀、加热、冷却、做功和吸收功时的相关特性。它包容了这种气体行为的知识。正如在本书第四章中讨论的案例一样，两种器物知识被综合地融入指示器里。首先，它呈现了一种现象，即蒸汽机汽缸在循环过程中压强和体积的性能。指示器的制造商能否设计出这种装置并使其正常、可靠地运转，取决于他们如何将蒸汽机的操作性知识包容到仪器中。与此同时，指示器呈现了信息。最初，这种信息被理解为"蒸汽经济"。人们根据所使用的蒸汽和从蒸汽中获得的平均压强来理解从指示器性能中获得的压强和体积的数值。在时间的进程中，随着我们对功、力等概念的理论理解的改变，指示器提供的信息也产生变化。它变成蒸汽机做功的一种量具。指示器产生示意图的图形空间包容了模型知识。对于瓦特而言，它包容了蒸汽经济的模型知识。对于克拉珀龙及其继承者而言，它包容了功的模型知识。

至关重要的是，指示器对现象的展示，与理解这一现象的理论无关。这使得指示器的诞生可以不计理论的作用，反而促进了相关物质和理论发展。尽管缺乏一个理论来正确理解仪器作为经验基础时提供的信号，科学在理论层面上的进步也可能是以经验为基础的。仪器呈现一个现象；即使没有办法，或者没有确定的办法，现象仍然确保了信号的可靠性和有效性，再用文字来描述仪器正在做什么。仪器正在做的事情、呈现的操作性知识，足以让它通向更好的物质产物（在当下就是更好的蒸汽机）和更好的理论（在当下就是热力学）。这就是为什么研发新仪器是技术和科学进步的重要目标。理论经常流变，但是仪器创造的新现象作为操作性知识是持续存在的。实验现象可以引出更好的仪器，即更好的器物知识，有时这样一个持久的现象也能够促进科学理论的进步。

从这段历史中我们还可以获得最后一点。指示器的例子中特别引人注目的一点是，它说明了知识（在这个例子中是器物知识）是如何从工业流向基础科学的。[1] 这是我所提倡的物质认识论的一个关键的史学经验。知识以文字和物质的形式，在工业（广义上讲是技术）和科学之间双向迁移。如果我们想要研究内史（internal history），即认识论因素的历史，这些因素在我们对世界的认识如何发展和改变中发挥着作用，那么我们就需要欣然接受器物知识。我们需要欣然接受工业在知识发展中的认识论作用，包括器物知识和理论知识。

当然，这引发了进一步的问题：一个人是否想研究内史，是否接受内史和外史（external history）之间的区别。作为先验问题，对两个问题我都没有明确表态。因为内史是理解知识的核心，是知识学家的主要责任，所以我对内史很感兴趣。此外，我相信这里可以划分出两者的区别，不过确切怎么做是一个微妙的问题。[2] 撰写内史的一个障碍是哲学家和历史学家对实验方法研究的（急需）兴起，这个障碍是因为实验"有自己生命"[3]，并没有对理论**知识**做出直接贡献。我的唯物主义认识论的目标之一是展示对实验、器物的关注是不会影响内史研究的。指示器的故事说明内史需要欣然接受器物知识，利用本书中阐述的物质认识论，这是可以做到的。

---

① 布雷恩、怀斯在 1999 年遵循指示器示意图的影响，促进了亥姆霍兹关于肌肉收缩的研究。
② D. Baird 1999.
③ Hacking 1983a, p.150.

第九章
凭借科学仪器得到的客观性

　　所谓的客观的东西是指那种无偏见的结果，这种结果是通过非人力的器物为媒介直接展现在人类的观察活动之中，并遵循知识的原则。这种结果所展示的客观性才是可以信赖的。

——H. H.《就蒸汽机的检测数据给编辑的信》

H. H., "Letter to the Editor: Account of a Steam-Engine Indicator"

一、机器评分及其客观性问题

　　教育评估服务机构（Educational Testing Service，简称 ETS*）开发并管理的"学术能力测试"是美国的高等教育自认为值得信赖的择优录用系统设计。教育评估服务机构声称，它们所使用的这套"学术能力测试"

---

* ETS 是一家于 1947 年由其他三个非营利性教育组织——美国教育委员会（American Council on Education，简称 ACE）、卡内基教学进步基金会（The Carnegie Foundation for the Advancement of Teaching）和大学入学考试局（The College Entrance Examination Board）共同在美国注册的 501（c）(3) 非营利组织。ETS 的最初目标是为上述三个创建组织举办考试，并进行提升教育测评水平的相关研究。其中，ACE 给这个新组织转让了合作考试服务以及国家教师考试（National Teachers Examination）；卡内基基金会转让 GRE；大学入学考试局则将 SAT 的运作权交给 ETS（但不包括所有权）。——译者注

作为"对学生能力的一种公正客观的考评"[1]是值得信赖的。这种基于机器评估可以担保客观性的诉求就根源于"学术能力测试"是依赖于机器评分的公正性。认为"学术能力测试"可以担保客观性诉求的支持理由也就来自这样一种信念：对学生个性能力的考试可以由机器精确地加以判定。而那种所谓的"具有主观性的人为判断"（subjective human judgment）似乎就没有什么必要了。

　　然而，这种客观性的主张并没有平息批评的声音。在《美国教育评估服务机构的霸权》（*The Reign of ETS*）一书的序言中，拉尔夫·纳德（Ralph Nader）就提到机器评分所导致的"客观性的瑕疵"（patina of objectivity）[2]，大卫·欧文（David Owen）对这种观点给予了严厉批评："当美国教育评估服务机构将这种机器评估看作是客观的时候，我们很少停下来想一想，机器评估所得到的客观性仅能应用于机器评分过程。这个评分过程与'学术能力测试'的客观性没有任何关系：这种机器评估毕竟是由具有主观性的人类来记录、编辑、挑选和解释的。"[3]欧文的这种批评是与班诺什·霍夫曼（Banesh Hoffmann）一脉相承的，欧文随意挑出了"学术能力测试"的几个实际问题，认为在可供选择的几个答案中挑选出一个答案，是一个误入歧途的推想。[4]机器评分既不能担保它的评分结果就是正确的答案，也不能担保在多个选项中只有一个正确的答案。

　　同时欧文还认为，学术能力测试并不是学术能力的客观性指标，他承认机器评分本身具有客观性："我们很少停下来想一想，机器评估所得到的客观性仅能应用于机器评分过程。"[5]美国教育评估服务机构及其批评者明显都同意这种说法，学生能力评估的机器评分至少在一定程度上是客观的。在本书第四章的题记中，拉尔夫·穆勒展现了这样一种有关机器分析的独特观念。他所运思的方法是这样的：当一个人摆弄一台并

---

[1]　参见 Crouse and Trusheim 1988, p.5。

[2]　Nairn 1980, p.xi.

[3]　Owen 1985, p.33.

[4]　Ibid., ch.3.

[5]　Ibid., p.33.

不熟悉的工具，一按按键就出答案，如必要还可以打印出来。对于穆勒而言，通过仪器来工作的方法就是客观性的方法。化学分析的仪器装置，就像利用机器进行学术能力评估一样，表达了"非人力的器物"的活动，这种活动"是可以信赖的"。

同时穆勒还详细解释了他所说的来自仪器的客观性的"按键"对于分析化学家的意义。亨利·昌西（Henry Chauncey）也详细解释了这种客观性对心理测量员的意义。按照美国教育评估服务机构首任主席昌西的观点，当时致力于智能测试的开发及其广泛使用，重要的就是作为学生能力的测试，其目的就是为学校、就业、参军等提供录用筛选标准。在20世纪40年代末，昌西与哈佛大学的心理学家亨利·穆雷（Henry Murray）共同开发了一种测试，这种测试对人的个性而言比"学术能力测试"更为全面。在1950年1月，昌西放弃了这种合作成果，在教育评估服务机构创作了他的第二种方案：

> 我个人坚信，穆雷所使用的人工的因而是主观的测试方法可能并不能造成对受试者个性特征的有效测度……较之获得每个人的绝对完全的理解，我本人更在意识别和测度受试者的那些可能影响未来成功的现实基础的某些重要品行。[①]

昌西需要具有客观性的测试方法，他把这种方法理解为某种可由机器来评分的多项选择的测试，以便形成对人类个性的某个侧面。为此他宁愿放弃对个人评价的"绝对完全的理解"，这是由于这种不太精确的结果对于"影响未来成功的现实基础"是有用的。昌西需要穆雷的按键式的客观性。

客观性是一种一般地具有肯定性内涵的观念，而那些具有精确性特征的事物往往都是清晰可证的。按照第三版的《美国传统词典大学版》（*American Heritage College Dictionary*），形容词"客观的"意指"实际存在

---

① 引自 Lemann 1999, p.89。

的事物或实在性的"，"客观的观察"是指"以可观察到现象为基础的观察"以及"不受情感或个人偏见影响的观察"。如常识所言，客观性近乎真理，或者是接近真理的正确路径。在本章中出现的客观性，表达的是一种更为复杂的客观性观念，这种客观性观念具有一种不同职能的历史，但这种客观性观念的职能被各种语意以及与其他相关观念的组合完全遮蔽起来。

　　来自仪器的客观性与器物知识有着紧密的关系，当某种知识负载于仪器之中时，仪器的活动就可提供并不受人类判断直接影响的测度。如果我们把人类判断看作是主观的，且易于犯"人性的错误"甚或偏见，那么我们就拥有支持仪器客观性具有重要性的道义力量和认识论依据。对于产生有关未知的化学要素还是待查的人类智能的信息而论，穆勒和昌西利用仪器的测度并不是简单的成本-效益问题，也不仅仅是这种方法是否便捷的问题。在他们看来，仪器的测度是公正的和精确的。昌西之所以坚持机器评分，要从器物知识的语境中看，同时还要参照这种测试的客观性所需要的认识论根据和道德诉求。这一章在客观性问题上有所改变的论证就在于认同仪器是承载知识的。

　　对客观性论证的改变是一种基础文化的改变。在工业化社会中，来自仪器的客观性几乎随处可见。随便举两个例子：1990 年，当乔治·H. W. 布什（George H. W. Bush）总统签署一项法令，要求美国的所有包装食物都要贴上现在所见的标签。[1] 在这些标签中我们马上就知道每个标准化的包装都会显示脂肪的含量，哪些食物含有饱和脂肪酸，哪些食物含有不饱和脂肪酸，哪些食物既含有饱和脂肪酸也含有不饱和脂肪酸。食物包装上的标签所提供的这些信息向我们提供了食物的化学分析数据，帮助人们快速决定吃啥还是不吃啥："含七克脂肪的麦片？不能吃，我只吃含三克脂肪的麦片。"这就好像每包食物上都带有一台仪器，它"告诉我们所需的答案，而且这种答案就印在包装纸上"，这也就是穆勒所说的机器按键式客观性。

---

① 我所举出的这个例子应归功于尼·布尚（Nalini Bhushan）和斯图亚特·罗森菲尔德（Stuart Rosenfeld）对这个案例的研究。

再举一个例子：胎儿心脏监听器 ①。不久前，在接生过程中胎儿活动由一种所谓的胎儿听诊器来监听，这种胎儿听诊器类似简单听诊器，这种"低技术"设施要求护士、接生婆或医生都能操控其物理显示。这种听诊器要求精力集中、一定技术和安静的环境。② 现在，在许多场合下，胎儿的活动都是由电子的胎儿心脏监听器跟踪的。这种电子的胎儿心脏监听器利用超声波技术来收集胎儿心脏功能的数据，这些数据能够被转换成各种输出，包括"人造的"心跳动静，CRT 这一缩写就是指心脏功能及其打印出来的数据。这种设施的目的就是为了通过解读收集胎儿心脏反常来给出某种警示。一旦这台设备被适当安装在孕妇身上，就无须其他人操控这台机器来观察孕妇及其胎儿。超声显像仪就能显示胎儿在子宫中的图像。我曾经说过，这些图像是"绝对无差池的"（the gold standard），这一术语意味着超声图像可以非常恰当地表达这样一种观念，超声波提供了胎儿状态的最佳数据，超声波是非常值得的（参见本书第十章有关核磁共振成像的仪器装置）。

二、工具客观性的典范

超声波仪器、食物包装上的标签、昌西的学术能力测试以及穆勒的工具性的理解，都确信机器具有客观性的信念。正是这种外在的设计，科学仪器得以收集和处理信息，并以某种方式显现出来，这些都有助于我们便捷地做出判断。借助超声仪器，胎儿心脏跳动的声音得以客观地加以解释，胎儿心脏的监控器不再因其技术、时间或足够的空间而被误读。凭借食物包装上的标签我们能够，且大多数人都能够判断我们所食用的来自数十种甚至更多品种的食物的质量。我将此称为"来自工具的客观性"（instrumental objectivity），对于正在兴起的仪器客观性的重要性而论，我认为对这种器物知识的有意无意的采纳，亦即工具性的革命，成为值得关注的话题。

超声波仪器和食物包装上的标签不仅体现着某种客观性，而且还体

---

① Hutson and Petrie 1986; Tallon 1994; Benfield 1995.
② Benfield 1995, p.6.

现着精确性。超声波的影像提供了有关胎儿发育的有价值的信息，但还没有证据证明超声波心脏监控器能够产生对胎儿心脏状况更精确的解释，而且这种胎儿心脏监控器也会出现各种源自系统的错误。[①] 而且，从统计学的角度看，根据公认的阿普加评分标准（APGAR）*，使用胎儿心脏监测器助产的胎儿和那些使用胎儿镜助产的胎儿之间并没有重大差别。[②] 有关食物构成的某些主要信息显然是有用的，而且健康的饮食不可能归结为食物标签上的度数。有关哪种食物可以被称为"有机"的争论总是存在的，人类总是期望还有其他健康饮食的判据。同时，大多数人依然还会使用食物标签上的数字或者以是否"有机"来选择健康的食物。

　　这些有关机器测度具有客观性的例子远不止这些，还有水中的杀虫剂及其他毒素的检测，或者我们用以评估教学质量的数据。这种测度的关键点在于，我们拥有了一种理想的客观性分析的模式，这种模式不仅可以用于分析合金钢的组分，还可以用于评估学生的学术能力、胎儿心跳状态、食物质量等。我们似乎有理由采信使用仪器可以获得分析对象的真实情况，某种非常简单的操作，在理想状态下，按下按键就能获得所需的"读数"。当然，并非每个仪器都这么容易，但这确实引领着我们开发并评估分析方法的方向。

　　有许多要件编织了仪器检测具有客观性的神话，我认为其中两个最重要的要件是机器检测可以将人为判断和客观的成本-收益率最小化，通过仪器获得客观性的方法简单易行，可以尽量缩减判断的人为因素，其检测结果也便于理解，这进一步缩减了判断的人为因素。这种由仪器获得客观性的简单性一般是与成本相关联的，仪器开发的造价是高昂的。

---

① Tallon 1994, p.187; Benfield 1995, p.9.

* 这个测试叫阿普加评分（Apgar scores），是 1953 年一位叫阿普加的美国麻醉科医生提出的一种简易快速地评价新生宝宝情况的指标，现在全球广泛使用。
  评分包括五项指标：肤色（Appearance）、脉搏（Pulse）、对刺激的反应（Grimace）、肌张力（Activity）、呼吸（Respiration）。每项指标评分为 0—2 分，5 项指标的评分相加为总分，满分 10 分。分别于出生后 1 分钟、5 分钟、10 分钟进行评分。8—10 分为正常，低于 7 分则意味着孩子需要精心监护。——译者注

② Benfield 1995, p.11.

但这种高昂代价可以被这种仪器在给定时间内的重复多次分析所抵消。这种重复利用能够减低每次分析的费用，而同时促使实验室将仪器分析用于少量的商业目的。这种仪器分析不受人为思想波动的影响，且具有人类不可比拟的注意力。重要的是，这两种核心能力是交织在一起的，相比之下人为判断更加昂贵：仪器分析无须受严格培训的人就可以操作，源自仪器的客观性分析方法降低了使用者的分析成本。

一言以蔽之，我以为采信仪器认知的自我意识有助于提升客观性分析的可能性和应然性。这种理想，当然需要不同的理解和不同语境下的达成，已经深深地印入当今世界的人类思想及其实践之中。相信仪器可以产生客观性知识的两个要件就是因为它可以降低分析成本和判断的人为性。

在这"可分析的世界"(texture of world)中，通过仪器感知(feel)世界是一场深刻的变革。[①]这种变革非常不同于电子监控器的诞生，也非常不同于对学生的教和学的评估——一种用消费者满意度的测度仪来评估教学效果。这种变革还不同于通过"读数"了解钢材，通过分析仪器分析钢材的组分。按下仪器按键就能获得客观性已经改变了我们的世界。在本书第五章中，我借用哈金的"大革命"一词来刻画20世纪中期的仪器可以带来客观性的革命、器物知识时代的来临。哈金声称，仪器产生客观性的剧变是与我们如何感知世界的方式联系在一起的。在本章中，我论证了器物知识已经改变了我们对世界的感知。

三、分析的客观性

就核心而言，客观性应该是从意识形态上保证真理和自由。在这个最基本的分析层面上，客观性已经涉及结果和获得结果的方法。因此，我们可以谈及客观的**结果**，因为它是准确的，和（或）以我们认为不受人类偏见影响的方式表述的；或者，我们可以谈及客观的**方法**，因为它是专门为避免人们在应用中产生偏见而设计的。这是一个普遍的问题。

---

① On "texture" and "feel", see Hacking 1983b; Hacking 1987, p.51.

在评价一种方法时，我们会遇到方法是有用的情况，因为它通常会产生准确的结果，很少有不准确的结果。所以，我们可以拥有客观的方法，虽然偶尔会产生一些不客观的结果。客观性的概念马上就容易受到这种表面矛盾的影响。

然后，概念分析者需要区分：在……意义上结果是客观的；在……意义上方法是客观的；等等。《学术年鉴》一套两卷的特刊收录了来自各个学科作者的十四篇文章，阐明了客观性的各种概念。阿伦·麦格尔（Allan Megill）在引言中分析了客观性的四个基本意义：绝对的、学科的、辩证的和程序的（1991 年）。仪器的客观性很难纳入麦格尔的分类中，虽然它最接近于程序的客观性。麦格尔写道："然而，程序客观性的支配性隐喻并不像绝对客观性那样是视觉性的：它没有为我们提供'视角'。它也不像辩证客观性那样强调行动。相反，它的支配性隐喻是触觉性的，消极意思是'请勿动手'。它的座右铭很可能是'人类之手无法触及'。"[1] 麦格尔引用了西奥多·波特（Theodore Porter）著作中关于统计和公共管理服务客观性的研究。[2] 如下文所示，统计与仪器客观性之间存在密切的关系。

这个关键的认识论概念是有历史的，在这里我将记录一小部分。我最密切关注的是史蒂夫·夏平、西蒙·谢弗[3]和洛林·达斯顿[4]的著作，特别是达斯顿（Daston）和彼得·加里森合作的著作[5]。这些作者记录了人类判断客观性（至少是一种客观性）逐渐消失的过程。夏平和谢弗展示了罗伯特·波义耳是如何努力争取"让气泵说话"的；气泵的声音比人类的声音更受欢迎，并伴随着各种有争议的形而上学的兴趣。达斯顿和加里森记录了整个 19 世纪中，在科学影像的制作过程中，人类的判断力逐渐消失；机械制造的影像比那些借助人类判断和人工技巧制造的影

---

[1]　Megill 1991, p.310.

[2]　Gigerenzer et al. 1989, ch.7; Porter 1992; 也可参见 Porter 1995。

[3]　Shapin and Schaffer 1985.

[4]　Daston 1988, 1991, 1992.

[5]　Daston and Galison 1992.

像更为客观。

沿着相同的轨迹，我记录了进一步的发展。20 世纪中叶，客观方法是用仪器方法来鉴定的，其分析范例就是将一个未知样本插入设备，按下按键，让设备显示你想知道的内容。此前，人类必须做出各种各样的"主观"判断，如反应已经完成了吗？这个胎儿心跳听起来怎么样？我们应该如何描述这个学生的智力？

概念分析提供了毫不含糊、毫不矛盾的清晰描述。但是当人们谈及实践时，很少会如此谨慎。因此，一个概念的使用方式可能非常不一致，或者合并了看似不同的概念。例如，分析化学家从各种机构环境中，带着与之相称的各种关注投入研究。所以，分析化学和工业息息相关，它让我们深入了解了仪器客观性的概念**在实践中**是如何与经常被区别分析的价值联系在一起的，可能就不会令人感到惊讶了。这些价值被包括在"去技能化""不再需要专业知识""标准化""黑箱化"和"成本—效益"等标题下的讨论中。仪器客观性不仅仅是准确性和真实性的问题。如上所述，在最基本的层面上，降低人类判断（准确性的一个组成部分）作用的降低不可避免地与降低分析的劳动成本相联系，而降低成本是通过分析师"不再需要专业知识"和实施分析的仪器的"黑箱化"实现的。

人们可能会争辩说，在 20 世纪四五十年代开发的仪器确实更节省成本、所需的操作技能更少，并且促进了数据收集和表征的标准化，但这并不意味着这一时期开发的仪器所提供的检测更客观，成本低、易于操作和数据的客观性不是一回事。因此，检测结果的客观性与仪器的成本低、易于操作等并没有必然联系。

然而，关于这种客观性不断变化的概念和实践的观点忽略了一个核心的历史观。我关心的是对客观性概念的理解是如何随着器物知识的出现而改变的。这些新的仪器设备提供了"黄金标准"。哪些设备可以做到这一点？是那些消除了人类标准、不再需要专业知识的仪器；是那些增加了"分析产出"的仪器；是那些将费用负担从人转移到硬件的仪器；是那些将数据标准化的仪器。所有这些价值（毫无疑问还有其他价值）都必须结合起来，才能使仪器成为"黄金标准"的候选。客观的仪器装置必须容纳所有这些价值，因为它是在标准化和系统互连非常重要的时刻产生的仪器装置。总之，正是我们在历史中的地位使得客观性和其他价值被混为一谈了。我们可以从概念上区分它们，但是这样做会妨碍我们理解仪器客观性的概念和实践。

我发现许多器物知识的出现带来了变化，包括成本效益。这些变化都是巨大的成就，对所有人都有好处。我所担心的一个重要问题是：随着客观性的机械化，与之相关的是将人类判断贬低为"纯粹主观"。毫无疑问，很多人类判断是主观的，非常有价值、非常重要。但是还有很多人类判断是客观的，或者应该被理解为客观的，因此而被贬低就会有巨大损失。

四、"分析中的现代客观性"

或许，在 1948 年 3 月之后出版的《分析化学》沃尔特·墨菲编辑的专栏中可以找到对仪器客观性最好的表述。在专栏中，在题为《分析中的现代客观性》（"Modern Objectivity in Analysis"）一文中，墨菲介绍并评论了 H. V. 邱吉尔在第三届分析化学学部年度分析研讨会上的晚宴演讲。

邱吉尔关注的是提交给仪器分析的采样材料的比例。当时，用于生产铝合金的重熔炉容量为 3.5 万磅需从中采集 60 克的样品。当这样的样品被提交摄谱仪分析时，大约要消耗 1 毫克的材料。在产生的电磁辐射总量中，大约有三十亿分之一进入了摄谱仪。因此，邱吉尔用担忧的口气总结道：生产样本数据的材料和熔体中材料数量的比例大约是 $1：45 \times 1\,000^5$。

墨菲接着描述邱吉尔关心的问题，如下：

在评论仪器分析时，邱吉尔先生提醒听众，大多数现代的客观方法和仪器都是用来更快地或者更大容量地完成某些任务，而用经典的或者传统的方法则会完成得慢一些或者少一些。为了说明这一点，他回顾了公司里一家工厂的具体实例，铝合金的分析由使用传统或经典方法发展到了用光谱化学的方法即摄影光谱学完成工作的阶段，最后是由直读式摄谱仪完成的。演讲者报告说，工人在这三个发展阶段的相对生产力的比例是4∶20∶60。从主观方法到更为客观方法改变的过程中，伴随着精度和准度的提高，生产力和速度提高了15倍。

"这有什么奇怪的？"邱吉尔说，"我们有些老化学家在学习称重0.1毫克，或者微量化学家在称重微克时，都曾经历过一些小困难，他们会对那些现代分析化学家的轻率鲁莽感到震惊，现代分析化学家已经如此深入到无穷小了？难怪我们必须用复杂的统计分析公式来支持我们的信念，难怪我们对概率定律抱有几乎盲目崇拜的信念。"[①]

从这篇评论中可以提取很多内容。首先，很明显，邱吉尔和墨菲把"现代的"客观方法和仪器方法等同起来了。旧的湿化学方法则是主观方法。

我们还了解到，无论如何在这种情况下，这些仪器的客观方法已经使"伴随着精度和准度的提高，生产力和速度提高了15倍"。很明显，客观方法和经济目标相联系；包括生产效率和准确性的结合。邱吉尔担心现代的客观方法可能会为生产效率而牺牲掉准确性。事实上，邱吉尔会担心客观性的仪器概念可能牺牲掉准确性，这说明准确性对客观性概念不是必要的。这是值得注意的，因为将准确性和客观性区分开的想法，违背了准确性和客观性的直观关系。这些变化使仪器客观性与生产效率更密切地联系起来，而使仪器客观性与准确性的关系更松散。虽然邱吉尔勉强承认了仪器方法改变的必然性，但他显然还是留恋更古老的方法，或者是更古老的客观性概念，这种概念保持了与准确性更密切的关系。

还有一点值得指出的是，这些新仪器的客观方法依赖于"统计分析……和对概率定律几乎盲目的一种信仰"。实际上，南卡罗来纳州立大学的一位分析化学家主要就是致力于通过更好地利用统计学来改进分析

---

① Murphy 1948a, p.187.

方法，目前这是分析化学的一个增长领域。①这本身就很有趣，当我们反思统计学发展对客观性概念施加影响的方式时，更是如此。②物理化学方法即仪器方法和统计分析结合的特征之一是需要标准化。19 世纪，标准化是随着统计方法的兴起而发展起来的。在技术研究中有另一个突出的价值，将其自身纳入仪器客观性的现代概念中。

五、证人拉尔夫·穆勒

正如本书第五章指出的，拉尔夫·穆勒在 1946 年开始为《分析化学》杂志撰写关于仪器装置的常规专栏。穆勒的专栏详细论述客观性是如何与器物知识联系起来的。首先，我们在其中发现了现代客观仪器方法的明确清晰的定义。其次，它们清楚地表明这些发展是如何与工业需求联系在一起的。最后，由于这种联系，我们可以看到黑箱化、标准化和成本—效益等技术价值是如何与仪器客观性这一新兴概念联系在一起的。穆勒很好地见证了这种客观性概念的转变以及造成这种转变的矛盾。

穆勒把客观方法理解为仪器方法。在讨论使用光电倍增管缓解眼部疲劳时，穆勒写道："因此，无论在光学进程的机械化中获得了多少收益，例如客观性和更高的精度，消除疲劳都不在其中。"③根据墨菲的实践，"在……客观性上的收益"指的是使用人类外部的设备来完成之前人做的事情。

在同一个专栏里，穆勒提出了关于仪器方法的"3R"更普遍的观点：输入、输出和算术即指示、记录和计算（见本书第五章第六节）。虽然穆勒的"3R"模式提供了思考仪器装置的一种令人难忘的方式，却忽略了仪器装置的一个重要特征：使用自动控制装置提供反馈和控制，以便更好地采集数据和控制材料。穆勒为自动控制装置留出了和"3R"专栏同样的篇幅。④这种情况下，仪器装置将直接干预它自身的校准（例

① Deming and Morgan 1987.

② Porter 1986, 1992, 1995; Swijtink 1987.

③ Müller 1946c, p.29A.

④ Ibid.

如，见本书第七章第九节），最终会干预对制造测量仪器装置材料的控制。穆勒的按键客观性要求仪器要替代"操作者判断"。仪器必须能够校准自身、解释数据（计算）[1]，应该在最大限度的可能性上消除人为干预。

尽管有充分的理由研发一体化和自动化的仪器装置，穆勒还是遇到了阻力。因为这样做不是"真正的"科学，充其量只是应用物理学：

> 最近，美国一位杰出的化学家指责我们过于强调（在直接读数器和提供需要进一步分析的数据的仪器之间的）这些区别。"这些都是应用物理化学的问题，"他耐心地解释道，"因此并不是特别新颖。"我们迟钝到认为物理化学技术的和仪器分析的关系，就像碳氢化合物剧烈氧化和现代汽车的关系一样。[2]

穆勒的仪器客观性存在于仪器本身之中，而不存在于应用物理化学的原理中。穆勒这里遇到的阻力和经典观念有关，即科学知识是用命题而非器物表达的。穆勒不同意这一观念。

> 对仪器不那么赞同的评论家会坚持认为仪器装置本身并不重要，重要的是仪器提供的信息和对结果正确的科学解释和应用。某种程度上这是正确的，但与仪器装置无关。它仅仅应用了物理和物理化学的已知原理，却很少或根本没有习得关于仪器装置的知识。[3]

如果唯一重要的是数据，那么除了在仪器产生数据的"仪器意义"上，仪器装置本身可能就不是一个有趣的话题。然而，从原理和事实的角度理解的知识与作为人工器物（穆勒的仪器装置）理解的知识，这两者之间是有区别的。穆勒主张追求更好的仪器装置作为科学本身的终极目标，不仅仅是基于实用的目的，而且是基于认识本身的目的。这是理

---

[1] Müller 1947a, p.23A.

[2] Ibid.

[3] Ibid., p.26A.

解器物知识这一论题的一种方式。

器物知识允许从循环即自动分析中取代人类的参与。1988 年一篇关于这个主题的文章以"部分或者完全取代人类在实验过程中的参与是一种日益增长的趋势，始于 20 世纪 60 年代，并在其后的十年间得到了加强"开篇。[1] 穆勒预料到这一点。他在 1946 年 5 月的专栏里专门讨论了自动分析：

> 我们在分析或者控制实验室时发现了许多因为生产的变化而产生明显"瓶颈"的例子。在很多情况下，自动控制和调节装置的使用使产量提高到普通的分析或者检验设备无法胜任的程度了……在这些情况下，自动分析成为强制性的……进一步的优势最终会出现在这一步，因为"自动分析器"还可以控制过程本身。[2]

穆勒继续讨论自动分析的过程："最后，每一步都必须包括**客观的**测量。"正如他所说的："首要考虑的是速度、**足够的**精度以及和操作者判断的对等物。"[3] 客观的仪器装置作为自动分析和控制系统的一部分，必须在成本—效益（就初始成本、生产投入和操作者费用而言）与准确性之间进行权衡。关键是要有足够的精度，而不是可获得的最大精度。

穆勒虽然认识到并且欣然同意了许多仪器装置发展背后经济问题的重要性，但是他认为这些价值需要得到平衡。他试图将科学研究引入"无用的"仪器装置中。[4] 如果单单考虑工业，只有商业上马上切实可行的仪器会得到研发。其结果将是经济价值的优势地位。仪器的客观性将主要是盈利。可是大学没有仪器装置的研发部门，"仪器研究的主动性和智能性"被传递给了工业实验室。[5]

穆勒寻求学术和工业的结合。然而，受到了这两个价值体系之间的

---

[1] Valcárcel and luque de Castro 1988, p.1.
[2] Müller 1946e, p.23A.
[3] Ibid. 粗体为补充强调。
[4] Müller 1948, p.21A；也见于本书第五章第六节。
[5] Müller 1947a, p.26A.

紧张关系，包括认知交流的常规预期（见本书第十章）的抵制。根深蒂固的学术观念认为研究的真正目标是陈述和真理，这种观念很难和更多以器物为基础的干预目标以及现象控制相结合。如果考虑工业，仪器的客观性必须与工业价值相联系。埃里克·冯·希佩尔（Eric von Hippel）发现在 20 世纪 80 年代，78% 的仪器创新来源于仪器市场，而不是制造商本身或者大学，除非他们提供了市场。[①]

1959 年 11 月，《分析化学》发表了范·赞特·威廉姆斯（Van Zandt Williams）的一篇文章，他是一家主营分析仪器装置的珀金-埃尔默公司（Perkin-Elmer）的执行副总裁。威廉姆斯担心分析化学家和仪器制造商之间缺乏合作，他强调的是工业对更有效的分析方法的急迫需求："化学分析仪器装置的缺乏，特别是自动化的、直读浓度的化学分析仪器装置，很可能是目前化学工业发展的限制。"[②] 分析化学家和仪器制造商之间缺乏合作，阻碍了仪器的发展：

> 冲突之一是"广泛销售"这个词。制约仪器公司发展和盈利潜力的主要因素是仪器的研发和工程能力。根据我们自己的定义，我们的目标是每项仪器工程投入 1 美元，获得 5 美元的税前利润……一般来说，我们不能只为了一家公司的需求而生产仪器，这不是一项有利可图的生意，因为生产数量太少，无法承担开发费用。[③]

仪器制造商不知道分析化学家通过仪器装置获取什么，分析化学家也不知道仪器制造商通过利润获取什么。值得注意也很明显的是，仪器制造商必须从他们的仪器中获利。这就要求他们在可预见（"广泛销售"）的重要市场进行仪器研发。穆勒的"无用的"研究旨在通过仪器装置提高我们对世界的认识，这并不是有特定分析需求的仪器制造商或者工业分析人员的工作。

---

① Hippel 1988.

② V. Z. Williams 1959, p.25A.

③ Ibid., p.31A.

穆勒的社论给我们上了几堂关于仪器客观性的课。我们认识到如何在仪器层面理解客观性，最好的仪器客观性的方式就是自动化方式。工业中对更有效的分析方法有着强烈的经济需求。尽管穆勒提出了请求，但是拥有自己学术部门的仪器装置学科并没有在大学环境内发展起来。在商业环境中，发展新的分析仪器时，经济价值不可能和其他理想价值分开。简而言之，仪器客观性的出现是为了整合市场价值。

六、按键式光谱仪

在 1959 年贝尔德-原子公司（Baird-Atomic）[①] 的广告中可能可以找到对仪器装置和客观性之间转变的最好总结，广告用每种分析方法（湿化学法、集成电路法和直读式光谱仪法）的标志性摘要对它们进行了比较（图 9.1）。与任何有效的广告一样，要制造快速而清晰的视觉要点：湿化学分析的步骤比光谱分析的多，而光谱分析本身的步骤比使用直读式光谱仪的光谱分析多。此外，摄谱仪法所设计的步骤比湿化学分析更容易，最容易的是光谱仪法。

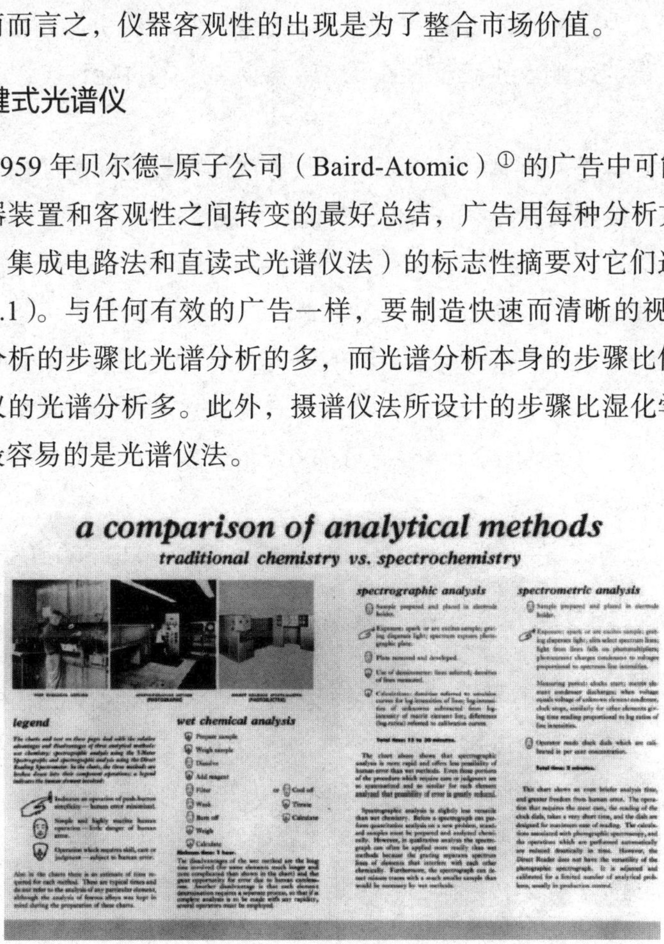

图 9.1　贝尔德联合公司直读式光谱仪广告内页（约 1954 年）

资料来源：美国热电-应用研究实验室股份有限公司授权重印

---

① 1954 年，贝尔德联合公司和原子仪器公司合并后，更名为贝尔德-原子公司，缩写还是 BA。更多关于 BA 公司开发摄谱仪的工作见本书第七章和第十章。

对图标背后图例的解读会揭示更多的内容。其中包括三个图标：一个手指在按按键、一张满意的面孔和一张高度专注的面孔。手指和按键告诉我们的是"指示操作按键简单，使人为误差最小化"；满意的面孔告诉我们的是"简单而又高度常规的人工操作，很少有人为误差的危险"；高度专注的面孔告诉我们的是"需要技巧、细心或者判断的操作，容易受到人为误差的影响"。[①]让仪器完成这项工作将更加容易，而且不受人为失误的影响。我们没有提及"仪器误差"的可能性。仪器提供了客观性的典范。

这份广告是两页宽的单折页。分析方法的比较贯穿两面内页。背面包括来自一系列满意客户的引言，都谈及了成本：

> 我们每个月节省了 2 000 个工时。
>
> 使用直接读数器可在一年多一点的时间内覆盖 5 个矩阵，而每个矩阵又含有 8 个元素。这样我们已经能够将 2 名化学家分配到其他实验室工作，从而减少了 1 300% 的分析时间，而增加了 200% 的分析数量。
>
> 比起之前的分析方法，实际节省了……13 800 美元实验室成本。[②]

在这份广告的正文中，贝尔德–原子公司承认湿化学法比摄谱仪法更灵活，而摄谱仪法反过来又比光谱仪法更灵活。但是如果你相信广告的话，通用性的降低是通过节省金钱、人力和时间得到补偿的。

这份广告的首页提供了很多方面最有趣的材料（图9.2）。做个尝试，快速阅读这一页。有什么内容？

如果快速阅读第一行（公司名称下面）的文字，感觉会是"您按下按键"。但是这段文字并非如此，而是写着"您和按键"。毫无疑问，这个效果是由字体选择、换行位置以及图案造成的。虽然不可能说出此举

---

① Baird-Atomic 1959.

② Ibid.

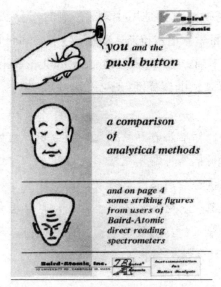

图 9.2　贝尔德联合公司直读式光谱仪广告首页（约 1954 年）

资料来源：美国热电-应用研究实验室股份有限公司授权重印

的意图，但是它确实具有很好的双重含义。一方面，快速阅读使我们立即了解到贝尔德-原子公司的分析仪器操作便捷，按键简单。另一方面，逐字阅读使我们知道在你（人）和按键（仪器）之间进行了比较。从广告的文字来看，很明显你可能会犯错，而按键不会。这就是贝尔德-原子公司的"用于更好分析的仪器装置"。

七、机器客观性、专家主观性

至少在 20 世纪 50 年代末 60 年代初，仪器和客观性的等同关系可以带来分析仪器装置的销售里程。主观方法受到人为误差的影响，而简单的按键操作将人为误差最小化。在这种背景下，美国教育评估服务机构在机器评分和客观性之间建立联系就不那么令人惊讶了。正如在化学分析中"不使用机器分析"会直接出错一样，使用机器来测评人的智力同样不合时宜。写作测试就是一个研究机器评分的著名案例。就如同化学分析必须使用仪器一样，我们有理由做出这样一种精准的划界：何种场合需要用机器分析，何种场合需要人类的判断。

　　做出这样的区别，而且是用主观/客观的二分法来区分的，作为 ETS 职员的心理测量学家尼古拉斯·朗福德（Nicholas Longford）在他的文章《教育考试的不确定度模型》（"Models for Uncertainty in Educational Testing"）中对写作考试的评分进行了分析（1995 年）。他写道：

> 　　直到最近，标准化教育测试几乎只与多项选择题有关……评分测试……可以用机器可靠地完成，成本适中。对这种题目形式的严重批评是能够执行的题目种类有限，但是这些题目不能测试技巧和能力的某些方面。当然，在现实生活中，可以用多项选择题陈述的问题还是非常罕见的；在很多方面，最好使用与现实问题有关的题目，要求考生构想他们的答案。[1]

　　朗福德接着指出"用这种**构想答案**的题目存在的主要问题是，它们必须由（人类）专家进行评分"[2]。"（人类）专家"给出的评分是主观的。事实上，朗福德下一章的题目就是"调整主观评分"[3]。

　　朗福德对主观评分进行了分析。例如，在写作考试中，考生的表现即所写的文章提供了关于考生语法、表达清晰性、内容、风格等方面的信息。专家可以阅读文章，从不同角度进行判断。然后这些语言上的判断可以转化为按顺序排列的分数，例如 1—5 分。不幸的是，专家们对此意见不一，而这种分歧"明确表明评级过程并不完美"[4]。朗福德分析了"专家"意见分歧的各个方面。然后他提出了统计表达式，来阐明这些分歧中的模式。这些统计表达式既可以用来衡量专家评分的不确定性，也可以用来根据专家评分调整对一篇给定文章"真实分数"的估计。

　　如何使用客观/主观的区别？客观测试就是那些可以用机器进行评分的测试。即使专家也是主观的，不是客观的。从分析表面看，这就是

---

① Longford 1995, p.17.

② Ibid. 括号中的内容作者原文已有。

③ Ibid., ch.3.

④ Ibid., p.18.

所有需要说明的。和分析仪器一样，使用心理测量仪器，客观性就在于机器能够以适中的成本，利用按键的简单性产生信息的能力。关键是意识到作为一个"正在使用的概念"，这种表层的分析极为重要。贝尔德-原子公司从"你和按键"中获得的销售里程，机器评分测试为 ETS 提供的客观公正的"印象"，这些都很显著。消费者已经在使用中购买了这个概念。甚至像欧文这样的批评者也为此买账。如此一来，客观性的概念就与机器和成本效率联系在一起了。

但是 SAT 并不客观！"（人类）专家"研发了心理测量和分析仪器。他们给机器编程，让它给"正确的"或者"不正确的"回答评分。他们精心设计了一套系统能够提高有关考生智力水平的信息。这种情况需要做更深入的分析。

八、信度和效度

统计学家对于准确性的理解基于另外两个概念，即信度和效度。信度关心的是可重复性。主观的作文成绩是不可靠的，因为它们会变化；由许多不同的专家对同一篇文章评分会得到很多不同的分数。另一方面，至少在 ETS 的专家中，对于多项选择题专家评分很少或者没有变化。这是机器编程为测试评分的一个先决条件。对于如何给问题评分，我们必须能够给机器明确的指令。因此，信度必须作为仪器客观性的一个组成部分。

但是只有信度是不够的。17 世纪马萨诸塞州塞勒姆市对于年轻女性的巫术行为，"专家们"的意见几乎一致。我们还需要效度，确保测试能真实地反映现实的一部分。在这里事情会变得很复杂。心理测量学家区分了效度的四个方面：内容效度、结构效度、预测效度和并发效度。[1]这些最好被理解为证明测试潜在效度的四种不同方式。[2]

预测效度和并发效度是通过检验测试分数和其他测量方法之间的相关性来实现的。因此，ETS 告诉我们，SAT 分数和按平均成绩衡量的大学一年级的表现之间存在中等程度的高相关性。这是一种对 SAT 效度的

---

[1]　参见 Lord and Novick 1968；Allen and Yen 1979；K. Murphy and Davidshofer 1991。

[2]　Murphy and Davidshofer 1991, p.106.

"预测论证"。我们还被告知在 SAT 分数和高中平均绩点之间存在一定的相关性。这是一种 SAT 效度的"并发论证"。

　　我们可以发展一种关于潜在特质的理论，这种特质正是测试应该测量的。从这个理论或结构中，我们可以预测测试分数会如何变化，如果测试分数以这种方式变化，我们就基于测试和理论的一致性对测试的效度进行了论证。这就是"结构效度"。例如，SAT 应该测量的是人的"能力"，一种基本的、很大程度不变的个人特性，一般可以理解为个人从事智力工作的能力。从理论上讲，这在很大程度上是天生的，也许是遗传的。因此，特定个人的 SAT 分数不应该随着时间的推移而变化。由于这种特性与获取特定知识的主体部分无关，因此就不应该为测试进行培训。如果发现个人的 SAT 分数既不随时间变化，也不受培训影响，这将证实测试的"结构效度"。这两点的证据越加使得 SAT 的"结构"受到质疑。

　　最后，还有"内容效度"。按理说，只包含波士顿地理问题的测试，对于哲学史知识来说就是一次拙劣的测试。但是哲学史上的哪些问题对于衡量哲学史知识是必要的呢？"内容效度"关注的是测试题目**关于**学科主题和**涵盖**学科主题的程度。为了确立内容效度，我们要系统地概述测试应该涵盖的材料，然后可以尝试确保题目都包括在大纲的所有条目里。

　　哲学史的测试是一件困难的事情。然而，对于学术能力而言，事情变得更糟了，因为究竟什么样的技能能够或者应该构成学术能力是有争议的。几乎没有人对读写能力或计算能力存在异议，虽然如何测试所有人的这些能力是一个有争议的问题。但是在一群人面前发言的能力如何？手工操作物体的能力如何？耐心如何？可以说，这些都会在学术努力的各个方面发挥作用。学术能力的测试是否应该涵盖这些方面？它们能够涵盖吗？如何回答这些有争议的问题对于内容效度的评估有决定性影响。

　　因此，确立内容效度需要人的判断。在这个意义上，它是主观的。玛丽·艾伦（Mary Allen）和温迪·延（Wendy Yen）在《测量理论导论》（*Introduction to Measurement Theory*）一书中写道："内容效度是通过测试内容的理性分析而建立起来的，它的测定基于个人主观判断。"①
因此，他们进一步声称，内容效度很有可能出错："因为内容效度是基于
主观判断的，相比于其他效度，这种效度的测定更有可能出错。"②

那么，这种对测试客观性的深入分析揭示了什么呢？首先，它揭示
了重复对客观性是必要的，重复对机器评分也是必要的。因此，设置一
台仪器来给测试评分的能力，的确为客观性的一个方面提供了论据。其
次，它揭示了效度问题最终取决于人的判断，而人的判断被理解为主观
的、容易出错的。至少，这是一个激烈辩论的舞台。

九、客观性、仪器、公共政策与经济学

20 世纪 80 年代末，国家考试和公共政策委员会（National Commission
on Testing and Public Policy）召开会议，审查标准化测试在美国的作用。其
成员包括心理测量学界的代表和关注这个问题的政策制定者，当时的阿肯
色州州长比尔·克林顿就是该委员会的成员之一。委员会报告得出的若
干结论包括：

1. 教育测试过多。
2. 测试受到的公众义务不足的制约。
3. 测试会破坏社会政策。
4. 测试程序应该从过度依赖多项选择题的测试转向其他形式。③

事实上，他们最基本的结论陈述在报告的标题中——《从守门人到
通道》（"From Gatekeeper to Gateway"）。在他们看来，测试应该帮助公
民找到教育和就业的机会，以最大限度地发挥他们的才能，而不应该阻
止公民获得教育或者就业的机会。

然而，这需要重新思考仪器客观性的典范。仪器客观性的模型要求

---

① Allen and Yen 1979, p.95.

② Ibid., p.96.

③ National Commission on Testing and Public Policy 1990, pp.x-xi.

我们寻找一台仪器能判断某种材料（比如说一批钢合金）是否符合规格。对于某种材料给定的某些确定特征，它没有要求我们回答如何最好地利用这些材料。这需要人的判断。

1994年在为兰德公司（RAND Corporation）撰写的一篇文章中，洛林·麦克唐纳（Lorraine McDonnell）对标准化测试在公共政策制定过程中的作用进行了发人深省的分析，指出来自心理测量学界的专家和政策制定者对标准化学生评估的正确使用有着不同的意见。心理测量专家是谨慎的，通常更喜欢使用评估技术来深入了解学校质量和学生能力。政策制定者热衷于在标准化评估中寻找一种廉价的客观手段，让学校和学生负起责任。麦克唐纳指出了脱离简单的多项选择题测试的趋势，但是她没有看到什么灵丹妙药：

> 那么问题来了，政策制定者热衷于将学生评估作为教育政策的一种手段，这种热情是否能够和专家对其潜在滥用的警告相协调？在过去20年里，政策制定者把多项选择题的用途拓展到了最初的预期作用之外，同时测试专家记录了对学生和学校的负面影响。转向其他评估及其政策应用，是否会重复近期多项选择题测试的经验？答案可能是肯定的。只要政策制定者认为评估对学校实践中发挥了有力的杠杆作用，同时还受到成本和其他因素的限制，他们就会继续将同样的评估手段用于多个目的，其中一些评估可能对学生、教师和学校产生负面影响。①

麦克唐纳在这里指出了成本是一个主要的驱动因素：

> 虽然新的评估形式会比旧的、多项选择题的测试花费更多，政策制定者还是认为它们是学校改革中最廉价的策略之一。一名国会工作人员表达了这种观点："人们认为评估是解决问题的一种廉

---

① McDonnell 1994, p.viii.

价方法。一位最杰出的州长认为评估是改变美国教育的一个重要杠杆……这是一个无须花费很多就能改变的杠杆。"①

　　政策制定者想要的是按键仪器的客观性，这已经立法，并将继续立法。他们采用的是由拉尔夫·穆勒和亨利·昌西提供的方法。昌西寻求客观的方法，而不是"费力的、主观的方法"。他寻求在"精算基础上"有用的足够精确的方法。在政治领域，机器评分的评估方法有助于在客观性和公平性之间建立联系。机器在政治上是中立的，不是吗？即使是专家也有政治偏见，因此充其量只能提供主观意见。其结果是，即使面对分析和建议，如刚刚提及的小心谨慎和脱离对标准化测试的依赖，教育领域的标准化测试也会更多，一般也就产生了更多的仪器的按键客观性。

---

① McDonnell 1994, p.23.

第十章
发明作为礼物

我们也许粗略地说直觉或灵感是一种天赋。以艺术家的创作为例，艺术家创作过程的某些阶段是突然降临的……任何真正的创意都是不期而遇的，作家 D. H. 劳伦斯 * 曾经说过："我的故事不是编出来的，而是我的灵光显现。"

——路易斯·海德 **《天赋》
LEWIS HYDE, *The Gift*

一、市场似乎是不可避免的

如果说钢铁、石油、火车和财力等当时核心产业的垄断标志着 19 世纪的终结，那么 20 世纪终结的标志则是这样一种垄断力竞争的兴起，这些垄断力间的竞争无外乎是对标准化和集中化的效率来应对对市场和消费者选择的效率。但现在看来，居于现代产业核心的是信息，而不是

---

*   D. H. 劳伦斯（David Herbert Lawrence），20 世纪英国小说家、批评家、诗人、画家。代表作有《儿子与情人》《虹》《恋爱中的女人》和《查泰莱夫人的情人》等。——译者注

**   路易斯·海德（Lewis Hyde），1948 年出生在美国波士顿的学者、评论家、文化批评家和作家，他发表于 1983 的作品《天赋》(*The Gift*) 揭示了创造性在科学家发现和艺术创作中的主要意义，是经久不息的畅销书，深受大众和从事创造性工作者的欢迎。——译者注

传统友谊上的钢铁、石油或财力，这也引发了新的深刻难题。

塞斯·舒尔曼反对信息垄断（ownership information），警示人们信息垄断是新的黑暗世纪（Dark Age）*的到来。[1] 舒尔曼警示的信息垄断是宽泛的，也包括当下的高技术：

> 现如今医生们都声称那些曾为其同事所公开共享的医疗程序归其本人所拥有。软件制造商正在将计算机指令的基本模块归其垄断，而这些指令需要编写新的程序，以便阻止潜在的竞争对手使用它们的知识产权。那些处于国家顶级高校和研究机构的科学家们抱怨知识产权和保密等压力已经阻碍了学院里的学术交流。制药公司正在系统地收集野生植物、昆虫和来自全球偏远地方的微型物种，他们声称获得了这些物种所包含的化学要素。甚至个人的基因图谱也被卖掉：人类基因的某些组分已经被编织成图谱，粗略地讲，人类基因也成为他人所有。[2]

舒尔曼的批评招致激烈的回击，回击者辩称，舒尔曼所反对的专利制度已经得到确立，专利制度被设计出来恰恰就是平衡技术开发者所需费用和使用者应给予补偿之间讨价还价的社会需求，这种制度才使得技术开发成为可能。在高新技术快速发展的世界里，许多有关专利技术利用问题的争论都可以通过调整某项专利向其他使用者开放的年限得以解决。

即使暂且不论通过改变专利法来解决技术的垄断问题，舒尔曼还提出了一种在知识得以产生的科学共同体中展现的新的科学气质**：知识本身被当作商品，出卖知识可以获利。这种观点是一种影响深远的激烈变革，不仅仅影响学术价值，而且涉及社会结构的其他方面。大学和产

---

* 一般指欧洲基督教文化占统治地位的中世纪时期，介于古希腊罗马时期的终结到意大利文艺复兴时期之间。在这时期，基督教教义成为不可动摇的教条，科学和人文精神受到压制。——译者注

[1] Shulman 1999, p.3.

[2] Ibid.

** R. K. 墨顿（Robert King Merton）曾经在他的名著《科学的规范结构》中论述了科学的精神气质问题，包括科学知识的公有性、无私利性等。——译者注

业之间的协约就是新旧观点争论的焦点。1999 年 4 月，伯克利的加利福尼亚大学就与诺华公司（Novartis Corporation）协商签约事宜。诺华公司出 2.5 亿美元收购该校植物和微生物学系 1/3 的科学发现成果，包括公共财政支持的科研成果。① 公立大学一直面临公共财政缩减和资金短缺的困境，需要私人产业的资助。私人产业看到了在知识驱动经济的时代与大学合作是获得竞争优势的可资利用的资源。但私人产业需要专利技术的排他性和保密性，这就与学术交流赖以存在的核心价值产生直接对立。

1975 年皮埃尔·布迪厄（Pierre Bourdieu）用一句预言来描述学术科学："甚至由'最纯净'科学构成的'纯粹'世界也像其他社会领域一样，充满了权利的分配和垄断，也有明争暗夺。"② 在这句预言中，布迪厄使用了垄断、竞争、策略、旨趣和获利等术语。布迪厄的目的试图揭示这样一种观念，"科学通过追求真理而进步，与科学受利益支配是同样有效的"③。在布迪厄看来，这种科学观念的秘籍也适于在科学中占统治地位的观点。但在布迪厄发表这篇论文的 25 年后，我们就见证了这种科学观念从预言向真实状况的转变。

布迪厄的资本主义隐喻和当前资本主义在"思想市场"中的现实情况似乎是不可避免的。还有存在其他可替代的隐喻吗——真的，可能存在吗？舒尔曼谈到了"概念上的公有地"，并指出公共图书馆系统和国家公园系统是共享商品的典范。④ 虽然舒尔曼的分析很有价值，也可能很实用，但是却不够深入。只要国会通过适当的法案，公众拥有的商品仍然可以出售。它们仍然是商品。在本书最后一章中，我认为我们必须理解我们的认知商品不仅仅是商品，它们也是礼物。我认为，礼物交换的目的是知识创造所必需的，它与商品交换的目的截然不同。在最近一篇关于赠予经济的文章中，布迪厄保留了资本主义的隐喻，但他在结束语中指出：

① Press and Washburn 2000，pp.39-40.

② Bourdieu 1975，p.19.

③ Ibid.，p.40.

④ Shulman，1999，ch.11.

慷慨、无私是否是可能的这类纯粹的投机问题和典型的学术问题，应该让位于政治问题，即人们为了创造宇宙必须使用什么手段。就像在赠予经济中一样，在宇宙中，人们对无私和慷慨很感兴趣，或者更确切地说，他们长期倾向于尊重这些普遍被尊重的对宇宙尊重的形式。①

朝着尊重普遍的方向迈出的第一步就是更好地欣赏交换系统，这是赠予经济关键的一部分。

目前，我们在商品交换这个看似不可避免的选择上所进行的斗争，在历史上和概念上都与20世纪悠闲岁月中出现的器物知识有关。承认器物是知识的承载者，就会造成这些斗争发生的困境。器物的生产和传播比思想的生产和传播要昂贵得多。器物被当作商品来维持它们的费用，而思想能够作为商品以外的东西存在，是因为将思想的创造与它们的花费相隔离，通过这种方式弥补了它们生产和传播的费用。

但是，当器物承载了知识，这种器物知识的创造就和商品市场联系在了一起，这些被看作知识的器物可以在市场上出售，从而弥补了创造的费用。本书之前的两章证明了这里存在的各种困难。瓦特的指示器示意图比有自主意识的器物知识出现得要早，但是它展示了在工业环境中发展的器物知识是如何推动其他领域的理论发展的。瓦特认为指示器的价值非常巨大，然而，它的运作是被小心保守的秘密。尽管在18世纪90年代就已经开发出来，但直到1822年对指示器的第一份描述才被公布。这是舒尔曼抱怨的排他性和保密性已经发展到学术界的一个例子。客观性和分析仪器方法的联系指出，事实关键的风向标在于成本的考虑。器物知识挑战了我们把知识作为一种礼物交换的传统。

路易斯·海德把科学知识作为天赋和作为商品之间的分歧比作人类精神的两个方面，作为来自个体和个人层面的私利性与作为来自天性、

---

① Bourdieu 1997, p.240.

种群、种族或神性层面的公共性之间的分歧。他补充说，"尽管私利性和公共性都是人类科学精神诸多要素的两个组成部分，这些要素不是我们后天获得的，而是天赋的"①：

> 每个时代都必须在公共性和私利性之间保持平衡，在任何一个时代，公共性和私利性中的任何一方压制都导致另一方的反弹。因为从一个面看如果不存在反对世俗的观念认同，那么也就不可能有获得私利的可能，我们缺乏从市场社会中获利的正面传播，没能看到它特有的自由、特有的某种创新能力及私人事务的多样性等。但从另外一个角度看，哪里的市场缺失规则，特别是哪里将人的天赋能力都换作商品，哪里的创造性天赋就将失去其应得。在这个意义上，交易必然导致人类共同体的破碎，对生命、丰富性和社会情感的压抑。②

器物知识的降临已经改变了知识商品在知识生产者和消费者之间的平衡，也威胁知识生产本身。我从核磁共振成像的当代事件说起，然后再回溯到器物知识在早期科学仪器革命当口的案例。在那里我们可以理解科学天赋与商品经济以本真形式展开的冲突。

二、核磁共振成像

在菲利克斯·布洛赫（Felix Bloch）和爱德华·珀塞尔（Edward Purecll）成功做成核磁共振（NMR）实验的 27 年后的 1973 年③，保罗·劳特布尔*

---

① Hyde 1979, p.38.

② Ibid.

③ Block 1946; Block et al. 1946.

* 保罗·劳特布尔（Paul Lauterbur），美国科学家，致力于核磁共振光谱学及其应用的研究。劳特布尔还把核磁共振成像技术推广应用到生物化学和生物物理学领域。1985 年至今，他担任美国伊利诺伊大学生物医学核磁共振实验室主任。因在核磁共振成像技术领域的突破性成就，和英国科学家彼得·曼斯菲尔德（Peter Mansfield）共同获得 2003 年度诺贝尔生理学或医学奖。他于 2007 年 3 月 27 日在美国伊利诺伊州乌尔班纳市逝世，享年 77 岁。——译者注证明了我们可以利用核磁共振现象的纯然特征来形成二维图像。[①]

　　这第一批图像展现了局域核自旋密度（local nuclear spin density），研究者已然认识到，核磁率（the rates of magnetization of the nuclear）随局域化学和分析环境而变化。当今的核磁共振成像的图片就是由给定切片内的核磁率所生产的二维图像。

　　由于具有非凡的在人体内的成像能力，加上它的机制记录以及避免铁磁放射的伤害，核磁成像已经成为一种特别受欢迎的诊疗设备。仅以 1998 年为例，产业评估机构宣称仅在美国就安装了超过 3 500 台核磁成像设备。在这种仪器上的资本投入更是大得惊人。安装这种仪器年均花费在 1 500 万美元，用于调试和维护的费用也在 10 万美元，且在逐年上涨（以通用电气为例，有评论指出，消费者用在这种仪器上的额外费用逐年上涨至 10%）。安装这种仪器的费用多达 50 多亿美元，而其使用费多达 350 亿美元，且逐年上涨。原因何在？在于太多的病患将核磁共振成像看作正确诊断的金科玉律，值得每次花费 500—1 000 美元使用它。

　　核磁成像设备包含大量的知识，从核感应知识到人体的化学和结构。由这些知识组合的核磁成像设备，为医疗诊治提供了诊断人体疾病的有力工具。

　　来自不同专业背景的科学家必须各司其职才能使这种仪器变成可行的诊疗设备。物理学家必须开发出一种能够将图像传入核感应的理论工具；工程人员和仪器制造者必须使得这种设备能够产生互动；医生和患者必须使用这种设备。这还不包括那些与这种设备产生互动的各色人群对这种设备的日常理解。按照彼得·加里森的观点，建立交易圈（trading zones）是为了交换信息、技能和设计。[②] 在这些交易圈中用于

---

① Lauterbur 1973.
　　这部分所选材料选自科恩和贝尔德在 1999 年的著述，这是一篇我与 M. 科恩合写的论文，M. 科恩作为一个科学家专攻核磁共振成像的仪器分析及其在理解脑功能方面的利用，我深深地感谢 M. 科恩先生，正是他将我引入科学仪器这一引人入胜的研究领域。

② Galison 1997.

交流的语言并不完全适于理解核磁成像设备的特定人群。医学家专注于所生成图像的诊疗意义；设备制造者专注于"样本"与仪器之间的互动所产生的影像以及将数据变成影像的算法。

　　生产核磁成像设备需要各种智力劳动的参与，随之而来的是对这种仪器的各种误解，在这种仪器的生产和理解之间并无定数。当这些误解出现在核磁成像设备的产业追逐利润的时候，我们就看到了人类发明的天赋能力和商品经济学之间的冲突是如何影响到我们生活的。下面是几个具体的例子。

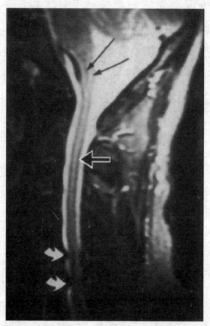

图 10.1　核磁共振成像，吉布斯环状伪像（1988 年）①*

　　资料来源：北美放射学科学会（Radiological society of North America）授权重印

---

①　来自 Bronskill et al. 1988。

*　据译者查询，所谓的吉布斯环状伪像（Gibbs ringing artifact）是一种在尽可能短的给定时间内收集某空间数据来造影成像的设施或功能。参见 Huang. X 和 Chen. W 合作发表的论文《一种压缩在核磁共振成像设备中环状伪像的快速算法》（"A fast algorithm to reduce gibbs ringing artifact in MRI"），Conf Proc IEEE Eng Med Biol Soc. 2005；2：1367-70。——译者注

（一）吉布斯的人工制品

在大多数抽样中，核磁成像设备是在傅里叶空间（Fourier space）中操控的。[1] 核磁共振成像并不是由所有原始数据构造而成的，这是因为在傅里叶时间序列（Fourier time series）中这些"真实的"原始数据必定是无限的，这些用于成像的原始数据是一种典型的人造物，因而被称为"吉布斯环"（Gibbs ringing），出现在凸显强度不连续处（abrupt intensity discontinuities）。这种造影显现出一种黑带，它与一个较亮的区域平行，但略有错位，这种较亮的区域源自高密度的组分。这种伪像是操控核磁成像设备的医生和工程师所熟知的，以便于加快他们的识别程序。[2]

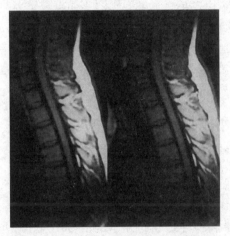

图 10.2   核磁共振成像，吉布斯环状伪像的改进（1988 年）[3]
资料来源：北美放射学科学会授权重印

大约在 1987—1990 年间，医生的当务之急就是通过利用非均等成像的方式（即并非所选方框内的样本都得到同像素成像）来减少脊椎检视中的像素成像的耗时。这种非均等的成像方式结果就导致了在脊椎纹理中出现一条显著的黑线。这条黑线就是所谓的吉布斯环状伪像。

在图 10.1 中的医用核磁共振成像展现了由傅里叶变换造成的人工筛选

---

[1] Lauterbur 1973，1981；Kumar et al. 1975.

[2] Henkelman and Bronskill 1987.

[3] 来自 Bronskill et al. 1988。

后的伪像。该图所示的脊椎纹理的中心位置出现了一条明显的黑线（箭头所示）。由于不了解数学家惯于将仪器所呈现的符号转换成图像，不幸的是，临床医生将这条人为的伪像解释成某种被称作类似鸟类"鸣管"（syrinx）的有体液充盈的缝隙（fluid-filled lesion），需要积极的诊疗。图 10.1 上的白色箭头就指示着颈椎病（cervical spondylosis）的诊治环境，在此处所见并不存在这种似是而非的伪像。（这里细的黑箭头还指向另一处伪像。）

终于，这种伪像在 1988 年被 M. J. 布伦斯奇尔（M. J. Bronskill）识别出来并给予解释，此人熟知医学和物理学两门知识。在图 10.2 中，这幅核磁共振成像展示了对伪像的改进。在左侧，这种管线型的伪像以一条黑线呈现在脊髓（spine cord）的中间（靠近脊椎的右侧）。在右侧，这条黑线被大大改动了。不幸的是，这种伪像直到造成了许多医生的误诊和错误治疗后才得以解决。一旦我们识别了这种伪像的本质，对伪像的改进就受到了重视，近来有研究者还找出了其他仪器错置（disorder）导致的误诊（misdiagnosis），例如脊髓萎缩（spinal cord atrophy）的诊治。[①]

（二）脂肪和水在图像中的差异（*signal difference*）

再举一个例子。即使在利用核磁成像的初期的光谱学，人们就知道脂肪的共振频率不同于水的共振频率。由于核磁共振成像因利用劳特布尔的方法导致确定空间位置的共振频率信号出现强化，也就是所谓的脂肪和水之间差异的化学转换导致脂肪和水的信号出现了空间错位。早在这项医疗设备设计实施初期的 1982 年或 1983 年间，消除这种化学变换位差（chemical shift difference）的伪像就成为众矢之的。制造这项仪器的工程师把消除这种伪像看作一项重要设计任务，认为如果不能消除这种伪像必将限制有效信号和无效信号之间的比率，或许将导致这种仪器的搁置。[②]

令人惊讶的是，尽管仪器制造的工程师致力于消除这种化学转换位差，但在 1990 年，这种显而易见的错误依然清晰可见。通用电气公司在某种最常用的数据采集程序（data acquisition programs）中注意到了

---

① Yousem et al. 1990.

② Hoult and Richards 1976; Hoult et al. 1986; Henkelman and Bronskill 1987.

这种误差，也就是通常所说的"脉冲序列"（pulse sequence）。一般而论，两个或两个以上的射频脉冲就可以用于形成核磁共振成像的信号。为了避免或尽量压缩这种被称为刺激回声的伪像，早在1985年通用电气公司生产的核磁成像设备就利用了两种成像脉冲以消除位差，一种用于水质的波纹，另一种用于油脂（含脂肪）的波纹。这却导致了一种失去了脂肪信号的图像。从理论上看，这是一种严重错误。

当出现这种伪像的瑕疵被看到后，通用电气公司对安装这种软件的核磁成像设备给使用者配发了这种新版软件，清晰地描述了问题之所在。由于已经习惯于使用原来有瑕疵的旧软件，许多医生不喜欢用改进了的新软件。不仅新软件对病人所给出的影像与先前的影像不匹配，而且医生也更熟悉因而也更精于解释旧软件上的影像。在一种教科书上，只是应美国人的要求，通用电气公司决定同时提供新旧两套软件。只要按下一个标示着"classic"的按键，医生就可以切换到这台设备所使用的旧的、有瑕疵的软件。通用电气公司的软件手册列出了一个部分，名为"旧软件的误差"，用以指导在新旧两个软件系统之间的转换。①

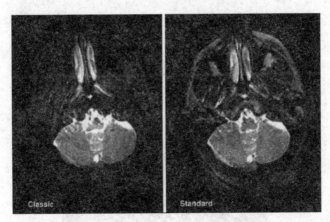

图 10.3　核磁共振成像，旧版 v.s. 标准版 MR 图像（1999 年）

资料来源：由马克·S. 科恩（Mark S. Cohen）授权重印

"旧版"成像和"标准版"成像的差别是非常显著的。在图 10.3 中

---

① General Electric Medical Systems 1993.

的新旧两个版本的扫描成像展现了先前（左侧）的图像与后来改进的（右侧）图像，二者差距是明显的。幸运的是，这种差异仅仅导致卫生事业中的小错误，其影响仅限于某种轻微妨碍诊断的可感性，而且随着时间的推移，放射科医生会熟悉新软件的成像。

（三）背痛

在事关核磁成像设备问题上，仪器工程师和临床医生之间更富有挑战性、更大代价的沟通失败还在后头。当下的美国，背痛是导致丧失劳动年限的最重要的病因，而人们对于背痛的成因却知之甚少。[1]

核磁成像设备在医疗上初露锋芒时，大多用于人脑，人的头盖骨是 X 光射线无法达到的。截至 1986 年，尽管脑部一直是核磁成像设备医用的主要部位，但脊椎的核磁共振成像占据了扫描时间的 50%，脑部占据 35%，身体的其他部位占据 15%。脊椎的核磁共振成像总是可以显出腰椎间盘突出的可怕病例，使脊椎骨分离和缓冲的腰椎间盘总是挤占脊髓和神经应该占据的位置。有关不时背痛，传统看法往往认为导致背痛的是脊椎神经的炎症。图 10.4 中的图像展现了腰椎间盘的硬脊膜（thecal-sac）出现了一个小于 3 厘米的突出（如箭头所示），阻塞了脊髓。通常以为，正是这种突出压迫脊椎神经，在此处有脊髓经过，因而导致慢性背痛。

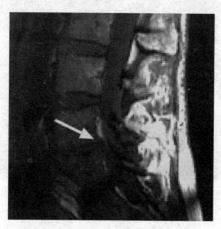

图 10.4　核磁共振成像，腰椎间盘突出（1999 年）

资料来源：由马克·S.科恩授权重印

---

[1]　Gawande 1998.

鉴于本案例所涉及的医生（还有律师）的密切关注，核磁共振成像中心强力推进仪器制造商去开发研究脊椎的更优化的设备。医生强烈抱怨仪器制造商严重地拖了治疗问题的后腿。这种需求变得如此之强以至于大的仪器供应商，像通用、飞利浦和西门子等，已经痛失了机会。重要买卖交由小企业完成，这些小企业及其工具被称为"表面线圈"（surface coil），能够更快地进入市场。一次全面的脊椎检验可能花费保险公司大约 1 000 美元，更多的检验每日以超过 10 000 美元的比例进行着。

一旦做出诊断，治疗就开始了。不幸的是，外科手术发现腰椎病灶是很难定位的，在许多病例中脊椎骨都深深地埋在肌肉组织之中，推定的病灶（腰椎间盘）只能通过脊髓和神经才能判断出来。况且，病人也没有经历持续的或实质性的舒缓，甚至需要再实施外科手术。常常出现这样的结果，在核磁共振成像中标示出来的可见的"异常"与背痛并没有什么关系。[①] 那些拒绝外科手术治疗或选择保守治疗（即非手术疗法）的患者表现出某种显著的症状：腰椎间盘突出症状来去无踪！

这就是临床上的伪像的病例。仪器并没有误报腰椎间盘病症，但我们误解了腰椎间盘突出症的意义。既然我们并没有看到腰椎间盘突出症影像诊断的先例，既然核磁成像能够合理地解释腰椎间盘突出症导致患者主诉的背痛，这些影像就被看作是标示出在诊断上具有重要意义的情景。当这种影像在诊断上没有意义，我们的身体就是正常的。

毫不奇怪，对脊椎核磁共振成像的需求已经减低，最有可能的原因是卫生维护组织（HMO）等社会组织缩减了财政补偿。但更主要的原因也许是核磁共振成像设备对确立诊断并不具有首要地位。

三、市场需求和医用设备

因其众多使用者的利益各不相同，核磁共振成像装备为各类使用者提出了一种专业难题。这种装备本身代价不菲，生产和营销厂家有足够的理由期望它们的产品有所回报，购买这种昂贵装备的影像中心也期望

---

① Annertz et al. 1996; Savage et al. 1997; Rankine et al. 1998.

对他们的投入有所回报，当然患者也想战胜病魔以求康复。在这样一个案例中，不同的专业群体都追求他们自己的利益，造成了超乎想象的后果。这种看不见的手并非总能产生合理的结果。

首先要强调的是，从作用空间而论，作为核磁共振成像设备使用者的医务人员和它的研制工程人员是不同的。他们都关注核磁共振成像的效果。按照加里森在1997年提出的用语，他们所关注的事物分属于不同的"交易圈"。但是对于这种成像而言，医生关注这些影像对诊断的意义，研制设备的工程师则不关心诊断问题。仪器工程师关心的是这些影像是否表达了某种复杂的算法，在处理所提供的核磁共振信号过程中是否兼容各种不同的解题方案。这就有必要在核磁共振成像设备的医务人员和制造者之间建立关联。这就应了布伦斯奇尔的独到观点，吉布斯环状伪像是在脊椎的核磁共振成像中被发现的。

但问题是，谁来进行核磁共振成像的医务人员和工程技术人员之间的沟通？我们知道，仪器制造者的人数较少，而使用者的人数较多，因而这项沟通任务最有可能应该落在制造商头上。基于同样的理由，营销环节最有可能实现这种沟通工作。实际上，恰恰是那些营销天才用新的、"改良了的"软件代替了原初的软件，解决了医务人员对核磁共振成像原有软件的不满。

这个例子表明了营销压力如何对该设备的开发和使用发挥重要作用。在背痛的案例中，尽管医务人员呈现出对核磁共振成像设备医用前景的热烈追求，但这种设备成像的意义却被误读。这种设备还需要巨额的资本投入。安装这种代价不菲的设备的唯一目的就是用这种设备进行医疗诊断，制造商和医务人员必须出售这种用于诊疗的影像以便收回安装该设备的成本。

这种设备及其所生产的诊疗影像成为商品。但在围绕核磁成像设备所形成的不同的交易圈中，科学仪器及其产物成为商品对所谓的交易产生了重要影响。为了强调这种观点的重要性，我再回到交换的任选形式（alternative form of exchange），赠予经济问题的讨论上。

四、赠予经济

有关赠予经济学的许多文献可追溯到马塞尔·莫斯（Marcel Mauss）

的著述，初版是法文版，发行于 1925 年。[①] 比莫斯更早的作者是拉尔夫·瓦尔多·埃米尔逊（Ralph Waldo Emerson），他早在 19 世纪中期就写了一部关于赠予的名文[②]，随后，尽管出自不同的传统，弗里德里希·尼采（Friedrich Nietzsche）在他的《查拉图斯特拉如是说》（*Thus Spoke Zarathustra*）[③] 集中地讨论了赠予经济学问题。[④] 结构主义者克洛德·列维-施特劳斯（Claude Lévi-Strauss）将莫斯的分析发扬光大 [⑤]，关于赠予问题的文献持续增温。[⑥]

路易斯·海德在他的《礼物：意象和贪财鬼的生活方式》（*The gift：Imagination and the Erotic Life of Property*）这部名著中展现了赠品以及礼尚往来的理论。他认为艺术家及其礼物只能生活在赠予及其礼尚往来的生活圈子："艺术作品同时存在于两个'经济学'，一个是市场经济，另一个是赠予经济。但只有其中之一才是本质性的，因而艺术作品不可能存活于市场之中，而没有赠予就不可能有艺术。"[⑦] 在赠予经济中生存是艺术品存留不可或缺的动力。[⑧]

科学仪器是如此，知识也是如此。赠予经济对于知识的创造、生产和扩散都是必要的。既然阅读典型的学术作品无须支付一个子儿，尽管这种知识传统受到了所有观念的挑战，一般而论，学术论文的写作和出版，无须对它们的作者付费。这些论文是一种智力赠予（intellectual gift），它所收到的回报也只能是其他作者无偿的智力赠予。

赠予经济在宽泛的各种社会环境中都发挥着作用，但在不同环境中发挥作用的方式各不相同。几种概述刻画了赠予实践的特征。下文我将提到通常理解赠予经济的几个要点，尤其是我特别关注的器物知识问题。

---

① Mauss 1990.
② Emerson 1876.
③ Nietzsche 1982.
④ Shapiro 1991.
⑤ Lévi-Strauss 1969.
⑥ 例如，可参见 Zelizer and Rotman 1979；Caplow 1982，ch.10；Gregory 1982；Cheal 1988；Carrier 1995；Schrift 1997；Godelier 1999。
⑦ Hyde 1979，p.xi.
⑧ Ibid.，ch.8.

（一）社会纽带

　　海德那部经典著作的古怪的副标题"意象和贪财鬼的生活方式"展现了赠予经济和商品经济的本质区别。赠予经济在于将人们团结起来，这种经济创造并维系着社会群体。操控赠予往来的各种不同的规则或预期都以此为目的。按照埃米尔逊的观点，"其实，礼物必定是赠予者自愿给我的，就如同我自愿赠予他一样"①。在更广的社会语境中，赠予经济确立了社会边界，一个社会成员必须对该社会群体有所赠予以期成为该群体的一员，以及获得其他成员的回报：产权将社会成员结合在一起，因此这是一种财产所有者的贪欲生活方式。

　　商品经济不利于社会团结。支配商品交换的规则和预期用于限定涉事主体间的相互的责任和未来的义务。理想的商品交换取决于涉事双方在开始时就认同每个人都必须付出，同时期望有所得，只有在这种情况下互动才可能有所成。

　　在某种意义上，商品交换意在追求在互动中使得双方获益。礼物交换意在发起并维系人们之间的互惠。较之商品交换，礼物不能具有某种用货币来衡量的价值。而靠货币衡量的商品价值则认可某个礼物的接受者终止这种互动；而某个等值的礼物或许会得到等价的回报，但涉事主体并没有义务施以等价的回报。商品交换无法维系不断的互动。靠货币衡量的价值会破坏社会团结。

（二）礼物是富有人情味的

　　礼物虽是劳作的产物，但也不能"游离于主体自我"（off the self）而采取某种客体的形式。一个艺术家不可能在创作艺术品的时候没有他或她自己的艺术天赋，包括他或她的理解，天赋和与生俱来的技能，所有这些都滋养并渗透到富有艺术的礼物经济之中。那些作为礼物的东西是需要奉献者（the giver）的。真正的礼物是奉献者自身的一部分，这些奉献者定会倾情投入。② 这种说法或许有些极端，但却准确地把握了待

―――――――――――――――

① Emerson 1876, p.163.

② Ibid., p.161.

价而沽的商品与"真正的"或"个性化的"礼物之间的本质区别。

问题的关键在于，创造性的劳作，不论是艺术的还是认知性的，都依赖于这种礼物经济。发明家爱迪生正确地指出，发明就是百分之九十九的汗水加上百分之一的灵感。但如果否认爱迪生是一个有天赋的发明家，那就是愚蠢之见。多样的技能、与生俱来的天赋、后天养成的教化和他对作品的倾情投入，都体现在他发明活动的天赋中；灵感（即使只有百分之一）也是必须的。我们能够理解，最近公司期望促进"企业开拓者"的发明活动，并将其作为一种方式，使必要的个人因素纳入发明中，同时仍然能够在以盈利为基础的商品市场中进行运作。

（三）必须礼尚往来

礼物经济需要不断礼尚往来。按照种族主义者的言论，"印第安人作为赠予者"的赠予是以回报为目的的。在 1764 年的《马萨诸塞州殖民史》中，托马斯·哈钦森（Thomas Hutchinson）说道："俗话说，一个印第安人给予欧洲殖民者的礼物标志着他在等着获得相当的回报。"[1]海德进一步述说了马萨诸塞州的印第安人是如何与清教徒定居者共享一支烟斗，并将烟斗送给欧洲外来者。但印第安人期望烟斗能被退还回来，或者更好的情况是，这支烟斗被不断地送来送去，成为他人用以不断地进行赠予及和平的社会团结纽带。"印第安的赠予者（或者无论何种原住民）都理解礼物的基本特性：有所与必有所得，否则无以为继，"海德写道，"如若使赠予不断地维系下去，必定得礼尚往来。"[2]

这是一句广为流传的格言，其意是说一个伟大的科学家之所以看得更远是因为他或她站在了前代伟大科学家的肩膀上。正是这种科学家知道科学必须无私地传授而不能期望回报，无视这种科学文化就不是一个科学家。在《查拉图斯特拉如是说》中的一节"关于赠予的美德"中，尼采写道："如果一个人总是保持学生身份，那么他应该回报他的老师。而且你从来就没有想过要去冒犯你的老师的尊严？"[3]获得了某种思想性

---

[1] 引自 Hyde 1979, p.3。

[2] Ibid, p.4.

[3] Nietzsche 1982, p.190.

的礼物，就要回报一种思想性的礼物，将这种思想性的礼物传递下去或使之不断地循环。

对于一个人获得礼物的关系而论，做一个礼物的"传递者"（stewardship）要优于礼物的"所有者"（ownership）。在某一个时刻，一个人变成礼物的守护者，这一礼物的价值就在于它能在一个礼尚往来的社群中传递。能否增值是礼物经济和商品经济的另一个显著区别。商业的目的在于通过获利而实现资本的增值。这种资本能被用于以不同的方式为不同的商业管理者获利。与之相反，礼物却不能增值；礼物必须重新回到礼尚往来的循环之中。收到的礼物必须再送出去，或者礼物不再是礼物，礼物的接受者也就不能作为礼物社群的一员。

（四）义务

财产所有者的贪欲生活方式是一种靠约定或靠诱惑维系的生活方式。礼物的迎送需要人类结合的乐趣，但也有尽义务的压力：守约和诱惑。尼采曾描述慷慨的美德就是对"秩序的贪恋"[1]。就像商品经济通过积累多少来确立等级一样，礼物经济通过付出多少确立等级。按照早期的民俗学著述，许多文献已经意识到礼物经济因其义务特性而呈高压态势。[2]

五、创立一个集礼物与商品于一体的公司

核磁成像设备得以开发的环境就在于这种仪器作为商品存在小问题。如何改进这些问题？在 20 世纪 30—50 年代，商用调频摄谱仪的开发呈现的是另一幅画面。在我们有关器物知识概念来临的时候，我们就看到了礼物经济和商品经济的较量。

我的父亲沃尔特·S. 贝尔德与约翰·斯特纳、哈利·凯利（Harry Kelly）所创立的贝尔德联合公司就一直成为本书前几章几个观点的研讨的对象。杰森·桑德森的直读式光谱仪的讨论见本书第四章，这种仪器

---

① Nietzsche 1982, p.301；Shapiro 1991, p.17.
② Lévi-Strauss 1969；Mauss 1990.

最终被永久授权给了贝尔德联合公司去研制、营销和出售。本书的第五章叙述了贝尔德联合公司是怎样参与科学仪器革命的。第七章讨论器物的物性，遵循着贝尔德联合公司开发和出售的摄谱仪设备的技术轨道。最终贝尔德-原子公司，也就是贝尔德联合公司后来的名字，在第九章被提及客观性和仪器设备之间的关系问题。也许这反而提及通过仔细讨论对贝尔德联合公司的资助问题来结束本书。①

在 1936 年初，约翰·斯特纳、沃尔特·贝尔德在马萨诸塞州的沃特顿兵工厂（Watertown Arsenal）工作，贝尔德刚刚在霍普金斯大学获得了电气工程的博士学位，斯特纳在麻省理工攻读光谱学方面的博士学位。而哈利·凯利刚刚在麻省理工取得光谱学领域的博士学位并正在康涅狄格州诺沃科的美国热电-应用研究实验室工作。

美国兵工厂的基本职能之一就是对枪炮所用金属进行分析。斯特纳在光谱学实验室工作；贝尔德则在 X 光衍射实验室工作。在他们的工作过程中，他们清楚地知道，与传统的用湿法进行化学分析相比较，化学分析在光谱和 X 光试管等仪器中更容易进行。在 1936 年，杜邦公司的亨利·奥杰（Henry Aughey）看到了贝尔德的 X 光衍射仪器的示范。一个月后（1936 年 7 月 31 日），奥杰写信请求贝尔德，他想得到这种试管。由于这是来自杜邦公司的"订单"，贝尔德在美国兵工厂加紧工作，全力以赴地给杜邦公司建造这种 X 光试管。斯特纳和凯利也都在努力为这种新的合作提供资本支持。

1936 年后半年，贝尔德联合公司的预算有 1 582 美元的短缺，包括拖欠凯利和斯特纳的薪金。贝尔德因而在 1937 年写信给他父亲乔治·C. 贝尔德（George C. Baird）：

亲爱的爸爸：
……我们公司（合作关系）的主要目的是为工业实验室设计和开发设备，如 X 光仪器、摄谱仪等，同时还建造实验室用于展示和

①　贝尔德联合公司的更多细节可参阅 D. 贝尔德在 1991 年的文本。

咨询。最近我们花费了大量时间聚在我们自己的实验室，进行 X 光管（X-ray tube）高压真空管和一整套蒸馏设备的研制，有的已经完成，有的即将完成。X 光仪器是一个有销路的项目。到目前为止我们已经力促真空表（vacuum gage）的研制，当地的仪器制造商正在制造并销售。在这些产品中我们获得了一种专利税。我们的总体策略是，致力于某件事情上，也就是开发并售出仪器的某个配件，将其卖给已经对这项产品认可的厂家。我们需要资金就是用在这些项目的开发和销售之间的过渡期。我们充分关注日常营运费用，我们的信用是好的。下个月我有一个好的机会获得一个光栅摄谱仪的订单（需要支付 1 500 美元的工薪），这就需要一些费用来维持机器运转，等等，所以我们真的需要钱。我们对 1 000 美元的年息是 10%……我们担保到期偿还……我们的业务正处在上升期（我们的产业需要增加设备），但缺乏资本却使得我们难以做到这一点……我再次重申我们急需钱。

两天后贝尔德的父亲回信。他提供了 50 美元，而不是 1 000 美元。用这些钱和手头其他的一些钱，贝尔德从约翰·霍普金斯（Johns Hopkins）购买了合伙人的第一批光栅。

贝尔德联合公司的三个合伙人起初都不愿意承担产品的制造和营销。他们把贝尔德联合公司设想成一种"思想库或智库"（think/do-tank），目的在于给有用的分析仪提供设计和模型，这种状态至少一直持续到 1938 年底公司以问答形式正式表达了它的目标。

3. 问题：公司的目标是什么？

回答：首先，沟通物理测量新方法的观念及其实际应用。

其次，建造一个用于分析和解决特殊工业的物理学问题的实验室。

7. 问题：在第一部分问答 3 中本公司明文阐发的经营策略具体是什么意思？

回答：首先，开发简单、耐用、精确可用的仪器以便于特定测量。

其次，为这种仪器开发市场并制造少量的这种仪器。

第三，教育公众认识到使用这种测量仪器的重要性，或特定仪器对进行测量的实用性。

9. 问题：这种开发能够从商业公司和大学获得订单和部分资金以提前进行具体的开发吗？

回答：第一，这些订单已经成为贝尔德联合公司仪器开发的主要资金来源……

14. 问题：贵公司对所开发仪器的制造持何种态度？

回答：第一，我们并不想变成制造型企业，但不排除某种非常小规模的制造，或者在可用的制造设施出现问题的时候做些必要的和探测性的研制……

15. 问题：贵公司靠什么盈利？

回答：首先，从委托的专业服务中获利，从有限的制造活动中获利，从未来可能的大规模生产的专利获利……①

思想库或智库的观念目的在于研制科学仪器，这就使得科学的或礼物经济的贡献区别于仪器生产中的制造业或商品经济的贡献。但财政压力持续迫使这两种贡献结合在一起。与贝尔德联合公司的乐观估计相反，用"来自商业公司和大学的订单来预支开发费用"以便支撑新仪器的研制和开发是有难度的。

对于科学仪器制造而言存在一个重要的行为规范。将仪器的研发和制造区分开来一般是不能盈利的。将仪器的研发和制造分割开来是一个诱惑，因为这种分割诱使人们将仪器的研发当作认知上的责任，正是这种责任使得器物知识能够得以创造出来。仪器制造商对新仪器研制的参与抱有知识扩散的实用考量，制造商的参与典型地受制于商品经济。但由于资本运作的需求，仪器研制与制造的分割是不可行的。贝尔德联合

---

① Baird Associates 1938, pp.1-4.

公司内心所追求的是建立一种类似于大学研究环境，目的是研制仪器的原型，而不是发表论文。这种追求与商品经济格格不入。

六、光栅与礼物

在 1936 年 2 月 8 日的日记中，W. S. 贝尔德写道："麻省理工的哈里森似乎拥有了完美的决定性证据，表明光谱仪是一种比 X 射线更易上手的器物。"1936 年 11 月 17 日，斯特纳在写给凯利的信中说：

> W. S. 贝尔德正在筹划给杜邦公司造一种光栅管，同时试图卖给该公司一种照相机，也试图从霍普金斯大学获得一种光栅。我觉得可能是一个好主意。你怎么看？……尽管兵工厂出售一种光栅的可能性已现端倪，当然还不确定，但是有迹象表明光栅光谱仪在商业上是非常有利可图的，如果我们能够在自己的实验室用自己的实验能力搞出一台的话。我已经和有可能对这种设备感兴趣的潜在用户进行了几次接触。但我们必须将这种仪器研制出来。W. S. 贝尔德似乎意识到他能够搞定这种光栅光谱仪，但要费些周折。

我爷爷投入的 50 美元就用于研制这种仪器，我爸爸则奔走于"这种光栅"。

由于斯特纳的关系，贝尔德联合公司参与了乔治·哈里森的麻省理工学院光谱实验室（见本书第五章第八节）。这对我们的研制工作非常重要，因为麻省理工学院的光谱实验室正在致力于光谱分析的高端研究，力图改进光谱分析的仪器，并寻找光谱分析的市场。哈里森的夏季会议促进了光谱分析仪走出孤立的学术圈子和政府实验室，将这些分析仪推到广阔的私人事务，正是这些私人对光谱仪器的使用有助于光谱分析的研究。起初，摄谱仪研制完全走一种学术性的礼物经济模式。那次夏季会议沟通了摄谱仪与私人的联系，分享了这种仪器的观念和应用。通过光谱知识作为礼物的礼尚往来，形成了一种由大学、研究性企业和私人消费者的新型共同体。

到了 20 世纪 30 年代晚期，阻碍光栅摄谱仪生产的严峻问题是光栅的可用性问题。1968 年，有一篇关于摄谱仪设计研发的评论是这样说的："在第一次和第二次世界大战期间，一个品质优良的光栅只能通过研究团队的领导和少数可能的供应商之间的私人接触而获得，拥有这样一种光栅是非常奢侈的。"[1] 光栅是作为智力礼物来交换的，我爸爸从霍普金斯大学能够获得这种光栅却没有偿付，这只是因为这种光栅是一种礼物。

从家父在霍普金斯大学的研究工作看，他知道大学里的研究人员有能力研制这种光栅。这种人际关系的重要性对于贝尔德联合公司不言自明。R. W. 伍德（R. W. Wood）对于那些出售光栅仪器的人而言是一个特别重要的大学研究人员。在霍普金斯大学师从伍德研制光栅仪器期间，贝尔德曾写信给斯特纳谈及伍德：

> 伍德曾经让我看一封来自鲍施（Bausch）和伦（Lomb）的信。这两人已经来信询价以每年 25 美元使用水平光栅仪，他们打算将其用在利特罗装置（Littrow mounting）做化学分析。他们需要这种无寄生图像（ghost free）的光栅带点散射光。他们似乎懂点化学分析，特质的焦距引发同样的散射麻烦，现在需要固定住它的棱柱模式。R. W. 伍德并不看好这份订单，认为鲍施和伦想拿走这种仪器的 80% 的收益，他不能接受这一点。

贝尔德联合公司的摄谱仪是为曲面光栅设计的，而不是为平面光栅设计的，这种光谱仪郑重承诺有能力做许多光谱分析。这种仪器被安装在一个便携式不透光的匣子里。将发光元素放置在一个小匣子里具有用较为简单的方法准确地控制温度的额外利好。这对科学研究是一个天才的贡献。终于麻省理工学院的伍德达成了贝尔德的意愿：贝尔德联合公司参与摄谱仪的研究不是为了钱而是为了对科学有所贡献。

公司与大学之间的沟通展示了礼物经济的所有特质。贝尔德联合公

---

[1] Learner 1968, p.540.

司，更准确地说是贝尔德、斯特纳和凯利具有成为把科学当作共同体礼物的素养。他们的目的就是回馈科学；一种便携式的摄谱仪最适于定量分析，这种仪器是过去的科学所不曾拥有的。贝尔德与伍德的接触是个人层面的，贝尔德能够这样做是由于他是霍普金斯大学的校友。伍德能够接受贝尔德及其公司，是由于该公司的基本目的不是获利，不是想成为一个仪器制造商。

1939 年贝尔德联合公司卖给霍普金斯大学一台摄谱仪。在交付过程中，有关光栅的数量有些不同意见，贝尔德联合公司从这种仪器中获得相应回报。伍德"还没有染上商人习气，但却受到了打击"，贝尔德给斯特纳的信中写道："伍德是我们的同路人，但还需要做些实践智慧上的认真考量。但不幸的是，D. 伍德退休后，他的部分薪水来自光栅团队，因而我们之间的交易关乎他的收入。"1975 年，贝尔德回忆这笔交易如下：

> 我与伍德曾就我可以得到三个光栅还是四个光栅有过激烈的争执。我需要这些光栅，而且我还能向伍德提供我们生产的功率一米的摄谱仪。因而当我们经过喋喋不休的争论之后，结果是伍德说给我三个光栅，我说我想要四个光栅。我们俩都理解光栅是没法儿一分为二的，所以我只得到三个光栅。①

家父常常提及这个故事，而且我知道当他讲把光栅一分为二时，他是在借喻《圣经》的故事，故事讲的是贤王所罗门用这个典故来确定谁是孩子的母亲。当所罗门王威胁她们要将孩子一分为二时，孩子的生母收回了她的请求以拯救孩子的性命。在 20 世纪 30 年代，光栅就像这个婴儿一样，是一种礼物。他们争论的问题是，伍德该不该给我的父亲四个光栅，这是因为光栅不是商品，也没法儿通过"公平的协商"来定价。贝尔德联合公司没有得到第四个光栅。

同时伍德还负责刻线机事务，威尔伯·派利（Wilbur Perry）曾是管

---

① Baird 1975, ch.11, p.4.

理光栅的技术员，监管刻线机正常运转。贝尔德对派利评价甚高，他曾这样写道，他"设法（给贝尔德）保留了一份 30 000 条线的光栅，而伍德却没有找到"。在整个 20 世纪 30—40 年代之间，派利为贝尔德联合公司尽可能地提供该公司所需要的性能良好的光栅。派利在他送给贝尔德联合公司的明信片上曾这样写道：

1939：亲爱的沃尔特，我确信你已经收到了我从 8 月 1 日寄给你的光栅，这个光栅看起来不错……

1941 年 7 月：亲爱的沃尔特，我正在赶制你的两个光栅并将在 19 日完成其中的一个……我计划给你调制一个三米长的光栅，使你每次使用这台机器都得心应手。

1941 年 11 月：亲爱的沃尔特……把光栅从 15 000 条线调至 30 000 条线没有问题，因为我需要这样一种光面来放置铝膜用于干涉媒介。请善待这台设备。

1945 年：亲爱的沃尔特……给你们公司的 18 台光栅的订单几乎累垮了 R. 伍德，因为伍德总是不时地催促并告诉我要尽力按时交付。

凭借这种关联，贝尔德联合公司的生存就依傍这些世界上最好的光栅的可靠供给。

七、从赠予到出售

贝尔德联合公司抢占第一批研制成功的分光计以至于该公司能够在 1937 年 7 月 19 日至 22 日的麻省理工学院的夏季会议上展示出来。[1] 直到 1940 年这种机器还没有用于出售，却诱使美国矿业局订购了这种仪器。这台仪器是贝尔德联合公司研制的，但几经延迟才在 1938 年 4 月得以交付。贝尔德的获利就是这台仪器 1 260 美元的直接成本。但还有

---

① Baird Associates 1950.

许多间接成本如建立实验室和研制设施等 ① （图 10.5）。

图 10.5　贝尔德联合公司为三米长的光谱仪所做的宣传（约 1938 年）
资料来源：美国热电-应用研究实验室股份有限公司授权重印

当这种光谱仪滞销，销售就变得重要了。这种摄谱仪有助于证明光栅性能优于棱锥的折射功能。在对贝尔德联合公司出产光谱仪进行了 18 个月的试用后，美国矿业局的莫里斯·斯莱文在 1939 年的麻省理工学院夏季年会上论证了这种光栅摄谱仪的优越功能。② 至此，贝尔德联合公司并没有盈利，它所获得的利好仅在礼物经济的范畴内。对于仪器分析的开发共同体而言，尽管这种性能良好的光栅摄谱仪依然是礼物，但贝尔德联合公司的这项发明却有助于确立这种分析方法。

虽然在 20 世纪 30 年代削价处理，贝尔德联合公司仅售出 7 台光栅摄谱仪。此后销售开始慢慢提升，截至 40 年代，它们卖出了 54 台仪器，这种势头一直保持到 60 年代。1939 年，这种仪器的价格从 1938 年的 2 610 美元跌至 2 175 美元，但此后开始稳步提升。到了 1940 年，一台三米的摄谱仪售价已经涨到了 3 700 美元。③20 世纪 50 年代的公司财

① 　Baird Associates 1937; Walsh 1988, p.1338.
② 　Slavin 1940.
③ 　Baird Corporation n.d.

政官写道："这种仪器被装在一个木头箱子里，被用在一个敞开（有危险）的电极架（electrode stand）上，它的收益当然不错。但如果用钢铁的价格来衡量，它就难以展现纯收益。"[①]鉴于市场的本质，贝尔德联合公司并不希望大量销售，小规模的销售导致间接成本分摊在每件仪器上。小规模销售致使利润下滑。一旦有几台仪器被利用起来，贝尔德联合公司就得花钱维护和保养这些仪器。

　　随着第二次世界大战的降临，贝尔德联合公司的销售规模大为改观（见表 10.1；数目虽**不及**百万美元）。在 1942 年前，盈利就开始上涨，1942 年后，营业额是此前的三倍。《财富》杂志上的一篇文章曾这样刻画贝尔德联合公司：

表 10.1　1936—1946 年贝尔德联合公司收支表（美元）[②]

年　份	总销售额	毛利润	税前收入
1936	230	34	41
1937	726	（1 084）	（1 460）
1938	6 036	204	（592）
1939	10 126	2 740	749
1940	27 486	3 593	2 200
1941	49 129	16 930	11 600
1942	128 889	32 278	23 038
1943	203 498	47 956	29 469
1944*	140 922	50 850	43 332
1945	387 558	45 472	30 301
1946	353 645	72 103	32 603

＊只有 8 个月。

　　原则上讲，光谱化学并非新学科，通常仅用于高水平研究的实验室，10 年后，那些通常自己建造科学仪器的研究人员，几乎不关

①　Chamberlain 1958, p.12.
②　Baird Associates 1953.

注用以分析标准化学用品的常规方法。而使用工业控制的实验室的化学家也对通过测度看不见的紫外线和红外线波长的学术性技术不感兴趣。

　　当战争爆发时，诸多控制实验室都手忙脚乱。19 世纪化学作为一种耗费时间的方法最终不得不凭借光谱化学。①

　　快速分析的需求，特别是像美国陆军沃特顿兵工厂那样的机构对所用金属的分析，将产业纳入光谱化学分析方法和必要的科学仪器的业务范围。为 19 世纪的湿法技术向仪器技术的转变所提供的资金，即来自政府作为战争资金的一部分。随着战争结束，利用仪器进行化学分析的新传统便确立起来，化学分析取决于像贝尔德联合公司那样的机构所提供的价格不菲的仪器。

　　第二次世界大战还标志着另外一种更为本土的转变。到 20 世纪 40 年代后期，贝尔德联合公司的摄谱仪成为了一种商品，而且在当时是一种昂贵的商品（在 1953 年，一套摄谱仪的售价是 12 500 元）②。战时财政和击败法西斯的共同目标促进了科学仪器从礼物向商品的转换。所有的竞争中的仪器制造商都服从于这一核心目标，对仪器产业提供丰厚资助。因而把科学仪器作为商品的初心并没有败坏科学仪器作为认知性礼物的业态，而且贝尔德联合公司早在 30 年代就进入了科学仪器作为认知性商品的行业。

　　贝尔德联合公司建造的第一台摄谱仪，也就是在 1937 年麻省理工学院夏季会议上被展示的那一台，在 1940 年卖给了新英格兰光谱化学公司③ 以助力于该公司的资本收益。W. 贝尔德在 1940 年 1 月 20 日的日记上曾这样无奈地评价这桩买卖：

　　　　我们的第一台摄谱仪现在已经售出了。我不太喜欢这台仪器

① "Instrument Makers of Cambridge," 1948, p.133.
② Baird Associates 1953.
③ 这台仪器现在存放于史密斯珊妮的历史与技术博物馆（Smithsonian's Museum of History and Technology）。

的新主人，因为我确信买主购置这台仪器并不是出于一定程度的喜爱。我并不乐见于此。对我而言这台仪器代表了我几乎一周没有睡觉的艰辛，也代表了步入商业的伤感，有些东西是金钱买不到的。我们之所以要售卖这台仪器是因为我们需要资金，而这台仪器代表了我们所需的大量资金。我们把它卖掉的原因还在于，我们知道我们会用更好的仪器取代它。我们非常了解这台仪器的不完美之处，了解她的每一部位，每一颗螺钉。我们研制了许多这种仪器，但这台仪器是有灵魂的，而其他仪器都只是躯壳。

贝尔德联合公司生产的这种仪器是对仪器分析的礼物。这种仪器是制造者非常熟悉光学、光谱化学分析和机械设计的直接结果。建构这台仪器的知识使它的使用者能够直接评估某些自然物的性能，同时也使得它的使用者运用这些测量的结果。与此同时，这台仪器也代表着只有资本才能够使得贝尔德联合公司从燃眉之急中生存下来。这第一台摄谱仪的两面性就在于，它既是礼物也是商品。

贝尔德联合公司存活下来了，但并没有赚多少钱。它只是让学术意义上的礼物经济更繁荣了。20 世纪五六十年代，贝尔德联合公司主要是作为研究团队而闻名。一流的科学家被吸引到贝尔德联合公司是因为这些科学家依然保持在礼物经济中的科学家身份。W. 贝尔德的思考见于1975 年未正式出版的公司记录中：

> 这种仪器的研制还可以做得更好。与资金短缺相比，研制这种仪器更需要观念。但恰恰在这一时期我们更需要培植一批富有创新趣味的员工……比这更重要的是，我猜想我们那一时代的校友（贝尔德联合公司在 30—50 年代的雇员）比我所知道的任何时代的人都更富有创新意识也更重要……可以展望我猜想这代人的差别就在于，与赚钱相比，我们对科学更感兴趣，对科学的改进更感兴趣，对开发科学的应用更感兴趣。既然这代人具有如此特殊的品格，因而我想假如我们回顾度过的岁月并查阅我们的年度报告，我们就会

发现每一年我们都会有些长进，都会有许多乐趣。①

　　研制这种仪器的诀窍就是享受研究的乐趣，且确信每年都会有所长进。

八、真正的礼物

　　皮埃尔·布迪厄用资本家的隐喻来展现科学的形象以对比"科学共同体的谦和形象"，将科学描述为"科学的圣徒传"（scientific hagiography）②。布迪厄寻求开创更具批判性的空间，来批评那些创造科学知识的科学家和那些研究创造科学技术的创造过程，那些因而被称为以科学技术为对象的学者。布迪厄反对某种目的王国的观念（kingdom of ends），这种观念只知道"观念的完胜"（perfect competition of ideas），一种被复杂的真观念的力量所正确决定的比较。③

　　最近有个被称为"科学大战"（the science wars）的丑闻验证了布迪厄所推动的这场运动的胜利。如今我们已经细致地了解了被说服术和政治学所编织的科学家和工程师的日常生活的神话。如今已经没有人再把科学技术的发展看作"观念的完胜"。那么为什么还会有"科学大战"？人们何以凭借某种标准来反对科学技术发展的证据确凿的实在论形象？

　　许多科学家和工程师们发现，被科学技术论（science and technology studies）学者（一般而论但不是在个人的意义上）所描述的科学技术工作是不正确的。既然在许多情况下对科学技术的描述都不值一提，而且同类的科学家和工程师都沉迷于自己的小圈子，那么他们对科学技术论学者对科学技术的描述的拒斥和厌恶就不奇怪了。但问题还远不止于此。正是科学技术的神秘性受到了挑战，目的王国的观念只知观念的完胜。如果一切竞争都是观念的竞争，都是由知性的强盗贵族（epistemic robber barons）所掌控和开发的认知资本（epistemic capital）的竞争，

---

① Baird 1975, ch.10, pp.2-3.
② Bourdieu 1975, p.19.
③ Ibid.

那么贝尔德联合公司在 20 世纪 30—50 年代的研究乐趣的消弭也就没有什么意义了。W. 贝尔德和他的合作伙伴并非简单地共享市场份额，不论是作为资本家还是作为研究者都是如此。在"培植新一代富有创意的员工"方面，贝尔德联合公司找到了世界的走向。这是值得庆幸的事。

贝尔德联合公司正在或相信他们对人类的知识有所贡献，这就是该公司的目的王国。

用礼物交换的方式来理解知识正适合于目的王国。礼物经济的基本特征较之商品经济，就是共同体的创造。在创造知识的情况下，礼物交换创造了对目的王国有所贡献的共同体，对这种目的王国的刻画来自我们对世界的研究。正是参与了某个共同体，人们才相信这样一个目的王国能够评定两种自然观念的竞争（我的父亲几乎一周没睡来研制这种摄谱仪），其他共同体成员的接受和奖赏，这些都成为科学技术论学者的研究素材。

知识只是一种礼物。知识作为礼物的神奇之处就在于，知识是人造的，我们可以利用先辈制造的知识，并利用先辈制造的知识来制造新的知识。能够站在巨人的肩膀上，融入科学共同体之中，并不是一种权利。我们需要做的就是维系这种共同体以至于我们能够持续地进行知识的创造。器物知识使得把知识作为礼物的任务更加困难，但是，在当代高技术的"器物知识世界"中，器物知识作为礼物的传承更具有活力。这是21 世纪一场典型的争夺。

主要参考文献

Allen, M. J., and W. M. Yen. 1979. *Introduction to Measurement Theory*. Monterey, Calif.: Brooks/Cole.

Anderson, R. G. W., J. A. Bennett, and W. F. Ryan, eds. 1993. *Making Instruments Count: Essays on Historical Scientific Instruments Presented to Gerard L'Estrange Turner*. Aldershot, Hants; Brookfield, Vt.: Variorum.

Annertz, M., H. Wingstrand, et al.1996. "MR Imaging as the Primary Modality for Neuroradiologic Evaluation of the Lumbar Spine: Effects on Cost and Number of Examinations". *Acta Radiologica* 37, no.3, pt. 1: 373-80.

Aristotle. 1984. *The Complete Works of Aristotle: The Revised Oxford Translation*. Edited by Jonathan Barnes. Princeton: Princeton University Press.

Ashmore, Malcolm. 1993. "The Theatre of the Blind: Starring a Promethean Prankster, a Phoney Phenomenon, a Prism, a Rocket, and a Piece of Wood". *Social Studies of Science* 23: 67-106.

Audi, R. 1998. *Epistemology: A Contemporary Introduction to the Theory of Knowledge*. London: Routledge.

Ayer, A. J. 1974. "Truth, Verification and Verisimilitude". In *The Philosophy of Karl Popper*, edited by P. A. Schilpp, pp.684-691. La Salle, Ill.: Open Court.

Baird Associates. 1937. "Financial Statement". Cambridge, Mass.: Baird Associates.

Baird Associates. 1938. "Statement of Organization and Aims". Cambridge, Mass.: Baird Associates.

Baird Associates. 1950. *Better Analysis*, 1: 1-12. Cambridge, Mass.: Baird Associates.

Baird Associates. 1953. Untitled. Cambridge, Mass.: Baird Associates.

Baird Associates. 1956. *Spectromet: Direct Reading Analysis on the Plant Floor*. Advertising Bulletin #42. Cambridge, Mass.: Baird Associates.

Baird-Atomic. 1959. *A Comparison of Analytical Methods*. Advertising Brochure. Cambridge, Mass.: Baird-Atomic.

Baird Corporation. N. d. *Installations of Optical Emission Instruments*. Bedford, Mass.: Baird Corporation.

Baird, D. 1983. "Conceptions of Scientific Law and Progress in Science". In *The Limits of Lawfulness: Studies on the Scope and Nature of Scientific Knowledge*, edited by N. Rescher, pp.33-41. Lanham, Md.: University Press of America.

Baird, D. 1987. "Exploratory Factor Analysis, Instruments and the Logic of Discovery". *British Journal for the Philosophy of Science* 38: 319-37.

Baird, D. 1991. "Baird Associates Commercial Three-Meter Grating Spectrograph and the Transformation of Analytical Chemistry". *Rittenhouse* 5, no.3: 65-80.

Baird, D. 1999. "Internal History and the Philosophy of Experiment: An Essay Review of *The Creation of Scientific Effects* by Jed Z. Buchwald; *Experiment and the Making of Meaning* by David Gooding; [and] The Mangle of Practice by Andrew Pickering". Perspectives on Science 7, no.3: 383-406.

Baird, D., and T. Faust. 1990. "Scientific Instruments, Scientific Progress and the Cyclotron". *British Journal for the Philosophy of Science* 41: 147-75.

Baird, D., and A. Nordmann. 1994. "Facts-Well-Put". *British Journal for the Philosophy of Science* 45: 37-77.

Baird, W. S. 1975. "Memoirs". MS in the possession of Davis Baird.

Baird, W. S. 1979. "Acceptance Speech: 1979 Scientific Apparatus Makers Association Award". MS in the possession of Davis Baird.

Baly, E. C. C. 1927. *Spectroscopy*. London: Longmans, Green.

Bedini, S. A. 1994. "In Pursuit of Provenance: The George Graham Proto-Orreries". In *Learning, Language and Invention: Essays Presented to Francis Maddison*, edited by W. D. Hackmann and A. J. Turner, pp.54-77. Astrolabica, no.6. Brookfield, Vt.: Ashgate; Paris: Société internationale de l'Astrolabe; Aldershot, Hants: Variorum.

Benfield, R. 1995. "Nursing Science: Considering a Philosophy of Instrumentation". MS.

Bennett, J. A. 1984. *The Celebrated Phaenomena of Colours: The Early History of the Spectroscope*. Cambridge: Whipple Museum of the History of Science.

Black, J. 1803. *Lectures on the Elements of Chemistry*. 2 vols. Edinburgh: W. Creech.

Block, F. 1946. "Nuclear Induction". *Physical Review* 70: 460-74.

Block, F., W. W. Hansen, et al. 1946. "The Nuclear Induction Experiment". *Physical Review* 70: 474-85.

Bonjour, L.1985. *The Structure of Empirical Knowledge*. Cambridge, Mass.: Harvard University Press.

Bourdieu, P. 1975. "The Specificity of the Scientific Field and the Social Conditions of the Progress of Reason". *Social Science Information* 14, no.6: 19-47.

Bourdieu, P. 1997. "Marginalia—Some Additional Notes on the Gift". In *The Logic of the Gift*, edited by A. D. Schrift, pp.231-41. New York: Routledge.

Boyle, R. 1660. *New Experiments Physico-Mechanicall, Touching The Spring of the Air*, and its Effects (Made, for the most part, in a New Pneumatical Engine). Oxford: T. Robinson.

Boyle, R. 1809. "New Pneumatical Experiments about Respiration". In *Philosophical Transactions of the Royal Society*, edited by C. Hutton, G. Shaw, and R. Pearson (abridged), 1: 473-89. London: Baldwin.

Brain, R. M., and M. N. Wise. 1999. "Muscles and Engines: Indicator Diagrams and Helmholtz's Graphical Methods". In *The Science Studies Reader*, edited by M. Biagioli, pp.51-66. New York: Routledge.

Bronowski, J. 1981. "Honest Jim and the Tinker Toy Model". In *The Double Helix: A Personal Account of the Discovery of the Structure of DNA*. Edited by G. Stent. New York: Norton.

Bronskill, M. J., E. R. McVeigh, et al. 1988. "Syrinx-like Artifacts on MR Images of the Spinal Cord". *Radiology* 166, no.2: 485-88.

Brush, S. 1988. *The History of Modern Science: A Guide to the Second Scientific Revolution, 1800-1950*. Ames: Iowa State University Press.

Bucciarelli, L. L. 1994. Designing Engineers. Cambridge, Mass.: MIT Press.

Bucciarelli, L. L. 2000. "Object and Social Artifact in Engineering Design". In *The Empirical Turn inthe Philosophy of Technology*, edited by P. A. Kroes and A. W. M. Meijers, pp.67-80. Research in Philosophy and Technology, ser. ed., C. Mitcham, vol.20. Amsterdam: JAI-Elsevier, 2001.

Buchwald, J. Z. 1985. *From Maxwell to Microphysics*. Chicago: University of Chicago Press.

Buchwald, J. Z. 1994. *The Creation of Scientific Effects*. Chicago: University of Chicago Press.

Buchwald, J. Z. 1998. "Reflections on Hertz and the Hertzian Dipole". In *Heinrich Hertz: Classical Physicist, Modern Philosopher*, edited by D. Baird, R. I. G. Hughes, and A. Nordmann, pp.269-80. Dordrecht: Kluwer.

Busch, W. 1986. *Joseph Wright of Derby: Das Experiment mit der Luftpumpe. Eine Heilige Allianz zwischen Wissenschaft und Religion*. Frankfurt a/M: Fischer Taschenbuch.

Caplow, T. 1982. *Middletown Families: Fifty Years of Change and Continuity*. Minneapolis: University of Minnesota Press.

Cardwell, D. S. L. 1967. "Some Factors in the Early Development of the Concepts of Power, Work and Energy". *British Journal for the History of*

Science 3, no.11: 209-24.

Cardwell, D. S. L. 1971. *From Watt to Clausius: The Rise of Thermodynamics in the Early Industrial Age*. London: Heinemann Educational Books.

Carnot, Sadi. 1824. *Réflexions sur la puissance motrice du feu et sur les machines propres à développer cette puissance*. Paris: Bachelier.

Carpenter, R. O. B., E. DuBois, et al.1947. "Direct-Reading Spectrometer for Ferrous Analysis". *Journal of the Optical Society of America* 37: 707-13.

Carrier, J. G. 1995. *Gifts and Commodities: Exchange and Western Capitalism since 1700*. New York: Routledge Chapman & Hall.

Cartwright, N. 1983. *How the Laws of Physics Lie*. Oxford: Oxford University Press.

Chamberlain, F. 1958. *Baird-Atomic, Inc.: Principal Products, Past and Present (1936-1957)*. Cambridge, Mass.: Baird-Atomic.

Cheal, D. 1988. *The Gift Economy*. New York: Routledge Chapman & Hall.

Clarke, B. L. 1947. "What Is Analysis"? *Industrial and Engineering Chemistry*, Analytical Edition 19, no.11: 822.

Cockcroft, J. D., and E. T. S. Walton. 1932. "Experiments with High Velocity Positive Ions, II: The Disintegration of Elements by High Velocity Protons". *Proceedings of the Royal Society* A 137: 229-42.

Cohen, I. B. 1985. *Revolution in Science*. Cambridge, Mass.: Harvard University Press.

Cohen, M., and D. Baird. 1999. "Why Trade"? *Perspectives on Science* 7, no.2: 231-54.

Collins, H., and M. Kusch. 1998. *The Shape of Actions*. Cambridge, Mass.: MIT Press.

Conant, J. B. 1950. *Robert Boyle's Experiments in Pneumatics*. Cambridge, Mass.: Harvard University Press.

Conant, J. B., and L. K. Nash, eds. 1957. *Harvard Case Studies in Experimental Science*. Cambridge, Mass.: Harvard University Press.

Crick, F. 1988. *What Mad Pursuit: A Personal View of Scientific Discovery*. New York: Basic Books.

Crouse, J., and D. Trusheim. 1988. *The Case against the SAT*. Chicago: University of Chicago Press.

Daniell, J. F. 1820a. "On a New Hygrometer, Which Measures the Force and Weight of Aqueous Vapor in Atmosphere, and the Corresponding Degree of Evaporation". *Quarterly Journal of Science* 8: 298-336.

Daniell, J. F. 1820b. "On the New Hygrometer". *Quarterly Journal of Science* 9: 128-37.

Daniell, J. F. 1823. *Meteorological Essays*. London: T. & G. Underwood.

Darwin, E. [1791] 1978. *The Botanic Garden*. New York: Garland.

Daston, L. 1988. "The Factual Sensibility". *Isis* 79: 452-67.

Daston, L. 1991. "Baconian Facts, Academic Civility, and the Prehistory of Objectivity". *Annals of Scholarship* 8, no.3: 337-63.

Daston, L. 1992. "Objectivity and the Escape from Perspective". *Social Studies of Science* 22: 597-618.

Daston, L., and P. Galison. 1992. "The Image of Objectivity". *Representations* 40(Fall 1992): 81-128.

Davenport, W. R. 1929. *Biography of Thomas Davenport: The "Brandon Blacksmith," Inventor of the Electric Motor*. Montpelier, Vt.: Vermont Historical Society.

Davis, N. P. 1968. *Lawrence and Oppenheimer*. New York: Simon & Schuster.

Deming, S., and S. Morgan. 1987. *Experimental Design: A Chemometric Approach*. Amsterdam: Elsevier.

Dieke, G. H., and H. M. Crosswhite. 1945. "Direct Intensity Measurements of Spectrum Lines with Photo-Multiplier Tubes". *Journal of the Optical Society of America* 35: 471-80.

Donkin, S. B. 1937. "The Society of Civil Engineers(Smeatonians) ". *Transactions of the Newcomen Society for the Study of the History of*

References

Engineering and Technology 17: 51-71.

Dow Chemical Company. 1946. "Mechanical Brain for Magnesium Analysis". *Dow Diamond*, 2-5.

Duffendack, O. S., and W. E. Morris. (1942). "An Investigation of the Properties and Applications of the Geiger-Muller Photoelectron Counter". *Journal of the Optical Society of America* 32: 8-24.

Dym, C. 1994. *Engineering Design: A Synthesis of Views*. Cambridge: Cambridge University Press.

Elkins, J. 1999. *What Painting Is*. New York: Routledge.

Emerson, R. W. 1876. *Essays*, Second Series. Boston: Houghton Mifflin.

Ewart, P. 1813. "On the Measure of Moving Force". *Memoirs and Proceedings of the Manchester Literary and Philosophical Society* 7: 105-258.

Ewing, G. 1969. *Instrumental Methods of Chemical Analysis*. New York: McGraw-Hill.

Ewing, G. 1976. "Analytical Chemistry: The Past 100 Years". *Chemical and Engineering News*, April 6.

Faraday, M. 1821a. "Historical Sketch of Electro-Magnetism". *Annals of Philosophy* 18: 195-200, 274-90.

Faraday, M. 1821b. "On Some New Electromagnetical Motions, and on the Theory of Magnetism". *Quarterly Journal of Science* 12: 74-96.

Faraday, M. 1822a. "Description of an Electro-Magnetical Apparatus for the Exhibition of Rotatory Motion". *Quarterly Journal of Science* 12: 283-85.

Faraday, M.1822b. "Electro-Magnetic Rotations Apparatus". *Quarterly Journal of Science* 12: 186.

Faraday, M. 1822c. "Historical Sketch of Electro-Magnetism". *Annals of Philosophy* 19: 107-21.

Faraday, M. 1822d. "Note on New Electro-Magnetical Motions". *Quarterly Journal of Science* 12: 416-21.

Faraday, M. 1844. *Experimental Researches in Electricity*. London: Richard &

John Edward Taylor.

Faraday, M. 1971. *The Selected Correspondence of Michael Faraday*, vol.1, 1812-1848. Cambridge: Cambridge University Press.

Ferguson, J. 1809. *Astronomy Explained*. London: J. Johnson.

Fischer, R. B. 1956. "Trends in Analytical Chemistry—1955". *Analytical Chemistry* 27, no.212: 9A-15A.

Fischer, R. B. 1965. "Trends in Analytical Chemistry—1965". *Analytical Chemistry* 37, no.12: 27A-34A.

Francoeur, E. 1997. "The Forgotten Tool: The Design and Use of Molecular Models". *Social Studies of Science* 27, no.1: 7-40.

Franklin, A. 1986. *The Neglect of Experiment*. Cambridge: Cambridge University Press.

Franklin, A. 1990. *Experiment: Right or Wrong*. Cambridge: Cambridge University Press.

Franklin, B. 1941. *Benjamin Franklin's Experiments: A New Edition of Franklin's Experiments and Observations on Electricity*. Cambridge, Mass.: Harvard University Press.

Franklin, B. 1972. *The Papers of Benjamin Franklin*. New Haven, Conn.: Yale University Press.

Franks, Felix. 1983. *Polywater*. Cambridge, Mass.: MIT Press.

Friedel, R., P. Israel, and B. S. Finn. 1987. *Edison's Electric Light: Biography of an Invention*. New Brunswick, N. J.: Rutgers University Press.

Galison, P. 1987. *How Experiments End*. Chicago: University of Chicago Press.

Galison, P. 1997. *Image and Logic: A Material Culture of Microphysics*. Chicago: University of Chicago Press.

Gawande, A. 1998. "The Pain Perplex". *New Yorker*, September 21, 1998, pp.86-94.

Gee, B. 1991. "Electromagnetic Engines: Pre-technology and Development

Immediately Following Faraday's Discovery of Electromagnetic Rotations". *History of Technology* 13: 41-72.

General Electric Medical Systems. 1993. *Scanning: Signa Advantage 5.4 Operating Documentation*, *GE Medical Systems*.

Gerlach, W., and E. Schweitzer. 1931. *Foundations and Methods of Chemical Analysis by the Emission Spectrum*. London: Adam Hilger.

Giere, R. 1988. *Explaining Science: A Cognitive Approach*. Chicago: University of Chicago Press.

Gigerenzer, G., Z. Swijtink, et al., eds. 1989. *The Empire of Chance: How Probability Changed Science and Everyday Life*. Cambridge: Cambridge University Press.

Gilbert, D. 1827. "On the Expediency of Assigning Specific Names to All Such Functions of Simple Elements as Represent Definite Physical Properties: With a Suggestion of a New Term in Mechanics; Illustrated by an Investigation of the Machine Moved by Recoil, and Also by Some Observations on the Steam Engine". *Philosophical Transactions of the Royal Society* 117, no.1: 25-38.

Gleick, J. 1993. *Genius: The Life and Science of Richard Feynman*. New York: Pantheon Books.

Godelier, M. 1999. *The Enigma of the Gift*. Chicago: University of Chicago Press.

Goldman, A. 1986. *Epistemology and Cognition*. Cambridge, Mass.: Harvard University Press.

Gooding, D. 1990. *Experiment and the Making of Meaning*. Dordrecht: Kluwer.

Goodman, N. 1968. *Languages of Art: An Approach to a Theory of Symbols*. New York: Bobbs-Merrill.

Goodman, N. 1983. *Fact, Fiction and Forecast*. Cambridge, Mass.: Harvard University Press.

Gregory, C. A. 1982. *Gifts and Commodities.* New York: Academic Press.

Haack, S.1979. "Epistemology with a Knowing Subject". *Review of Metaphysics* 33, no.2: 309-35.

Haack, S. 1991. "What is 'the Problem of the Empirical Basis', and Does Johnny Wideawake Solve It?" *British Journal for the Philosophy of Science* 42, no.3: 369-89.

Haack, S. 1993. *Evidence and Inquiry: Toward Reconstruction in Epistemology.* Oxford: Blackwell.

Hacking, I., 1983a. *Representing and Intervening.* Cambridge: Cambridge University Press.

Hacking, I. 1983b. "Was There a Probabilistic Revolution 1800-1930"? In *Probability since 1800: Interdisciplinary Studies of Scientific Development*, edited by M. Heidelberger, L. Krüger, and R. Rheinwald, pp.487-506. Bielefeld, Germany: B. K. Verlag GmbH.

Hacking, I. 1987. "Was There a Probabilistic Revolution 1800-1930"? In *The Probabilistic Revolution*, vol.1: *Ideas in History*, edited by L. Krüger, L. Daston, and M. Heidelberger, 1: 45-55. Cambridge, Mass.: MIT Press.

Hacking, I. 1992. "The Self-Vindication of the Laboratory Sciences". In *Science as Practice and Culture*, edited by A. Pickering, pp.29-64. Chicago: University of Chicago Press.

Hacking, I., ed. 1981. *Scientific Revolutions.* Oxford Readings in Philosophy. Oxford: Oxford University Press.

Hallett, L. T. 1947. "The Analyst's Column". *Industrial and Engineering Chemistry*, Analytical Edition 19, no.10: 15A.

Hallett, L. T. 1948. "The Analyst's Column". *Analytical Chemistry* 20, no.10: 25A.

Hankins, T., and R. Silverman, eds. 1995. *Instruments and the Imagination.* Princeton, N. J.: Princeton University Press.

Harrison, G. R. 1938a. "A Comparison of Prism and Grating Instruments for Spectrographic Analysis of Materials". In *Spectroscopy in Science and Industry: Proceedings of the Fifth Summer Conference on Spectroscopy and its Applications*, edited by G. R. Harrison, pp.31-37. New York: Wiley.

Harrison, G. R., ed. 1938b. *Proceedings of the Fifth Summer Conference on Spectroscopy and Its Applications*. New York: Wiley.

Harrison, G. R. 1939a. "New Tables of the 100,000 Principal Spectrum Lines of the Chemical Elements between 10,000 Å and 2,000 Å". In [MIT], *Massachusetts Institute of Technology Wavelength Tables, with Intensities in Arc, Spark, or Discharge Tube*, measured and compiled under the direction of G. R. Harrison, pp.118-24. New York: Wiley.

Harrison, G. R., ed. 1939b. *Proceedings of the Sixth Summer Conference on Spectroscopy and Its Applications*. New York: Wiley.

Harrison, G. R., ed. 1940. *Proceedings of the Seventh Summer Conference on Spectroscopy and Its Applications*. New York: Wiley.

Harrison, G. R., R. C. Lord, and J. R. Loofbourow. 1948. *Practical Spectroscopy*. New York: Prentice-Hall.

Hasler, M. F. 1938. "The Practice of Arc Spectrochemistry with a Grating Spectrograph". In *Proceedings of the Fifth Summer Conference on Spectroscopy and Its Applications*, edited by G. R. Harrison, pp.43-46. New York: Wiley.

Hasler, M. F., and H. W. Dietert. 1944. "Direct Reading Instrument for Spectrochemical Analysis". *Journal of the Optical Society of America* 34: 751-58.

Hasler, M. F., R. W. Lindhurst, et al. (1948) . "The Quantometer: A Direct Reading Instrument for Spectrochemical Analysis". *Journal of the Optical Society of America* 38: 789-99.

Heidegger, M. 1977. *The Question Concerning Technology and Other Essays*. New York: Harper & Row.

Henkelman, R., and M. Bronskill. 1987. "Artifacts in Magnetic Resonance

Imaging". *Reviews of Magnetic Resonance in Medicine* 2, no.1: 1-126.

Hesse, M. 1963. *Models and Analogies in Science*. London: Sheed & Ward.

H. H. 1822. "Letter to the Editor: Account of a Steam-Engine Indicator". *Quarterly Journal of Science, Literature and the Arts* 13: 91-95.

Hills, R. L. 1989. *Power from Steam: A History of the Stationary Steam Engine*. Cambridge: Cambridge University Press.

Hindle, B. 1981. *Emulation and Invention*. New York: Norton.

Hindle, B., and S. Lubar. 1986. *Engines of Change: The American Industrial Revolution 1790—1860*. Washington, D. C.: Smithsonian Institution Press.

Hippel, E. von. 1988. *The Sources of Innovation*. Oxford: Oxford University Press.

Hoffmann, B. 1962. *The Tyranny of Testing*. New York: Crowell-Collier Press.

Hoffmann, R. 1995. *The Same and Not the Same*. New York: Columbia University Press.

Hoult, D., C.-N. Chen, et al. (1986). "The Field Dependence of NMR Imaging II. Arguments Concerning an Optimal Field Strength". *Magnetic Resonance Medicine* 3: 730-46.

Hoult, D., and R. Richards. 1976. "The Signal to Noise Ratio of the Nuclear Magnetic Resonance Experiment". *Journal of Magnetic Resonance* 24: 71-85.

Hughes, R. I. G.1997. "Models and Representation". *Philosophy of Science* 64 (Proceedings): S325-S336.

Hughes, T. P. 1998. *Rescuing Prometheus*. New York: Pantheon Books.

Hutson, J. M., and R. H. Petrie. 1986. "Possible Limitations of Fetal Monitoring". *Clinical Obstetrics and Gynecology* 29, no.1: 104-13.

Hyde, L. 1979. *The Gift: Imagination and the Erotic Life of Property*. New York: Vintage Books.

Ihde, A. 1984. *The Development of Modern Chemistry*. New York: Dover.

Ihde, D. 1991. *Instrumental Realism. Evanston, Ill.*: Northwestern University

Press.

Industrial and Engineering Chemistry, *Analytical Edition* 11, no.10 (1939): 563-82.

"Instrument Makers of Cambridge". *Fortune* 33, no.6 (December 1948): 136-41.

James, William. [1890] 1955. *The Principles of Psychology*. New York: Dover.

Jamieson, A. 1889. *A Text-book on Steam and Steam-Engines*. London: Charles Griffin.

Juaristi, E. 1991. *Introduction to Stereochemistry and Conformational Analysis*. New York: Wiley.

Judson, H. F. 1979. *The Eighth Day of Creation*. New York: Simon & Schuster.

Keyes, D. B. 1947. "The Importance of the Analytical Research Chemist in Industry". *Industrial and Engineering Chemistry*, *Analytical Edition* 19, no.8: 507.

King, H. C., and J. R. Millburn. 1978. *Geared to the Stars*: *The Evolution of Planetariums*, *Orreries*, *and Astronomical Clocks*. Toronto: University of Toronto Press.

King, W. J. 1963. "The Development of Electrical Technology in the Nineteenth Century". In Smithsonian Institution, *Contributions from the Museum of History and Technology*, 19-30: 231-407.

Kirchhoff, G., and R. Bunsen. 1860a. "Chemical Analysis by Spectrum Observations, 1". *Philosophical Magazine* 20: 89-109.

Kirchhoff, G., and R. Bunsen. 1860b. "Chemische Analyze durch Spectralbeobachtungen, 1". *Annalen der Physik und Chemie* 111: 160-89.

Kirchhoff, G., and R. Bunsen. 1861a. "Chemical Analysis by Spectrum Observations, 2". *Philosophical Magazine* 22: 329-510.

Kirchhoff, G., and R. Bunsen. 1861b. "Chemische Analyze durch Spectralbeobachtungen, 2". *Annalen der Physik und Chemie* 113: 337-425.

Kolthoff, I. 1973. "Development of Analytical Chemistry as a Science". *Analytical Chemistry* 45.

Kroes, P. 1996. "Technical and Contextual Constraints in Design: An Essay on Determinants on Technological Change". In COST A4, vol.5: *The Role of Design in the Shaping of Technology*, edited by J. Perrin and D. Vinck, pp.43-76.

Kroes, P. 1998. "Technological Explanations: The Relation between Structure and Function of Technological Objects". *Techné: Journal of the Society for Philosophy and Technology* 3, no.3, http: //scholar.lib.vt.edu/ejournals/SPT/v3n3/html/KROES.

Kroes, P. 2000. "Technical Functions as Dispositions: A Critical Assessment". *Techné: Journal of the Society for Philosophy and Technology* 5, no.3, http: //scholar.lib.vt.edu/ejournals/SPT/v3n3/html/KROES.html.

Krüger, L., L. J. Daston, et al., eds. 1987. *The Probabilistic Revolution.* 2 vols. Cambridge, Mass.: Harvard University Press.

Kuhn, T. S. [1962] 1970, 1996. *The Structure of Scientific Revolutions.* 2d ed., enl., 1970. 3d ed. 1996 Chicago: University of Chicago Press.

Kuhn, T. S. 1977. "The Function of Measurement in Modern Physical Science". In id., *The Essential Tension: Selected Studies in Scientific Tradition and Change*, pp.178-224. Chicago: University of Chicago Press.

Kumar, A., D. Welti, et al.1975. "NMR Fourier Zeugmatography". *Journal of Magnetic Resonance* 18: 69-83.

Kurie, F. N. D. 1938. "Present-Day Design and Technique of the Cyclotron". *Journal of Applied Physics* 9: 691-701.

Lacey, W. N. 1924. *A Course of Instruction in Instrumental Methods of Chemical Analysis.* New York: Macmillan.

Laitinen, H., and W. Harris. 1975. *Chemical Analysis: An Advanced Text and Reference.* New York: McGraw-Hill.

Laitinen, H. A., and G. W. Ewing, eds. 1977. *A History of Analytical*

Chemistry. Washington, D. C.: American Chemical Society, Division of Analytical Chemistry.

Lakatos, I. 1970. "Falsification and the Methodology of Scientific Research Programmes". In *Criticism and the Growth of Knowledge*, edited by I. Lakatos and A. Musgrave, pp.91-197. Cambridge: Cambridge University Press.

Lakatos, I. 1978. *The Methodology of Scientific Research Programmes*. Vol.1 of *Philosophical Papers*. Cambridge: Cambridge University Press.

Lakatos, I., and A. Musgrave, eds. 1970. *Criticism and the Growth of Knowledge*. Cambridge: Cambridge University Press.

Latour, B. 1987. *Science in Action: How to Follow Scientists and Engineers through Society*. Cambridge, Mass.: Harvard University Press.

Latour, B. 1999. *Pandora's Hope: Essays on the Reality of Science Studies*. Cambridge, Mass.: Harvard University Press.

Latour, B., and S. Woolgar. 1979. *Laboratory Life. Beverly Hills*, Calif.: Sage.

Laudan, L. 1977. *Progress and Its Problems*. Berkeley: University of California Press.

Lauterbur, P. C. 1973. "Image Formation by Induced Local Interactions: Examples Employing Nuclear Magnetic Resonance". *Nature* 242: 190-91.

Lauterbur, P. C. 1981. "NMR Zeugmatographic Imaging by True Three-Dimensional Reconstruction". *Journal of Computer Tomography* 5: 285.

Lawrence, E. O. 1952. "The Evolution of the Cyclotron". In *Les Prix Nobel en 1951*. Stockholm: Nobelstifting.

Lawrence, E. O., and D. Cooksey. 1936. "On the Apparatus for the Multiple Acceleration of Light Ions to High Speeds". *Physical Review* 50: 1131-40.

Lawrence, E. O., and N. E. Edlefsen. 1930. "On the Production of High Speed Protons". *Science* 72: 376-77.

Lawrence, E. O., and M. S. Livingston. 1932. "The Production of High Speed Light Ions without the Use of High Voltages". *Physical Review* 40: 19-35.

Lawrence, E. O., and M. S. Livingston. 1934. "The Multiple Acceleration of Ions to Very High Speeds". *Physical Review* 45: 608-12.

Lawrence, E. O., M. S. Livingston, et al.1932. "The Disintegration of Lithium by Swiftly Moving Protons". *Physical Review* 42: 150-51.

Lawrence, E. O., and D. Sloan. 1931. "The Production of High Speed Canal Rays without the Use of High Voltages". *Proceedings of the National Academy of Sciences* 17: 64-70.

Learner, R. C. M. 1968. "Spectrograph Design, 1918—68". *Journal of Scientific Instruments*, 2d ser., 1: 589-94.

Lemann, N. 1999. *The Big Test: The Secret History of the American Meritocracy*. New York: Farrar, Straus & Giroux.

Lévi-Strauss, C. 1969. *The Elementary Structures of Kinship*. Boston: Beacon Press.

Liebhafsky, H. A. 1962. "Modern Analytical Chemistry: A Subjective View". *Analytical Chemistry* 34, no.7: 23A-33A.

Lingane, J. J. 1948. "The Role of the Analyst". *Analytical Chemistry* 20, no.1: 1-3.

Livingston, M. S. 1931. "The Production of High-Velocity Hydrogen Ions without the Use of High Voltages". Ph. D. thesis, University of California, Berkeley.

Livingston, M. S. 1933. "The Attainment of High Vacua in Large Metal Chambers". *Physical Review* 43: 214.

Livingston, M. S. 1936. "The Magnetic Resonance Accelerator". *Review of Scientific Instruments* 7: 55-68.

Livingston, M. S. 1944. "The Cyclotron II". *Journal of Applied Physics* 15: 128-147.

Livingston, M. S. 1969. *Particle Accelerators: A Brief History*. Cambridge, Mass.: Harvard University Press.

Livingston, M. S. 1985. "History of the Cyclotron, I". In *History of Physics*:

Readings from Physics Today, *Number Two*, edited by S. R. Weart and M. Phillips, 255-60. New York: American Institute of Physics.

Livingston, M. S., and J. P. Blewett. 1962. *Particle Accelerators*. New York: McGraw-Hill.

Livingston, M. S., and E. O. Lawrence. 1933. "The Production of 4,800,000 Volt Hydrogen Ions". *Physical Review* 43: 212.

Longford, N. 1995. *Models for Uncertainty in Educational Testing*. New York: Springer-Verlag. Lord, F., and M. Novick. 1968. *Statistical Theories of Mental Test Scores. Reading*, *Mass*.: Addison-Wesley.

Mahoney, M. 1999. "Reading a Machine". Princeton University, http: // www.princeton.edu/~hos/h398/readmach/modelt.html. [MIT] Massachusetts Institute of Technology. Spectroscopy Laboratory. 1939.

Massachusetts Institute of Technology Wavelength Tables with Intensities in Arc, *Spark*, *or Discharge Tube of More Than 100,000 Spectrum Lines*, *Most Strongly Emitted by the Atomic Elements under Normal Conditions of Excitation between 10,000 Å and 2,000 Å Arranged in Order of Decreasing Wavelengths*. Measured and compiled under the direction of George R. Harrison by staff members of the Spectroscopy Laboratory of the Massachusetts Institute of Technology, assisted by the Works Progress Administration. [Cambridge, Mass.:] Technology Press, Massachusetts Institute of Technology; New York: Wiley.

Matheson, L. A., and J. L. Saunderson. 1952. "Optical and Electrical Properties of Polystyrene". In *Styrene: Its Polymers*, *Copolymers and Derivatives*, edited by R. H.Boundy, R. F. Boyer, and S. Stoesser, pp.517-73. New York: Reinhold.

Mauss, M. [1925] 1990. *The Gift: The Form and Reason for Exchange in Archaic Societies*. New York: Norton.

Maxwell, J. C. 1876. "General Considerations Concerning Scientific Apparatus". In *Special Loan Collection of Scientific Apparatus*, pp.1-21.

London: South Kensington Museum Handbooks.

McCrone, W. C. 1948. "The Role of the Analyst". *Analytical Chemistry* 20, no.1: 2-4.

McDonnell, L. M. 1994. *Policymakers' Views of Student Assessment.* Santa Monica, Calif.: RAND.

McMillan, E. M. 1959. "Particle Accelerators". In *Experimental Nuclear Physics*, edited by E. Segrè, 3: 639-785. New York: Wiley.

McMillan, E. M. 1979. "Early History of Particle Accelerators". In *Nuclear Physics in Retrospect: Proceedings of a Symposium on the 1930's*, edited by R. H. Stuewer, pp.113-55. Minneapolis: University of Minnesota Press.

McMillan, E. M. 1985. "History of the Cyclotron". In *History of Physics: Readings from Physics Today*, *Number Two*, edited by S. R. Weart and M. Phillips, pp.261-70. New York: American Institute of Physics.

Meggers, W. F., and B. F. Scribner. 1938. *Index to the Literature on Spectrochemical Analysis*, 1920-1939. Philadelphia: American Society for Testing Materials.

Megill, A. 1991. "Four Senses of Objectivity". *Annals of Scholarship* 8, nos. 1-2: 301-20.

Mellon, M. G. 1952. "Fisher Award Address: A Century of Colormetry". *Analytical Chemistry* 24, no.6: 924-31.

Melville, S. H. 1962. "The Effect of Instrument Development on the Progress of Chemistry". *Transactions of the Society of Instrument Technology*: 216-18.

Mendoza, E., ed. 1960. *Reflections on the Motive Power of Fire*, *by Sadi Carnot; and Other Papers on the Second Law of Thermodynamics*, *by É. Clapeyron and R. Clausius*. New York: Dover Publications.

Middleton, W. E. K. 1969. *Invention of the Meteorological Instruments.* Baltimore: Johns Hopkins Press.

Millburn, J. R. 1976. *Benjamin Martin: Author, Instrument-Maker, and*

Country Showman. Leyden: Noordhoff International Publishing.

Millburn, J. R., and H. C. King. 1988. *Wheelwright of the Heavens: The Life and Work of James Ferguson, FRS*. London: Vade-Mecum Press.

Mitcham, C. 1994. *Thinking Through Technology*. Chicago: University of Chicago Press.

Moore, J. H., C. C. Davis, and M. A. Coplan. 1983. *Building Scientific Apparatus: A Practical Guide to Design and Construction. Reading, Mass.:* Addison-Wesley.

Morris, P., ed. 2001. *From Classical to Modern Chemistry: The Instrumental Revolution*. London: National Museum of Science and Industry.

Morrison, M. 1998. "Modelling Nature: Between Physics and the Physical World". *Philosophia Naturalis* 35, no.1: 65-85.

Muirhead, J. P. 1859. *The Life of James Watt with Selections from His Correspondence*. London: John Murray.

Müller, R. 1940. "American Apparatus, Instruments, and Instrumentation". *Industrial and Engineering Chemistry, Analytical Edition* 12, no.10: 571-630.

Müller, R. 1941. "Instrumental Methods of Chemical Analysis". *Industrial and Engineering Chemistry, Analytical Edition* 13, no.10: 667-754.

Müller, R. 1946a. "Instrumentation in Analysis". *Industrial and Engineering Chemistry, Analytical Edition* 18, no.1: 21A-22A.

Müller, R. 1946b. "Instrumentation in Analysis". *Industrial and Engineering Chemistry, Analytical Edition* 18, no.2: 25A-26A.

Müller, R. 1946c. "Instrumentation in Analysis". *Industrial and Engineering Chemistry, Analytical Edition* 18, no.3: 29A-30A.

Müller, R. 1946d. "Instrumentation in Analysis". *Industrial and Engineering Chemistry, Analytical Edition* 18, no.4: 24A-26A.

Müller, R. 1946e. "Instrumentation in Analysis". *Industrial and Engineering Chemistry, Analytical Edition* 18, no.5: 23A-24A.

Müller, R. 1946f. "Instrumentation in Analysis". *Industrial and Engineering Chemistry*, *Analytical Edition* 18, no.10: 25A.

Müller, R. 1947a. "Instrumentation". *Industrial and Engineering Chemistry*, *Analytical Edition* 19, no.1: 23A-24A.

Müller, R. 1947b. "Instrumentation". *Industrial and Engineering Chemistry*, *Analytical Edition* 19, no.5: 25A-26A.

Müller, R. 1947c. "Instrumentation in Analysis". *Industrial and Engineering Chemistry*, *Analytical Edition* 19, no.7: 19A-20A.

Müller, R. 1947d. "Instrumentation". *Industrial and Engineering Chemistry*, *Analytical Edition* 19, no.9: 26A-27A.

Müller, R. 1948. "Instrumentation". *Analytical Chemistry* 20, no.6: 21A-22A.

Müller, R. 1949. "Instrumentation in Analysis". *Analytical Chemistry* 21, no.6: 23A.

Murphy, K., and C. Davidshofer. 1991. *Psychological Testing: Principles and Applications*. Englewood Cliffs, N.J.: Prentice-Hall.

Murphy, W. J. 1947a. "The Profession of Analytical Chemist". *Industrial and Engineering Chemistry*, *Analytical Edition* 19, no.3: 145.

Murphy, W. J. 1947b. "The Analytical Chemist: Dispenser of Analyses or Analytical Advisor"? *Industrial and Engineering Chemistry*, *Analytical Edition* 19, no.5: 289.

Murphy, W. J. 1947c. "The Analytical Chemist". *Industrial and Engineering Chemistry*, *Analytical Edition* 19, no.6: 361-63.

Murphy, W. J. 1947d. "We Have Arrived"! *Industrial and Engineering Chemistry*, *Analytical Edition* 19, no.12: 1131.

Murphy, W. J. 1947e. "Fisher Award". *Industrial and Engineering Chemistry*, *Analytical Edition* 19, no.10: 699.

Murphy, W. J. 1948a. "Modern Objectivity in Analysis". *Analytical Chemistry* 20, no.3: 187.

Murphy, W. J. 1948b. "The Merck Fellowship in Analytical Chemistry".

Analytical Chemistry 20, no.10: 885.

Murphy, W. J., L. T. Hallett, et al.1946. "Editorial Policies: Scope of the Analytical Edition". *Industrial and Engineering Chemistry*, *Analytical Edition* 18, no.4: 217-18.

Muter, J. 1906. *A Short Manual of Analytical Chemistry*. Philadelphia: P. Blakiston's Son.

Nairn, A. 1980. *The Reign of ETS: The Corporation That Makes Up Minds*. Washington, D. C.: Ralph Nader.

National Commission on Testing and Public Policy. 1990. *From Gatekeeper to Gateway: Transforming Testing in America*. Chestnut Hill, Mass.: National Commission on Testing and Public Policy.

Nelson, C. E. 1952. Citation for the Willard H. Dow Memorial Award for Research in Magnesium for the year 1952. Midland, Mich.: Dow Chemical Company.

Nietzsche, F. 1982. *Thus Spoke Zarathustra*. In *The Portable Nietzsche*, edited by W. Kaufmann. New York: Penguin Books.

Nordmann, A. 1994. "Der Wissenschaftler als Medium der Natur". In *Die Erfindung der Natur*, edited by K. Orchard and J. Zimmermann, pp.60-66. Freiburg: Rombach.

Noyes, W. A. 1911. *The Elements of Qualitative Analysis*. New York: Holt.

Olby, R. 1974. *The Path to the Double Helix*. Seattle: University of Washington Press.

Olsen, J. C. 1916. *Quantitative Chemical Analysis*. New York: D. Van Nostrand.

Ostwald, W. 1895. *The Scientific Foundations of Analytical Chemistry*. Translated by George M'Gowan. London: Macmillan.

Owen, D. 1985. *None of the Above: Behind the Myth of Scholastic Aptitude*. Boston: Houghton Mifflin.

Pacey, A. 1974. *The Maze of Ingenuity*. Cambridge, Mass.: MIT Press.

Pais, A. 1986. *Inward Bound: Of Matter and Forces in the Physical World*. New York: Oxford University Press.

Paul, W. 1979. "Early Days in the Development of Accelerators". In *Aesthetics and Science: Proceedings of the International Symposium in Honor of Robert R. Wilson*, pp.25-71. Batavia, Ill.: Fermi National Accelerator Laboratory.

Peirce, C. S. 1931—35, 1958. *The Collected Papers of Charles Sanders Peirce*. Edited by C. Hartshorne and P. Weiss. 8 vols. Cambridge, Mass.: Harvard University Press.

Pickering, A. 1995. *The Mangle of Practice: Time, Agency and Science*. Chicago: University of Chicago Press.

Pitt, J. 1999. *Thinking about Technology*. New York: Seven Bridges Press.

Pitt, J., and E. Lugo, eds. *The Technology of Discovery and the Discovery of Technology: Proceedings of the 1991 Annual Conference of the Society for Philosophy and Technology*. Blacksburg, Va.: Society for Philosophy and Technology.

Pittsburgh Conference. 1971. "The Pittsburgh Conference on Analytical Chemistry and Applied Spectroscopy". *Applied Spectroscopy* 25, no.1: 121-52.

Pittsburgh Conference. 1999. *Pittcon '99 Book of Abstracts*. Pittsburgh: Pittsburgh Conference.

Polanyi, M. 1966. *The Tacit Dimension*. Garden City, N.Y.: Doubleday.

Popper, K. 1959. *The Logic of Scientific Discovery*. London: Hutchinson. Originally published as Logik der Forschung (Vienna: J. Springer, 1935).

Popper, K. [1962] 1969. *Conjectures and Refutations: The Growth of Scientific Knowledge. 3d ed.* London: Routledge & Kegan Paul.

Popper, K. 1972. *Objective Knowledge: An Evolutionary Approach*. Oxford: Oxford University Press.

Porter, T. 1986. *The Rise of Statistical Thinking: 1820—1900*. Princeton, N. J.: Princeton University Press.

Porter, T. 1992. "Objectivity as Standardization: the Rhetoric of Impersonality in Measurement, Statistics, and Cost-Benefit Analysis". *Annals of Scholarship* 9, no.2: 19-59.

Porter, T. 1995. *Trust in Numbers: The Pursuit of Objectivity in Science and Public Life*. Princeton, N. J.: Princeton University Press.

Press, E., and J. Washburn. 2000. "The Kept University". *Atlantic Monthly*, 285, no.3: 39-54.

Price, D. J. de Solla. 1964. "Automata and the Origins of Mechanism and Mechanistic Philosophy". *Technology and Culture* 5, no.1: 9-23.

Price, D. J. de Solla. 1980. "Philosophical Mechanism and Mechanical Philosophy: Some Notes toward a Philosophy of Scientific Instruments". *Annali dell'Istituto e Museo di Storia della Scienza di Firenze* 5: 75-85.

Price, D. J. de Solla. 1982. "Scientists and their Tools". In *Frontiers of Science: On the Brink of Tomorrow*, edited by D. d. S. Price, pp.1-23. Washington, D. C.: National Geographic Special Publications.

Price, D. J. de Solla. 1984. "Notes towards a Philosophy of the Science/Technology Interaction". In *The Nature of Technological Knowledge: Are Models of Scientific Change Relevant?* edited by R. Laudan, pp.105-14. Dordrecht: D. Reidel.

Priestley, J. 1775. *The History and Present State of Electricity, with Original Experiments*. London: Bathurst.

Priestley, J. 1817—31. *Lectures on History and General Policy*. Vol.24 of *The Theological and Miscellaneous Works of Joseph Priestley*. Edited by J. T. Rutt. 25 vols. London: G. Smallfield.

Quinton, A. J. 1966. "The Foundations of Knowledge". In *British Analytical Philosophy*, edited by B. Williams and A. Montefiore, pp.55-86. London: Routledge & Kegan Paul.

Radder, H. 1988. *The Material Realization of Science*. Assen, Netherlands: Van Gorcum.

Rajchman, J. A., and R. L. Snyder. 1940. "An Electrically-Focused Multiplier Phototube". *Electronics* 13 (December): 20-23ff.

Rank, D. H., R. J. Pfister, et al. 1942. "Photoelectric Detection and Intensity Measurement in Raman Spectra". *Journal of the Optical Society of America* 32: 390-96.

Rankine, J. J., K. P. Gill, et al. 1998. "The Therapeutic Impact of Lumbar Spine MRI on Patients with Low Back and Leg Pain". *Clinical Radiology* 53, no.9: 688-93.

Reid, D. B. 1839. *Elements of Chemistry*. Edinburgh: Machlachlan, Stewart.

Reynolds, T. 1983. *Stronger than a Hundred Men: A History of the Vertical Water Wheel*. Baltimore: Johns Hopkins University Press.

R. L. 1958. "Businessman-Scientist". *Johns Hopkins Magazine* 9: 11-22.

Robinson, E., and D. McKie. 1970. *Partners in Science: Letters of James Watt and Joseph Black*. Cambridge, Mass.: Harvard University Press.

Robison, J. 1822. *A System of Mechanical Philosophy. 4 vols*. Edinburgh: J. Murray.

Roper, S. 1885. *Engineer's Handy-Book*. Bridgeport, Conn.: Frederick Keppy.

Rose, M. E. 1938. "Focusing and Maximum Energy of Ions in the Cyclotron". *Physical Review* 53: 392-408.

Rosenberg, N. 1982. *Inside the Black Box: Technology and Economics*. Cambridge: Cambridge University Press.

Rothbart, D., and S. Slayden. 1994. "The Epistemology of a Spectrometer". *Philosophy of Science* 61, no.1: 25-38.

Rowland, H. A. 1882. "Preliminary Notice of the Results Accomplished in the Manufacture and Theory of Gratings for Optical Purposes". *Philosophical Magazine* 13: 469-74.

Rowland, H. A. 1883. "Concave Gratings for Optical Purposes". *American Journal of Science* 26: 87-98.

Rowland, H. A. 1902. *The Physical Papers of Henry Augustus Rowland, Johns Hopkins University, 1876-1901; Collected for Publication by a Committee of the Faculty of the University.* Baltimore: Johns Hopkins Press.

Salleron, J. 1858-64. *Notice sur les instruments de précision, construits par J. Salleron. 3 vols.* Paris: 1, rue du Pont-de-Lodi (24, rue Pavée, au Marais).

Saunders, A. P. 1908. "A Note on the Experiment of the Cyrophorus". *Journal of Chemistry* 12: 279-82.

Saunderson, J. L. 1947. "Spectrochemical Analysis of Metals and Alloys by Direct Intensity Measurement Methods". In *Electronic Methods of Inspection of Metals: A Series of Seven Educational Lectures on Electronic Methods of Inspection of Metals Presented to Members of the A. S. M. during the Twenty-eighth National Metal Congress and Exposition, Atlantic City, November 18 to 22, 1946, pp.16-53.* Cleveland: American Society for Metals.

Saunderson, J., V. J. Caldecourt, and E. W. Peterson. 1945. "A Photoelectric Instrument for Direct Spectrochemical Analysis". *Journal of the Optical Society of America* 35: 681-97.

Saunderson, J. L., and E. DuBois, inventors; Baird-Atomic, Inc., assignee. 1958. June 10. *Automatic Means for Aligning Spectroscopic Components.* U.S. patent 2, 837, 959.

Saunderson, J. L., and T. M. Hess. 1946. "Commercial Use of Direct Reading Spectrochemical Analysis of Magnesium Alloys". *Metal Progress* 49: 947-55.

Savage, R. A., G. H. Whitehouse, et al.1997. "The Relationship between the Magnetic Resonance Imaging Appearance of the Lumbar Spine and Low Back Pain, Age and Occupation in Males". *European Spine Journal* 6, no.2: 106-14.

Sawyer, R. A. 1944. *Experimental Spectroscopy.* New York: Prentice-Hall.

Sawyer, R. A., and H. B. Vincent. 1939. "Characteristics of Spectroscopic Light Sources". In *Proceedings of the Sixth Summer Conference on*

Spectroscopy and Its Applications, edited by G. R. Harrison, pp.54-59. New York: Wiley.

Schaffer, S. 1994. "Machine Philosophy: Demonstration Devices in Georgian Mechanics". *Osiris* 9: 157-82.

Schenk, G. H., R. B. Hahn, et al.1977. *Quantitative Analytical Chemistry: Principles and Life Science Applications*. Boston: Allyn & Bacon.

Schiffer, M. 1994. "The Blacksmith's Motor". *Invention and Technology* 9, no.3: 64.

Schrift, A., ed. 1997. "The Logic of the Gift". New York: Routledge. *Science* 110, no.2858. 1949.

Shapin, S., and S. Shaffer. 1985. *Leviathan and the Air-Pump*. Princeton, N.J.: Princeton University Press.

Shapiro, G. 1991. *Alcyone: Nietzsche on Gifts, Noise, and Women*. Albany: State University of New York Press.

Shinn, T., and B. Joerges, eds. 2001. *Instrumentation: Between Science, State and Industry. Sociology of the Sciences*, vol.22. Dordrecht: Kluwer.

Shulman, S. 1999. *Owning the Future*. Boston: Houghton Mifflin.

Sibum, O. 1994. "Working Experiments: Bodies, Machines and Heat Values". In *The Physics of Empire*, edited by R. Staley, pp.29-56. Cambridge: Cambridge University Press.

Sibum, O. 1995. "Reworking the Mechanical Value of Heat". *Studies in History and Philosophy of Science* 26: 73-106.

Skempton, A. W., ed. 1981. *John Smeaton, F. R. S.* London: Thomas Telford.

Skoog, D. A., and D. M. West. 1971. *Principles of Instrumental Analysis*. New York: Holt, Rinehart & Winston.

Skoog, D. A., and D. M. West. 1976 [1963] . *Fundamentals of Analytical Chemistry*. New York: Holt, Rinehart & Winston.

Slavin, M. 1940. "Prism versus Grating for Spectrochemical Analysis". In *Proceedings of the Seventh Summer Conference on Spectroscopy and Its*

Applications, edited by G. R. Harrison, pp.51-58. New York: Wiley.

Slavin, M. 1978. *Atomic Absorption Spectroscopy*. New York: Wiley.

Smeaton, J. 1809a. "An Experimental Enquiry concerning the Natural Powers of Water and Wind to turn Mills and other Machines, depending on Circular Motion". In *Philosophical Transactions of the Royal Society of London from Their Commencement in 1665 to the year 1800, Abridged with notes and illustrations*, edited by C. Hutton, G. Shaw, and R. Pearson, 11: 338-70. London: C. & R. Baldwin.

Smeaton, J. 1809b. "An Experimental Examination of the Quantity and Proportion of Mechanic Power Necessary to be employed in giving Different Degrees of Velocity of Heavy Bodies from a State of Rest". In *Philosophical Transactions of the Royal Society of London from Their Commencement in 1665 to the year 1800, Abridged with notes and illustrations*, edited by C. Hutton, G. Shaw, and R. Pearson, 14: 72-84. London: C. & R. Baldwin.

Smeaton, J. 1809c. "New Fundamental Experiments on the Collision of Bodies". In *Philosophical Transactions of the Royal Society of London from Their Commencement in 1665 to the year 1800, Abridged with notes and illustrations*, edited by C. Hutton, G. Shaw and R. Pearson, 15: 295-305. London: C. & R. Baldwin.

Smiles, S. 1862. *Lives of the Engineers, with an Account of Their Principal Works: Comprising also a History of Inland Communication in Britain*. 3 vols. London: John Murray.

Smith, G. M. 1921. *Quantitative Chemical Analysis*. New York: Macmillan.

Snow, C. P. 1963. *The Two Cultures and a Second Look*. Cambridge: Cambridge University Press.

Sobel, D. 1995. *Longitude*. New York: Walker.

Staubermann, K.1998. "Controlling Vision: The Photometry of Karl Friedrich Zöllner. History and Philosophy of Science". Ph. D. diss., University of Cambridge.

Strobel, H. A., and W. R. Heineman. [1960] 1989. *Chemical Instrumentation: A Systematic Approach. 3d ed.* New York: Wiley.

Strong, F. C. 1947. "Trends in Quantitative Analysis". *Industrial and Engineering Chemistry, Analytical Edition* 19, no.12: 968-71.

Strong, J. 1936a. "Effect of Evaporated Films on Energy Distribution in Grating Spectra". *Physical Review* 49: 291-96.

Strong, J. 1936b. "The Evaporation Process and its Application to the Aluminizing of Large Telescope Mirrors". *Astrophysical Journal* 83: 401-23.

Strong, J. 1984. "Rowland's Diffraction-Grating Art". In *Henry Rowland and Astronomical Spectroscopy*, edited by R. C. Henry, D. H. DeVorkin, and P. Beer, pp.137-41. Oxford: Pergamon Press.

Suckling, C. J., K. E. Suckling, et al.1978. *Chemistry through Models: Concepts and Applications of Modelling in Chemical Science, Technology and Industry.* Cambridge: Cambridge University Press.

Suppe, F., ed. 1977. *The Structure of Scientific Theories.* Urbana: University of Illinois Press.

Suppes, P. 1961. "A Comparison of the Meaning and Use of Models in Mathematics and the Empirical Sciences". In *The Concept and Role of the Model in Mathematics and Natural and Social Science*, edited by H. Freudenthal, pp.163-77. Dordrecht: D. Reidel.

Suppes, P. 1962. "Models of Data". In *Logic, Methodology and Philosophy of Science: Proceedings of the 1960 International Congress*, edited by E. Nagel, P. Suppes, and A. Tarski, pp.252-61. Stanford, Calif.: Stanford University Press.

Suppes, P. 1967. "What Is a Scientific Theory"? In *Philosophy of Science Today*, edited by S. Morgenbesser, pp.55-67. New York: Basic Books.

Swijtink, Z. 1987. "The Objectification of Observation: Measurement and Statistical Methods in the Nineteenth Century". In *The Probabilistic Revolution, vol.1: Ideas in History*, edited by L. Krüger, L. Daston, and M.

Heidelberger, 1: 261-85. Cambridge, Mass.: MIT Press.

Sydenham, P. H. 1979. *Measuring Instruments: Tools of Knowledge and Control*. Stevenage, UK: Peter Peregrinus.

Tallon, R. W. 1994. "Technology Assessment: Electronic Fetal Monitoring". *Midwives Chronicle and Nursing Notes*, May, pp.186-88.

Taub, L. 1998. "Orrery". In *Instruments of Science: An Historical Encyclopedia*, edited by D. J. Warner and R. Bud, 1: 429-30. New York: Garland.

Taylor, J. K. 1985. "The Impact of Instrumentation on Analytical Chemistry". In *The History and Preservation of Chemical Instrumentation*, edited by J. Stock and M. Orna, pp.1-17. Dordrecht: D. Reidel.

Taylor, L. R., R. B. Papp, and B. D. Pollard. 1994. *Instrumental Methods for Determining Elements*. New York: VCH Publishers.

Tenner, E. 1996. *Why Things Bite Back*. New York: Knopf.

Turing, A. M. [1950] 1981. "Computing Machinery and Intelligence". In *The Mind's I: Fantasies and Reflections on Self and Soul*, edited by D. R. Hofstadter and D. Dennett, 53-68. New York: Basic Books.

Turner, G. L. E. 1983. *Nineteenth-Century Scientific Instruments*. London: Sotheby Publications; Berkeley: University of California Press.

Twyman, F. 1941. *The Spectrochemical Analysis of Metals and Alloys*. Brooklyn: Chemical Publishing Co.

Valcárcel, M., and M. D. Luque de Castro. 1988. *Automatic Methods of Analysis*. Amsterdam: Elsevier Science Publishers.

Van Fraassen, B. C. 1980. *The Scientific Image*. New York: Oxford University Press.

Van Helden, A., and T. Hankins, eds. 1994. *Instruments. Special issue of Osiris*. Chicago: University of Chicago Press.

Van Nostrand's Scientific Encyclopedia. 1983. Edited by D. M. Considine. 6th ed. New York: Van Nostrand Reinhold.

Vance，E. R. 1947. "Direct-Reading Device Provides Rapid Steel Analysis". *Steel*, September 22.

Vance，E. R. 1949. "Melting Control with the Direct Reading Spectrometer". *Journal of Metals* 1 (October): 28-30.

Vincenti, W. 1990. *What Engineers Know and How They Know It: Analytical Studies from Aeronautical History*. Baltimore: Johns Hopkins University Press.

Walker, J. T. 1939. "The Spectrograph as an Aid in Criminal Investigation". In *Proceedings of the Sixth Summer Conference on Spectroscopy and Its Applications*, edited by G. R. Harrison, pp.1-5. New York: Wiley.

Wallace, A. F. C. 1978. *Rockdale: The Growth of an American Village in the Early Industrial Revolution*. New York: Knopf.

Walsh, D. F. 1988. "The History of Baird Corporation: A Broad Perspective on the Progress of Industrial Spectroscopy". *Applied Spectroscopy* 42: 1336-50.

Warner, D. 1994. "Terrestrial Magnetism: For the Glory of God and the Benefit of Mankind". In *Instruments*, edited by A. van Helden and T. Hankins, 9: 67-84. Special issue of Osiris. Chicago: University of Chicago Press.

Watson, J. [1968] 1981. *The Double Helix: A Personal Account of the Discovery of the Structure of DNA*. Edited by G. S. Stent. New York: Norton.

Watson, J., and F. Crick. 1953. "Molecular Structure of Nucleic Acids". Nature 171: 737.

Weart, S., ed. 1976. *Selected Papers of Great American Physicists: The Bicentennial Commemorative Volume of The American Physical Society 1976*. New York: American Institute of Physics.

White, F. 1961. *American Industrial Research Laboratories*. Washington, D. C.: Public Affairs Press.

Wideröe, R. 1928. "Über ein Neues Prinzip zur Herstellung hoher Spannungen [On a New Principle in Generating High Voltages]". *Archiv für*

Elektrotechnik 21: 387-406.

Williams, C. 1948. "The Role of the Analyst". *Analytical Chemistry* 20, no.1: 2.

Williams, L. P. 1964. *Michael Faraday: A Biography.* New York: Basic Books.

Williams, V. Z. 1959. "Cooperation between Analytical Chemist and Instrument Maker". *Analytical Chemistry* 31, no.11: 25A-33A.

Wilson, E. B. 1952. *An Introduction to Scientific Research.* New York: McGraw-Hill.

Wilson, P.1955. "The Waterwheels of John Smeaton". Transactions of *the Newcomen Society for the Study of the History of Engineering and Technology* 30: 25-48.

Wilson, R. R. 1938. "Magnetic and Electrostatic Focusing in the Cyclotron". *Physical Review* 53: 408-420.

Wilson, R. R. 1941. "A Vacuum-Tight Sliding Seal". *Review of Scientific Instruments* 12: 91-93.

Wise, N. 1979. "The Mutual Embrace of Electricity and Magnetism". *Science 203* (March 30): 1310-18.

Wise, N., ed. 1995. *The Values of Precision.* Princeton, N.J.: Princeton University Press.

Wollaston, W. H. 1812. "On a Method of Freezing at a Distance". *Philosophical Transactions of the Royal Society* 103: 71-74.

Wollaston, W. H. 1813. "On a Method of Freezing at a Distance". *Annals of Philosophy* 2: 230.

Wood, R. W. 1911. *Physical Optics.* New York: Macmillan.

Wood, R. W. 1912. "Diffraction Gratings with Controlled Groove Form and Abnormal Distribution of Intensity". *Philosophical Magazine* 23: 310-17.

Wood, R. W. 1935. "Anomalous Diffraction Gratings". *Physical Review* 48: 928-36.

Wood, R. W. 1944. "Improved Diffraction Gratings and Replicas". *Journal of the Optical Society of America* 34: 509-16.

Wright, E. C. 1938. "The Early Smeatonians". Transactions of *the Newcomen Society for the Study of the History of Engineering and Technology* 18: 101-10.

Wright, J. 1999. *Vision, Venture and Volunteers: Fifty Years of History of the Pittsburgh Conference on Analytical Chemistry and Applied Spectroscopy.* Philadelphia: Chemical Heritage Foundation.

Yousem, D. M., P. A. Janick, et al.1990. "Pseudoatrophy of the Cervical Portion of the Spinal Cord on MR Images: A Manifestation of the Truncation Artifact". *American Journal of Roentgenology* 154, no.5: 1069-73.

Zelizer, V., and A. Rotman. 1979. *Morals and Markets: The Development of Life Insurance in the United States.* New York: Columbia University Press.

Zworykin, V. K., and J. A. Rajchman. 1939. "The Electrostatic Electron Multiplier". *Proceedings of the Institute of Radio Engineers* 27: 558-66.

图示与表格索引

图示

图 1.1 迈克尔·法拉第的电动机（1821 年）　　　　　　　　第 2 页

图 1.2 实验室的设计图（1979 年）　　　　　　　　　　　　第 7 页

图 1.3 彼得·巴洛的星形电动机（1821 年）　　　　　　　　第 9 页

图 1.4 托马斯·达文波特的电动机（1837 年申请专利）　　　第 11 页

图 2.1 德比郡的约瑟夫·赖特创作的《太阳系仪》

　　　　（约 1764 年）　　　　　　　　　　　　　　　　　第 22 页

图 2.2 约翰·罗利的太阳系仪（约 1713 年）　　　　　　　　第 26 页

图 2.3 詹姆斯·弗格森的日月轨道仪（1809 年）　　　　　　第 27 页

图 2.4 约翰·斯米顿的水车模型（1809 年）　　　　　　　　第 30 页

图 2.5 詹姆斯·沃森、弗朗西斯·克里克和他们的

　　　　DNA 模型（1953 年）　　　　　　　　　　　　　　第 35 页

图 3.1 朱尔斯·萨勒龙（Jules Salleron）的脉冲玻璃

　　　　管（1864 年）　　　　　　　　　　　　　　　　　第 43 页

图 3.2 德比郡的约瑟夫·赖特创作的《空气泵实验》（1768 年）第 48 页

图 3.3 回旋加速器的剖面图（1990 年）　　　　　　　　　　第 52 页

图 3.4 回旋加速器的顶部示意图（1990 年）　　　　　　　　第 52 页

图 3.5 回旋加速器的共振图像（1931 年）　　　　　　　　　第 55 页

图 3.6 麻省理工学院的回旋加速器（约 1960 年）　　　　　　第 56 页

图 3.7 回旋加速器静电聚焦（1990 年）　　　　　　　　　　第 58 页

图 3.8 回旋加速器弱磁聚焦（1990 年）　　　　　　　　　　第 59 页

图 3.9 用于回旋加速器的威尔逊密封（1990 年）　　　　　　第 61 页

图 3.10　穿过真空密封将直线运动转换为圆周运动的
　　　　 机械装置（1990 年）　　　　　　　　　　　　第 66 页

图 4.1　衍射原理图（1991 年）　　　　　　　　　　第 74 页

图 4.2　罗兰圆（1991 年）　　　　　　　　　　　　 第 75 页

图 4.3　光谱分析工作曲线（1948 年）　　　　　　　第 77 页

图 4.4　光电倍增管示意图（1947 年）　　　　　　　第 78 页

图 4.5　直读式光谱仪的原理图（1947 年）　　　　　第 79 页

图 4.6　直读式光谱仪的光路图（1945 年）　　　　　第 82 页

图 4.7　光电倍增管的灵敏度曲线（1945 年）　　　　第 83 页

图 7.1　亨利·罗兰和他的刻线机（约 1890 年）　　　第 155 页

图 7.2　罗兰的刻线机设计图（1902 年）　　　　　　第 155 页

图 7.3　光谱测定室（约 1940 年）　　　　　　　　　第 157 页

图 7.4　早期贝尔德联合公司在运送摄谱仪（约 1940 年）　第 158 页

图 7.5　贝尔德原子光电倍增管的支架（约 1960 年）　第 162 页

图 7.6　贝尔德联合公司三米摄谱仪的图片（约 1942 年）　第 163 页

图 7.7　分裂狭缝示意图（2000 年）　　　　　　　　第 166 页

图 7.8　克里内克斯纸巾的扫描图（1999 年）　　　　第 172 页

图 8.1　汤普森（Thompson）改进后的指示器（约 1870 年）　第 175 页

图 8.2　埃米尔·克拉珀龙的压强-体积曲线（1834 年）　第 177 页

图 8.3　膨胀做功（1782 年）　　　　　　　　　　　第 178 页

图 8.4　指示器示意图曲线（约 1803 年）　　　　　　第 188 页

图 9.1　贝尔德联合公司直读式光谱仪广告内页（约 1954 年）　第 207 页

图 9.2　贝尔德联合公司直读式光谱仪广告首页（约 1954 年）　第 209 页

图 10.1　核磁共振成像，吉布斯环状伪像（1988 年）　第 222 页

图 10.2　核磁共振成像，吉布斯环状伪像的改进（1988 年）　第 223 页

图 10.3　核磁共振成像，旧版 v.s. 标准版 MR 图像（1999 年）　第 225 页

图 10.4　核磁共振成像，腰椎间盘突出（1999 年）　　第 226 页

图 10.5　贝尔德联合公司为三米长的光谱仪所做的
　　　　 宣传（约 1938 年）　　　　　　　　　　　第 240 页

表格

表 6.1　光谱仪 / 摄谱仪校准　　　　　　　　　　　　　第 129 页

表 10.1　1936—1946 年贝尔德联合公司收支表（美元）　　第 241 页

译后记

　　这本译著属于我和我的博士生崔璐主持的国家哲社课题"西方科学思想多语种经典文献编目及研究"（14ZDB019）和"新兴的科学仪器哲学的文献研究"（13CZX027）的阶段性成果。这部译著得以面世，也得益于广西师范大学出版社，在此也特别感谢编辑的辛勤工作。

　　崔璐翻译了本书第一至第八章以及第九章的部分内容；我翻译了本书的自序、第十章、第九章的前两节以及第一至第八章中的疑难句子，校对了全书的重要概念。

　　由于学识等原因，本译著存在诸多不尽如人意之处，但结题在即，只得按约付梓，期待学界的批评指正。

安维复

2019 年 8 月

著作权合同登记号桂图登字：20－2017－016 号

图书在版编目(CIP)数据

器物知识：一种科学仪器哲学／（美）戴维斯·贝尔德
(Davis Baird)著；安维复，崔璐译.—桂林：广西师范大学出
版社，2020.5
ISBN 978－7－5598－2391－5

Ⅰ.①器… Ⅱ.①戴… ②安… ③崔… Ⅲ.①科学哲学
Ⅳ.①N02

中国版本图书馆 CIP 数据核字(2019)第 260256 号

出 品 人：刘广汉
责任编辑：刘孝霞　王荣光
助理编辑：罗泱慈
装帧设计：李婷婷
广西师范大学出版社出版发行

(广西桂林市五里店路 9 号　　　邮政编码：541004)
(网址：http://www.bbtpress.com)
出版人：黄轩庄
全国新华书店经销
销售热线：021－65200318　021－31260822－898
山东临沂新华印刷物流集团有限责任公司印刷
(山东省临沂市高新技术开发区新华路东段　邮政编码：276017)
开本：690mm×960mm　　1/16
印张：19　　　　　字数：270 千字
2020 年 5 月第 1 版　　2020 年 5 月第 1 次印刷
定价：68.00 元

如发现印装质量问题，影响阅读，请与出版社发行部门联系调换。